U0161937

网络安全运营服务能力指南

九维彩虹团队之
时变之应与安全开发

范 渊 主 编

袁明坤 执行主编

電子工業出版社·

Publishing House of Electronics Industry

北京·BEIJING

内 容 简 介

近年来，随着互联网的发展，我国进一步加强对网络安全的治理，国家陆续出台相关法律法规和安全保护条例，明确以保障关键信息基础设施为目标，构建整体、主动、精准、动态防御的网络安全体系。

本套书以九维彩虹模型为核心要素，分别从网络安全运营（白队）、网络安全体系架构（黄队）、蓝队"技战术"（蓝队）、红队"武器库"（红队）、网络安全应急取证技术（青队）、网络安全人才培养（橙队）、紫队视角下的攻防演练（紫队）、时变之应与安全开发（绿队）、威胁情报驱动企业网络防御（暗队）九个方面，全面讲解企业安全体系建设，解密彩虹团队非凡实战能力。

本分册是绿队分册。绿队是网络安全运营彩虹团队的核心组成部分，承担了跟踪安全风险、缺陷的跟踪总结、完善安全体系运行的责任，在不断的实践和攻防碰撞中改进和强化企业的安全能力。

绿队主要强调的是变，强调安全团队能够根据实际的情况调整具体措施。本册为了让读者们对绿队承担的角色和相关工作有更多的认识，基于自身在实际工作和攻防对抗的情况，总结了安全开发、安全漏洞管理、供应链安全管理、知识库体系优化、产品/策略优化五个视角来深入了解绿队在整个网络安全运营中的角色，为希望从事相关方向学习和研究的读者提供参考。

图书在版编目（CIP）数据

网络安全运营服务能力指南. 九维彩虹团队之时变之应与安全开发 / 范渊主编. —北京：电子工业出版社，2022.5

ISBN 978-7-121-43428-0

Ⅰ. ①网… Ⅱ. ①范… Ⅲ. ①计算机网络 – 网络安全 Ⅳ. ①TP393.08

中国版本图书馆 CIP 数据核字(2022)第 086725 号

责任编辑：张瑞喜

印　　刷：中国电影出版社印刷厂
装　　订：中国电影出版社印刷厂
出版发行：电子工业出版社
　　　　　北京市海淀区万寿路 173 信箱　邮编：100036
开　　本：787×1092　1/16　印张：94.5　字数：2183 千字
版　　次：2022 年 5 月第 1 版
印　　次：2022 年 11 月第 2 次印刷
定　　价：298.00 元（共 9 册）

凡所购买电子工业出版社图书有缺损问题，请向购买书店调换。若书店售缺，请与本社发行部联系，联系及邮购电话：（010）88254888，88258888。

质量投诉请发邮件至 zlts@phei.com.cn，盗版侵权举报请发邮件至 dbqq@phei.com.cn。

本书咨询联系方式：zhangruixi@phei.com.cn。

本书编委会

主　　编：范　渊

执行主编：袁明坤

执行副主编：

杨廷锋　　徐　礼　　王　拓　　苗春雨　　韦国文

杨方宇　　秦永平　　杨　勃　　刘蓝岭　　孙传闯

朱尘炀

绿队分册编委：

任鸿越　　王盛昱　　陈文喆　　唐　平　　朱林林

张丽敏　　厉　程　　杨　帆　　张志强　　徐　锋

蔚德坤　　任　淼　　高浩然　　黄鹏骏　　张　静

管凯伦

《网络安全运营服务能力指南》

总　目

推荐序

　　2016 年以来，国内组织的一系列真实网络环境下的攻防演习显示，半数甚至更多的防守方的目标被攻击方攻破。这些参加演习的单位在网络安全上的投入并不少，常规的安全防护类产品基本齐全，问题是出在网络安全运营能力不足，难以让网络安全防御体系有效运作。

　　范渊是网络安全行业"老兵"，凭借坚定的信念与优秀的领导能力，带领安恒信息用十多年时间从网络安全细分领域厂商成长为国内一线综合型网络安全公司。袁明坤则是一名十多年战斗在网络安全服务一线的实战经验丰富的"战士"。他们很早就发现了国内企业网络安全建设体系化、运营能力方面的不足，在通过网络安全态势感知等产品、威胁情报服务及安全服务团队为用户赋能的同时，在业内率先提出"九维彩虹团队"模型，将网络安全体系建设细分成网络安全运营（白队）、网络安全体系架构（黄队）、蓝队"技战术"（蓝队）、红队"武器库"（红队）、网络安全应急取证技术（青队）、网络安全人才培养（橙队）、紫队视角下的攻防演练（紫队）、时变之应与安全开发（绿队）、威胁情报驱动企业网络防御（暗队）九个战队的工作。

　　由范渊主编，袁明坤担任执行主编的《网络安全运营服务能力指南》，是多年网络安全一线实战经验的总结，对提升企业网络安全建设水平，尤其是提升企业网络安全运营能力很有参考价值！

赛博英杰创始人　谭晓生

　　楚人有鬻盾与矛者，誉之曰："吾盾之坚，物莫能陷也。"又誉其矛曰："吾矛之利，于物无不陷也。"或曰："以子之矛陷子之盾，何如？"其人弗能应也。众皆笑之。夫不可陷之盾与无不陷之矛，不可同世而立。（战国·《韩非子·难一》）

　　近年来网络安全攻防演练对抗，似乎也有陷入"自相矛盾"的窘态。基于"自证清白"的攻防演练目标和走向"形式合规"的落地举措构成了市场需求繁荣而商业行为"内卷"的另一面。"红蓝对抗"所面临的人才短缺、环境成本、风险管理以及对业务场景深度融合的需求都成为其中的短板，类似军事演习中的导演部，负责整个攻防对抗演习的组织、导调以及监督审计的价值和重要性呼之欲出。九维彩虹团队的《网络安全运营服务能力指南》套书，及时总结国内优秀专业安全企业基于大量客户网络安全攻防实践案例，从紫队视角出发，基于企业威胁情报、蓝队技战术以及人才培养方面给有构建可持续发展专业安全运营能力需求的甲方非常完整的框架和建设方案，是网络安全行动者和责任使命担当者秉承"君子敏行"又勇于"言传身教 融会贯通"的学习典范。

华为云安全首席生态官　万涛（老鹰）

　　安全服务是一个持续的过程，安全运营最能体现"持续"的本质特征。解决思路好不好、方案设计好不好、规则策略好不好，安全运营不仅能落地实践，更能衡量效果。目标及其指标体系是有效安全运营的前提，从结果看，安全运营的目标是零事故发生；从成本和效率看，安全运营的目标是人机协作降本提效。从"开始安全"到"动态安全"，再到"时刻安全"，业务对安全运营的期望越来越高。毫无疑问，安全运营已成为当前最火的安全方向，范畴也在不断延展，由"网络安全运营"到"数据安全运营"，再到"个人信息保护运营"，既满足合法合规，又能管控风险，进而提升安全感。

这套书涵盖了九大方向，内容全面深入，为安全服务人员、安全运营人员及更多对安全运营有兴趣的人员提供了很好的思路参考与知识点沉淀。

滴滴安全负责人　王红阳

"红蓝对抗"作为对企业、组织和机构安全体系建设效果自检的重要方式和手段，近年来越来越受到甲方的重视，因此更多的甲方在人力和财力方面也投入更多以组建自己的红队和蓝队。"红蓝对抗"对外围的人更多是关注"谁更胜一筹"的结果，但对企业、组织和机构而言，如何认识"红蓝对抗"的概念、涉及的技术以及基本构成、红队和蓝队如何组建、面对的主流攻击类型，以及蓝队的"防护武器平台"等问题，都将是检验"红蓝对抗"成效的决定性因素。

这套书对以上问题做了详尽的解答，从翔实的内容和案例可以看出，这些解答是经过无数次实战检验的宝贵技术和经验积累；这对读者而言是非常有实操的借鉴价值。这是一套由安全行业第一梯队的专业人士精心编写的网络安全技战术宝典，给读者提供全面丰富而且系统化的实践指导，希望读者都能从中受益。

雾帜智能 CEO　黄　承

网络安全是一项系统的工程，需要进行安全规划、安全建设、安全管理，以及团队成员的建设与赋能，每个环节都需要有专业的技术能力，丰富的实战经验与积累。如何通过实战和模拟演练相结合，对安全缺陷跟踪与处置，进行有效完善安全运营体系运行，以应对越来越复杂的网络空间威胁，是目前网络安全面临的重要风险与挑战。

九维彩虹团队的《网络安全运营服务能力指南》套书是安恒信息安全服务团队在安全领域多年积累的理论体系和实践经验的总结和延伸，创新性地将网络安全能力从九个不同的维度，通过不同的视角分成九个团队，对网络安全专业能力进行深层次的剖析，形成网络安全工作所需的具体化的流程、活动及行为准则。

以本人 20 多年从事网络安全一线的高级威胁监测领域及网络安全能力建设经验来看，此套书籍从九个不同维度生动地介绍网络安全运营团队实战中总结的重点案例、深入浅出讲解安全运营全过程，具有整体性、实用性、适用性等特点，是网络安全实用必备宝典。

该套书不仅适合企事业网络安全运营团队人员阅读，而且也是有志于从事网络安全从业人员的应读书籍，同时还是网络安全服务团队工作的参考指导手册。

神州网云 CEO　宋　超

"数字经济"正在推动供给侧结构性改革和经济发展质量变革、效率变革、动力变革。在数字化推进过程中，数字安全将不可避免地给数字化转型带来前所未有的挑战。2022 年国务院《政府工作报告》中明确提出，要促进数字经济发展，加强数字中国建设整体布局。然而当前国际环境日益复杂，网络安全对抗由经济利益驱使的团队对抗，上升到了国家层面软硬实力的综合对抗。

安恒安全团队在此背景下，以人才为尺度；以安全体系架构为框架；以安全技术为核心；以安全自动化、标准化和体系化为协同纽带；以安全运营平台能力为支撑力量着手撰写此套书。从网络安全能力的九大维度，融会贯通、细致周详地分享了安恒信息 15 年间积累的安全运营及实践的经验。

悉知此套书涵盖安全技术、安全服务、安全运营等知识点，又以安全实践经验作为丰容，是一本难得的"数字安全实践宝典"。一方面可作为教材为安全教育工作者、数字安全学子、安全从业人员提供系统知识、传递安全理念；另一方面也能以书中分享的经验指导安全乙方从业者、甲方用户安全建设者。与此同时，作者以长远的眼光来严肃审视国家数字安全和数字安全人才培养，亦可让国家网络空间安全、国家关键信息基础设施安全能力更上一个台阶。

安全玻璃盒【孝道科技】创始人 范丙华

网络威胁已经由过去的个人与病毒制造者之间的单打独斗，企业与黑客、黑色产业之间的有组织对抗，上升到国家与国家之间的体系化对抗；网络安全行业的发展已经从技术驱动、产品实现、方案落地迈入到体系运营阶段；用户的安全建设，从十年前以"合规"为目标解决安全有无的问题，逐步提升到以"实战"为目标解决安全体系完整、有效的问题。

通过近些年的"护网活动"，甲乙双方（指网络安全需求方和网络安全解决方案提供方）不仅打磨了实战产品，积累了攻防技战术，梳理了规范流程，同时还锻炼了一支安全队伍，在这几者当中，又以队伍的培养、建设、管理和实战最为关键，说到底，网络对抗是人和人的对抗，安全价值的呈现，三分靠产品，七分靠运营，人作为安全运营的核心要素，是安全成败的关键，如何体系化地规划、建设、管理和运营一个安全团队，已经成为甲乙双方共同关心的话题。

这套书不仅详尽介绍了安全运营团队体系的目标、职责及它们之间的协作关系，还分享了团队体系的规划建设实践，更从侧面把安全运营全生命周期及背后的支持体系进行了系统梳理和划分，值得甲方和乙方共同借鉴。

是为序，当践行。

白 日

过去 20 年，伴随着我国互联网基础设施和在线业务的飞速发展，信息网络安全领域也发生了翻天覆地的变化。"安全是组织在经营过程中不可或缺的生产要素之一"这一观点已成为公认的事实。然而网络安全行业技术独特、概念丛生、迭代频繁、细分领域众多，即使在业内也很少有人能够具备全貌的认知和理解。网络安全早已不是黑客攻击、木马病毒、0day 漏洞、应急响应等技术词汇的堆砌，也不是人力、资源和工具的简单组合，在它的背后必须有一套标准化和实战化的科学运营体系。

相较于发达国家，我国网络安全整体水平还有较大的差距。庆幸的是，范渊先生和我的老同事袁明坤先生所带领的团队在这一领域有着长期的深耕积累和丰富的实战经验，他们将这些知识通过《网络安全运营服务能力指南》这套书进行了系统化的阐述。

开卷有益，更何况这是一套业内多名安全专家共同为您打造的知识盛筵，我极力推荐。该套书从九个方面为我们带来了安全运营完整视角下的理论框架、专业知识、攻防实战、人才培养和体系运营等，无论您是安全小白还是安全专家，都值得一读。期待这套书能为我国网络安全人才的培养和全行业的综合发展贡献力量。

傅 奎

管理安全团队不是一个简单的任务，如何在纷繁复杂的安全问题面前，找到一条最适合自己组织环境的路，是每个安全从业人员都要面临的挑战。

如今的安全读物多在于关注解决某个技术问题。但解决安全问题也不仅仅是技术层面的问题。企业如果想要达到较高的安全成熟度，往往需要从架构和制度的角度深入探讨当前的问题，从而设计出更适合自身的解决方案。从管理者的角度，团队的建设往往需要依赖自身多年的从业经验，而目前的市面上，并没有类似完整详细的参考资料。

这套书的价值在于它从团队的角度，详细地阐述了把安全知识、安全工具、安全框架付诸实践，最后落实到人员的全部过程。对于早期的安全团队，这套书提供了指导性的方案，来帮助他们确定未来的计划。对于成熟的安全团队，这套书可以作为一个完整详细的知识库，从而帮助用户发现自身的不足，进而更有针对性地补齐当前的短板。对于刚进入安全行业的读者，这套书可以帮助你了解到企业安全的组织架构，帮助你深度地规划未来的职业方向。期待这套书能够为安全运营领域带来进步和发展。

Affirm 前安全主管 王亿韬

随着网络安全攻防对抗的不断升级，勒索软件等攻击愈演愈烈，用户逐渐不满足于当前市场诸多的以合规为主要目标的解决方案和产品，越来越关注注重实际对抗效果的新一代解决方案和产品。

安全运营、红蓝对抗、情报驱动、DevSecOps、处置响应等面向真正解决一线对抗问题的新技术正成为当前行业关注的热点，安全即服务、云服务、订阅式服务、网络安全保险等新的交付模式也正对此前基于软硬件为主构建的网络安全防护体系产生巨大冲击。

九维彩虹团队的《网络安全运营服务能力指南》套书由网络安全行业知名一线安全专家编写，从理论、架构到实操，完整地对当前行业关注并急需的领域进行了翔实准确的介绍，推荐大家阅读。

赛博谛听创始人　金湘宇

/NUKE

企业做安全，最终还是要对结果负责。随着安全实践的不断深入，企业安全建设，正在从单纯部署各类防护和检测软硬件设备为主要工作的"1.0 时代"，逐步走向通过安全运营提升安全有效性的"2.0时代"。

虽然安全运营话题目前十分火热，但多数企业的安全建设负责人对安全运营的内涵和价值仍然没有清晰认知，对安全运营的目标范围和实现之路没有太多实践经历。我们对安全运营的研究不是太多了，而是太少了。目前制约安全运营发展的最大障碍有以下三点。

一是安全运营的产品与技术仍很难与企业业务和流程较好地融合。虽然围绕安全运营建设的自动化工具和流程，如 SIEM/SOC、SOAR、安全资产管理（S-CMDB），安全有效性验证等都在蓬勃发展，但目前还是没有较好的商业化工具，能够结合企业内部的流程和人员，提高安全运营效率。

二是业界对安全运营尚未形成统一的认知和完整的方法论。企业普遍缺乏对安全运营的全面理解，安全运营组织架构、工具平台、流程机制、有效性验证等落地关键点未成体系。大家思路各异，没有形成统一的安全运营标准。

三是安全运营人才的缺乏。安全运营所需要的人才，除了代码高手和"挖洞"专家，更急需的应该是既熟悉企业业务，也熟悉安全业务，同时能够熟练运用各种安全技术和产品，快速发现问题，快速解决问题，并推动企业安全改进优化的实用型人才。对这一类人才的定向培养，眼下还有很长的路要走。

这套书包含了安全运营的方方面面，像是一个经验丰富的安全专家，从各个维度提供知识、经验和建议，希望更多有志于企业安全建设和安全运营的同仁们共同讨论、共同实践、共同提高，共创安全运营的未来。

《企业安全建设指南》黄皮书作者、"君哥的体历"公众号作者　聂　君

这几年，越来越多的人明白了一个道理：网络安全的本质是人和人的对抗，因此只靠安全产品是不够的，必须有良好的运营服务，才能实现体系化的安全保障。

但是，这话说着容易，做起来就没那么容易了。安全产品看得见摸得着，功能性能指标清楚，硬件产品还能算固定资产。运营服务是什么呢？怎么算钱呢？怎么算做得好不好呢？

这套书对安全运营服务做了分解，并对每个部分的能力建设进行了详细的介绍。对于需求方，这套书能够帮助读者了解除了一般安全产品，还需要构建哪些"看不见"的能力；对于安全行业，则可以用于指导企业更加系统地打造自己的安全运营能力，为客户提供更好的服务。

就当前的环境来说，我觉得这套书的出版恰逢其时，一定会很受欢迎的。希望这套书能够促进各行各业的网络安全走向一个更加科学和健康的轨道。

360 集团首席安全官　杜跃进

总序言

　　网络安全的科学本质，是理解、发展和实践网络空间安全的方法。网络安全这一学科，是一个很广泛的类别，涵盖了用于保护网络空间、业务系统和数据免受破坏的技术和实践。工业界、学术界和政府机构都在创建和扩展网络安全知识。网络安全作为一门综合性学科，需要用真实的实践知识来探索和推理我们构建或部署安全体系的"方式和原因"。

　　有人说："在理论上，理论和实践没有区别；在实践中，这两者是有区别的。"理论家认为实践者不了解基本面，导致采用次优的实践；而实践者认为理论家与现实世界的实践脱节。实际上，理论和实践互相印证、相辅相成、不可或缺。彩虹模型正是网络安全领域的典型实践之一，是近两年越来越被重视的话题——"安全运营"的核心要素。2020 年 RSAC 大会提出"人的要素"的主题愿景，表明再好的技术工具、平台和流程，也需要在合适的时间，通过合适的人员配备和配合，才能发挥更大的价值。

　　网络安全中的人为因素是重要且容易被忽视的，众多权威洞察分析报告指出，"在所有安全事件中，占据 90%发生概率的前几种事件模式的共同点是与人有直接关联的"。人在网络安全科学与实践中扮演四大类角色：其一，人作为开发人员和设计师，这涉及网络安全从业者经常提到的安全第一道防线、业务内生安全、三同步等概念；其二，人作为用户和消费者，这类人群经常会对网络安全产生不良影响，用户往往被描述为网络安全中最薄弱的环节，网络安全企业肩负着持续提升用户安全意识的责任；其三，人作为协调人和防御者，目标是保护网络、业务、数据和用户，并决定如何达到预期的目标，防御者必须对环境、工具及特定时间的安全状态了如指掌；其四，人作为积极的对手，对手可能是不可预测的、不一致的和不合理的，很难确切知道他们的身份，因为他们很容易在网上伪装和隐藏，更麻烦的是，有些强大的对手在防御者发现攻击行为之前，就已经完成或放弃了特定的攻击。

　　期望这套书为您打开全新的网络安全视野，并能作为网络安全实践中的参考。

范　渊

序言

随着计算机技术、网络技术的发展，以及信息化浪潮在各行各业的广泛深入和升级换代，数据成为推动经济社会创新发展的关键生产要素。数据的开放与开发推动了跨组织、跨行业、跨地域的协助与创新，催生出各类全新的产业形态和商业模式，全面激活了人类的创造力和生产力。这些变化都需要依托信息化技术的支撑，也为安全行业带了许多新的挑战。

而攻与防是安全行业永恒的话题，作为攻击者发现安全隐患，作为防守者及时处理安全隐患。但是我在从事攻防的工作之时，往往会觉得欠缺了一些东西。直到接触到彩虹模型，才豁然明白，我们在如何主动减少对安全隐患的方面想得太少，对于业务和安全的冲突考虑得太少，对于安全投入的边际效益考虑得太少……在安全方面，我们可以做得更多、更好。

绿队作为彩虹模型中的改进者，需要承担起探索如何做得更多和更好的责任。绿队像水一样，其核心是降低安全风险，而具体技术呈现则需要依赖具体的场景，"水无形而有万形"，这对于编写和总结工作提出了很大的挑战——它可能不限定在某个领域或者具体的某一些技术。本分册从安全开发、安全漏洞管理、供应链安全管理、知识库体系优化、产品/策略优化五个部分来介绍安全改进措施的方向。

第 1 章至第 3 章，侧重于基础技术。通过对基础技术的了解和学习，有助于我们深入理解安全隐患，设计合适的改进措施。

第 4 章至第 8 章，侧重于安全开发。安全开发是将安全措施从运营和维护阶段，扩展到软件的研发阶段，提升软件自身的安全防护能力，在安全对抗之时筑起自防护的防线。

第 9 章围绕安全漏洞管理进行介绍。漏洞是安全风险的一类实际表现，从漏洞生命周期（发现、分析、修复、测试、总结）中充分认识安全风险，对于改进措施的设计和推进具有重要的意义。而这些的前提是我们能够选择合适的方法将漏洞统一管理和处理。

第 10 章围绕软件供应链安全进行介绍。现代软件系统不再由单一供应商提供，往往涉及多家不同的供应商及一些公共维护的项目，大量的复杂的集成环节都可能引入不同的安全风险。本章围绕软件供应链的某一个链条节点上采购、集成开发、交付、运营四个阶段分析安全威胁设计安全措施。

知识库体系优化和产品策略优化两部分的内容，不是孤立的技术或业务，而是融入各个章节之中。

　　本分册从浅入深地讲述了绿队作为改进者在当前工作中的实践情况，同时也将我们的一些所思所想记录了下来，为大家提供一些宝贵的实践经验和参考建议。由于技术细节变化快、需要跟企业现状紧密结合等因素，书中有些措施对于部分企业而言难免会有些过时，但是这些措施的思想核心是相通的，也能为后续的改进措施的设计提供一些帮助。也正应了本分册名中的"时变之应"四字——顺应时势的变化，采取适当措施。希望读者能从书里读到自己想要了解的知识，能够启发大家在绿队相关领域的技术实践。在写作过程中，我们参考了许多网络资料，在此一并向文章作者表示感谢。

　　立足脚下，放眼未来，网络安全道路还需要广大从业者一起乘风破浪，开创新视野，让安全工作为企业和国家发展保驾护航。

编　者

目　录

九维彩虹团队之时变之应与安全开发

第1章 绿队介绍

　　五彩斑斓的世界，以及博物馆中一幅幅惊世画作都离不开色彩的勾勒。对于色彩而言，三原色①是一个绕不过的话题。可能正是由于它的普遍性，导致它被许许多多的行业及专业技术领域的专家们用于辨识不同的概念、技术和理念。

　　在网络安全领域，同样也使用色彩作为区分。但是目前只有红蓝两个颜色的含义在安全行业内形成了广泛的关注，并达成了共识。红色主攻击，其代表团队是红队，他们往往以丰富的攻击手段作为技术储备，结合奇思妙想，突破各类安全防线，获取系统以及相关的组织机构的控制权和数据来达到他们的目的。蓝色主防御，其代表团队是蓝队，他们往往拥有丰富的网络安全经验，对于攻击技术了如指掌，结合各类网络安全防护产品对攻击者进行围追堵截，避免系统以及相关的组织机构的控制权和数据的丢失。

　　不过攻防之间，仍有大量的空白需要进行建设，这也是设计彩虹模型的初衷之一。而绿色作为彩虹模型中改进者的代表色，承担着改进和优化系统和组织运作的职责，其工作内容也是攻防对抗（有时候也会叫红蓝对抗）的收尾工作的一部分。

1.1 绿队背景和概念

　　随着计算机网络技术的发展，信息化浪潮在各行各业的广泛深入及升级换代，数据成为推动经济社会创新发展的关键生产要素，数据的开放与开发推动了跨组织、跨行业、跨地域的协助与创新，催生出各类全新的产业形态和商业模式，全面激活了人类的创造力和生产力。这些变化都需要依托信息化技术的支撑，也为安全行业带了许多新的挑战。网络空间安全、数据安全、车联网安全、物联网安全、工控安全等名词的出现正是响应了这些变化。

1.1.1 安全正在成为必选项

　　如今的软件产品相较于十年或二十年前的软件产品，在本质上已经完全不同。以软件产品为纽带，虚拟的世界正在与现实的世界连通。你可以在软件应用中随手选择一些食品、服装、电器，完成付款以后，这些东西在短短几天，甚至几十分钟内便能出现在你的手中。在二十年前，这些可是完全不敢想象的事情，但是现在已经成为现实，同时

---

① 三原色：此处指的是色光三原色，即 R（红 Red）、G（绿 Green）、B（蓝 Blue）。

两个世界的连接正在朝着深入融合的方向发展。

在融合过程中，人民对于人身财产安全的担忧，以及国家对于国家安全的担忧也同样映射到了虚拟世界之中，这些担忧推动相关组织和机构建设其网络安全能力，以保障个人、组织、机构、国家的利益。近年来，我国陆续通过了《中华人民共和国网络安全法》《中华人民共和国数据安全法》《中华人民共和国个人信息保护法》《关键信息基础设施安全保护条例》《计算机信息系统安全保护条例》，加大了对网络安全的管控。

但是整体的网络安全形势依然非常严峻，依据 2020 年网络安全行业大事记所述，2020 年全球信息泄露用户凭证数达 8.27 亿个，泄露信息记录达 352.79 亿条，涉及人数约 21.2 亿人。全球网络犯罪造成的损失将从 2015 年的 3 万亿美元增长到 2025 年的 10.5 万亿美元（2020 年中国 GDP 约 14.73 万亿美元），年增长率达到 15%。

该文章也记录了一起发生在 2020 年 3 月的个人信息泄露事件。大约 5 亿新浪微博用户数据出现在了多个黑色产业（简称黑产）网站中，其中涵盖了用户的微博 UID（用于标识虚拟账号的一串随机字符）和对应账号所绑定的手机号码信息。通过提交 UID 进行搜索的方式，就能轻易获得相应公众人物的私人号码，造成了极大的影响。而这些数据就好像成为了互联网的记忆，永远保存在数字的世界之中。截至本文稿编写时，仍然可以访问和获取相应数据。信息泄露过程示意具体如图 1-1 所示。

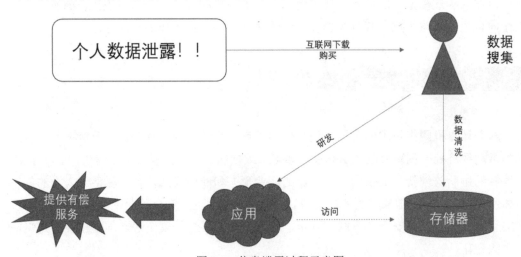

图 1-1　信息泄露过程示意图

微博官方工作人员表示该数据泄露是由于通讯录相关的功能业务接口被攻击者通过暴力枚举手机号码的方式获取了用户 UID。但是如此严重的泄露事件，至今也没有一份详细的、官方的事件分析报告流出，这从某种程度上也体现了安全行业在信息披露问题上谨慎性。至于是好事是坏事，就不方便评价了。从攻击手法和思路的选择上来看，攻击者似乎选择从一些应用本身的业务入手，直接拿到能够兑换成利益的东西，例如数据、服务器计算资源等，也避免了需要通过大量技术手段对数据库等核心应用访问。

基于当下的情况，软件系统的安全性问题已经同软件系统的健壮性、可用性等问题一样，是在软件系统的生命周期过程中必须要考虑的问题。

1.1.2　安全建设与攻防对抗

对于从事黑产的专业技术团队而言，数据信息、访问权限、计算资源、市场活动和竞争等都是可以进行交易谋取利益的资源，以在不同环节或不同链条上，不同团队购买等形式获取上游的资源，转换利用资源以换取新的资源，新的资源可以贩卖给下游获取利益，从而形成了盘根错节的黑色产业链，同时又具有较为明确的分工。在分工角度上，有从事于恶意程序（包括木马程序、勒索病毒、漏洞利用程序等）开发的人员，有从事于以各类攻击手段获取访问权限、数据、服务器等资源的专业技术人员，有从事于清洗数据和信息、二次贩卖数据和信息的人员，也有从事于洗钱等其他分工的人员。环环相扣，每个环节的产生利益又被重新投入到链条中牟取各自更大的利益。

对于黑产而言，任何资源都可以折算成利益。一方面，一家企业往往家大业大，拥有的资源种类复杂且大部分可能缺少管理，甚至像是数据等一些资源都没有引起足够的重视。另一方面，黑产的从业者像是闻见了鱼腥的猫，只要有可乘之机就不会放过。相较之下，企业像是砧板上的鱼肉任人宰割。

不过有个特征——黑产是由利益驱动的。如果投入成本大于产出利益，从某种意义上能够防御攻击（不可避免地仍存在不计成本的极端情况）。那么企业需要投入成本，构筑防线用于提升黑产从业者的攻击成本，降低其攻击意愿。黑产从业者需要找到薄弱点，投入适当的成本，获取高于成本的利益。而企业对于这些资源具有真正意义上的管理权，也使得以较低成本，大幅度提升攻击者的攻击成本成为了可能。

双方由此拉开序幕，展开安全对抗。

1.1.2.1　企业资源结构

黑产从业者在绝大部分的情况下，关注的是企业的资源，是上一节中所述的数据、计算资源、访问权限等。他们往往处于企业外部，想要直接访问和获取目标资源几乎是不可能的，大部分的时候需要依赖传输、处理、存储资源的各个过程去接触到资源。但是企业内部的资源也不是孤立的，存在的关联关系使情况更加复杂，如图1-2所示。

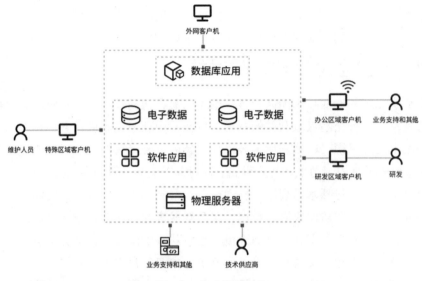

图 1-2　企业资源结构

一般企业都会区分网络区域，一些是用于提供互联网访问或者服务的网络，一些是用于内部办公的网络访问一些专用的内部资源，一些是用于软件系统研发的网络，一些是专门用于管理和维护线上应用的网络，另外也会提供一些无线热点用于访客或者其他场景使用。

在网络区域内，硬件计算资源（物理服务器、客户机等）通过无线或有线的方式连接到一起对网络上的用户提供服务。而服务的具体内容则以软件应用作为输出，例如 OA 系统[①]、CRM 系统[②]、ERP 系统[③]等。在这些软件对外提供服务的过程中，需要使用大量数据，既包括常见的操作日志、业务日志，又包括极为敏感的个人隐私数据、商业数据等。为了更方便地使用、处理和存储数据，一般会由数据库应用管理大多数的数据，其他应用通过数据库应用使用数据。但是软件应用、数据资源都是抽象的对象，并不像物理服务器一样有看得到、摸得着的实体，更多需要依赖物理服务器提供计算和管理方面的支持，所以物理服务器的访问权限往往也代表着拥有了物理服务器上应用和数据的访问权限，是恶意攻击者较为关注的重点。

除了上述这些，还有许多业务人员、研发人员、运维管理人员等各类型的工作人员，对网络、硬件、软件、数据进行管理和维护。同时，为了更好地提升效率和工作质量，

[①] OA 系统：OA（Office Automation，办公自动化）系统利用现代化设备和信息化技术，代替办公人员传统的部分手动或重复性业务活动，优质而高效地处理办公事务和业务信息，实现对信息资源的高效利用，进而达到提高生产率、辅助决策的目的，最大限度地提高工作效率和质量、改善工作环境。

[②] CRM 系统：CRM（Customer relationship management，客户关系管理）系统为企业建立一个客户信息搜集、管理、分析和利用的信息系统。

[③] ERP 系统：ERP（Enterprise Resource Planning）系统是针对物资资源管理（物流）、人力资源管理（人流）、财务资源管理（资金流）、信息资源管理（信息流）集成一体化的企业管理软件。

并节约成本，组织不仅需要外部的第三方组织提供服务或者专家支撑，而且还需要使用第三方组织提供的软件系统和工具辅助工作。

在如此复杂的结构里，想要确保所有资源万无一失是极其困难的事情，这也是为什么安全对抗能够成为重点话题的原因之一。

1.1.2.2　软件系统与安全建设

从企业资源结构一节中也可以发现，软件系统既是硬件计算资源对外服务的窗口，又是数据资源的直接使用者，而且软件系统这类使用者必然要求数据资源是可用的，甚至可以大胆地描述这些数据资源是明文的。正是由于这些特点，软件系统历来就是恶意攻击者重点关注的对象。

恶意攻击者在获取了软件系统的最高访问权限后，向下挖掘，利用可能获取的硬件计算资源的访问权限，从而获取硬件上其他应用和服务的访问权限；向上挖掘，利用可能通过数据资源开放给软件系统的访问权限得到大量数据，可用于牟取利益，也可用于获取其他软件系统的访问权限。如同链式反应[①]，攻击者可能能够获取整个企业所有核心资源的访问和控制的权限，对于企业的经营发展、国家安全产生巨大影响。

在企业安全建设的过程中，如何保护软件系统的安全一直是关注的重点问题。而最常见的方式是在软件系统与其他资源链接的链路（绝大多数的情况是网络，但是也包括了其他方式的，例如物理方面的接触）上部署检测和防御的机制。譬如在网络上部署Web 应用防火墙（WAF，Web Application Firewall）、入侵防御系统（IPS，Intrusion Prevention System）、入侵检测系统（IDS，Intrusion Detection System）对潜在的攻击者进行威慑，并对实际发生的网络攻击进行检测与响应，保护软件系统的安全。另一角度的保护方式，则是从软件系统自身的安全性入手，通过模拟攻击者的方式对软件系统进行安全评估，探测系统中潜在的安全风险，从而针对这些实际安全风险设计相应的安全措施，降低或转移风险，提升软件系统的安全性。

除了软件系统以及链路的风险以外，参与软件系统建设和维护的人员的安全意识及安全操作也是需要考虑的。

1.1.2.3　攻防对抗

安全建设构筑的防线势必需要安全攻击来验证。对于一部分企事业单位而言，每年都会参与国家、各省市、地市或自行组织的安全攻防演练活动，来展示自己的安全防御的水平，以验证自身对于实际发生的安全攻击的应对能力。在整个演练过程中，不仅仅需要要求企事业单位全面掌握自身的网络、资产、安全防护设施设备的情况，还需要了解攻击者对企事业单位的攻击情况，对于被突破的防线及时采取阻截措施，防止攻击者

[①] 链式反应：事件结果包含有事件发生条件的反应称为链式反应，在核物理中指核反应产物又引起同类核反应继续发生、并逐代延续进行下去的过程。

进一步深入企业，甚至在内部/外部网络中还会准备一些陷阱（蜜罐），用于揭示攻击者的意图和防线被突破的情况，形成安全警报。

参与演练的大部分企事业单位会被各个专业的攻击者团队（也叫红队）击破，从而丢失了服务器等各类计算资源的控制权限、应用系统的控制权限、敏感数据和业务数据。负责攻击的团队往往会准备一些通用性的软件系统的安全漏洞（包括已经公开的或未公开的漏洞）的利用程序，在探知目标企业使用了带漏洞的软件系统后，利用武器化的工具迅速获取到目标系统的访问权限，甚至能轻易获取企业的核心数据。从某种意义上来看，也是为企事业单位敲响了安全的警钟。所以演练之后的复盘是必不可少的环节。这些复盘总结为绿队提供了重要的信息输入，也是绿队作为改进者需要重点关注的问题。

1.1.3　绿队概念

绿队的定位更多是在安全攻防对抗过程中的善后工作，针对这些潜在或被验证的安全风险设计相应的安全解决方案，并融入到企业的安全建设之中，保障企业的安全运行。一般来说，绿队承担了跟踪安全风险、缺陷的跟踪总结、完善安全体系运行的责任，在不断的实践和攻防碰撞中改进和强化企业的安全能力。

1.2　绿队的组成

"水无形而有万形，水无物而能容万物"。

如果真的想要明确地说明绿队到底负责哪些技术和业务，是存在较大困难的。困难的点在于绿队更强调的是"变"，通过改进实践安全技术，构筑安全的防线。小到具体的某一项管理制度、某一类漏洞的修复方案，大到整个组织的架构优化、体系建设都在绿队工作范畴之内。但是为了更方便企事业以及相关技术人员更好地开展相关工作，又需要刻画绿队具体的工作，我们基于自身在实际工作和攻防对抗中的情况，从安全开发、安全漏洞管理、供应链安全管理、知识库体系优化、产品/策略优化五个视角来讲解绿队的工作，也能让读者们有更多的认识。

1.2.1　安全开发

安全开发，也有很多人也会叫开发安全，指的是在软件研发过程中，引入软件安全质量管理，从而开发安全的软件的理论、技术和相关活动。在本书中，两者是等价的，但会更多使用安全开发一词。不过如果查看过许多安全行业的岗位描述的话，就会发现安全行业内安全开发还有另一种含义，指的是信息安全/网络安全产品、设备的设计和研发工作。如果看到不同场景下，使用了同一个词也不要觉得困惑，但是在本书中会仅以前一层的含义进行表述。

在 1.1 节中反复说明了软件系统在整个攻防对抗中的关键地位，这也是本书为什么会选择解决软件安全质量的安全开发视角作为绿队的主要视角之一。软件系统不但是企事业对外服务的窗口，也是攻击者接触、了解攻击目标的窗口。不同于近源渗透①需要冒着巨大的不确定性和被安保人员抓获的风险，从网络上发起的攻击具有天然的匿名性。同时在网络上运行的软件系统的安全漏洞可以说是攻击者的完美跳板，尤其是在当下越来越复杂的业务背景下（基于网络的传统安全设备难以拦截和识别），提升软件系统自身的安全性尤为重要，这也是企事业单位在持续改进过程中无法绕过的一环。

安全开发在实践的过程中，一般会基于软件生命周期定义的问题定义和规划、需求分析、软件设计、软件编码、软件测试、软件维护六个阶段设计安全活动，将安全属性融入软件的生命中。而安全活动的设计常常会依据两类标准或者理论，一类是偏向于方法论的指导，定义了哪些安全活动需要被执行，另一类是偏向于成熟度的刻画，定义了处于几级成熟阶段的组织，至少应该做哪些安全活动。前者由于是针对理想情况的描述，其内容相对固定和稳定，而后者需要与实际行业技术发展的情况匹配，在实践中标准的内容也可能发生很多的变化。

我们在后续的章节中也会重点介绍和实践安全开发相关的理论和技术。

1.2.2　安全漏洞管理

由于许多漏洞可能并不能实际利用、利用条件过于苛刻，或在利用价值的比较有限的情况下只能算是风险，安全漏洞管理更准确的说法应该是安全风险管理，但是担心可能会跟企业的风险控制混淆，在本书中依然使用了安全漏洞管理一词，指的是对已经发现或者存在的安全漏洞和安全风险项，进行统一的管理和分析。

选择安全漏洞管理作为绿队的工作视角之一，主要是出于"安全不是绝对的"这个角度的考虑。因为风险没办法真正消除，只能通过缓解和转嫁的方式进行，所以在不考虑安全投入的情况都无法实现绝对安全，更何况对于企业而言，投入永远是存在上限的，资源可能永远是匮乏的，在这样的情况下，想要达到没有安全漏洞的目标，几乎是不可能的。那必然需要能有效管理这些漏洞和风险，确认漏洞和风险的处置情况，从这些实际案例中汲取经验，更好发挥改进者的作用。而安全漏洞管理工作可以很好地支撑上述工作事项。

另外，基于披露的 1Day 和 NDay②漏洞研发针对性的利用工具，迅速获取目标的访问权限，或者基于 NDay 的漏洞成因挖掘相似的 0Day 漏洞制作利用工具的思路，在安全对抗之中非常常见，也非常有效，往往也能轻易绕过基于特征和指纹的网络安全防护

---

① 近源渗透：指测试人员靠近或位于测试目标建筑内部，利用各类无线通信技术、物理接口和智能设备进行渗透测试的方法总称。

② 0/1/NDay 漏洞：Day 主要是指漏洞披露的时间，0Day, 1Day, Nday 分别对应未发布未公开的漏洞，刚公开发布一天的漏洞，已经发布和公开多天的漏洞。

设备，轻易地拿下目标。同时，攻击者可选择任何一个时间点进行切入，而作为信息资产的保护者，需要时时刻刻关注着资产的安全风险变化，攻防双方在时间的战线并不对等，需要有产品和工具进行协助。

一般来说，安全漏洞管理的管理范围主要涵盖了主机服务器的漏洞和安全风险、软件应用的漏洞和安全风险，而数据的来源包括专业检测工具检测和挖掘、专业技术人员测试发现、外部的信息通告和漏洞披露以及漏洞悬赏机制等，其主要责任既包括对于存量漏洞和历史漏洞的跟踪和分析，也包括对于外部风险情况的收录和处理，需要对后续的安全分析工作提供支撑。

1.2.3 供应链安全管理

先不谈安全管理，仅供应链一词就容易令人困惑。虽然绝大多数的企业都有供应链管理的部门负责供应链，其主要职责是跟具体的产品入库、出库和销售有关，与本书所探讨的网络安全、信息安全的关系程度不是很高，但是对于现代的企业而言，除了这些看得见摸得着的物品以外，还有许许多多的软件系统或者组件支撑现代企业运作，包括开放性组织提供的软件框架代码、商业性组织单位提供的软件系统、网上随手下载的办公软件和工具等，其实都是广义上的供应链的范围。不过这些无形的资产，相较于有形的资产更加难以管理，获取的渠道也更加丰富且不可控，组件也更加封闭且不可知。供应链安全管理，正是在探讨和摸索如何解决这些无形资产的安全管理问题。

不过对于供应链的安全管理如何去做，目前其实没有很多成熟的、成体系的解决方案，这也是令各个企业和专家困扰的地方。需要持续不断实践，不断地改进和优化来形成成熟的机制和方法。把供应链安全管理作为绿队的工作视角的另一个原因是近些年来攻击者在该方面加大投入，企图利用目前错综复杂的软件供应链网络，使用以点带面的方式，攻击供应链下游的所有企业，牟取非法利益。2021年7月，欧盟网络安全局（ENISA）发布《供应链攻击威胁局势报告》，文中所述"预估2021年供应链攻击将是2020年的四倍。其中一半的攻击归因于高级持续性威胁[①]（APT）参与者，其复杂性和资源大大超过常见的非针对性攻击"，在一定程度上反映了供应链所面临的安全压力。供应链的安全必然是安全对抗中绕不开的话题。

我们基于一些供应链攻击常用的技术（软件漏洞、恶意病毒/木马、伪装等），尝试总结了一些实践经验，对来自软件的供应链攻击进行防护。

1.2.4 知识库体系优化

拥有相关知识是完成安全开发、安全漏洞管理、供应链安全管理等各项工作的前提

[①] 高级持续性威胁：高级持续性威胁（Advanced Persistent Threat，APT）是指隐匿而持久的电脑入侵过程，通常由某些人员精心策划，针对特定的目标。其通常是出于商业或政治动机，针对特定组织或国家，并要求在长时间内保持高隐蔽性。

和基础，如果缺少了相关知识，又无处学习，那么必然影响工作的推进和完成质量。不过如果知识脱离了实际的实践场景，就犹如空中楼阁，甚至可以说是鸡肋，食之无味，弃之可惜。恰好绿队定位于攻防之间的空白地带，而攻防之间的技术变化、攻击和防守的思路变化都为知识的优化提供了丰富的实践案例，所以考虑应用知识和搜集整理知识，形成符合自身业务和技术特点的知识沉淀，也是绿队的工作视角之一。

也正是出于与实践结合的角度考虑，所以在下文中未设置单独的章节用于介绍知识库体系的优化。一般来说企业面临的安全风险主要集中于与业务相关的法律法规风险和与具体计算机相关的技术性安全风险，所以在做具体的知识库设计时可从这两个角度进行切入。但是在描述技术性风险时，可尝试从两个维度分别切入，其中一个维度是从风险处理与响应切入，另一个维度是从具体的技术对象切入，例如网络、操作系统、硬件服务器、软件、软件开发技术栈等。图 1-3 是从风险处理与响应的维度，大致罗列了一些主要的知识库用于参考，但是在实际应用的过程中涉及知识库的颗粒度大小等问题，会变得极为复杂。另外也可以从两个维度同时进行分析，构建立体的知识库体系。

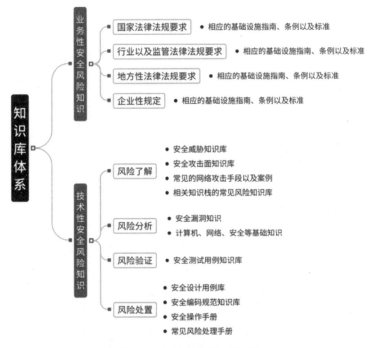

图 1-3　知识库体系（简易）

在绿队改进者的作用下，知识库将更加贴合业务和技术，提供更加精准的基础性知识，为可能发现的安全攻击提供必要的知识储备，提升企业的安全防护能力。

1.2.5　产品/策略优化

在安全对抗之中，因为攻击者何时何地以何种方式针对哪个目标发起攻击是未知的，所以对于进行安全建设的防守方而言，安全保护的工作是一项对持续性要求非常高的工作，需要通过各类自动化检测、分析工具过滤和筛选信息，以提供尽可能准确的信息和强大的防护能力。但是成功的攻击者往往绕过了多个类型的自动化产品和工具，在攻防对抗的过程中势必会提供大量的绕过的案例，所以在事后的工作中很重要的一项便是对这些产品的规则和策略进行扩展和加固，避免掉进同一个坑里两次。

在实际开展优化工作中可能会涉及较多的产品，一般包括用于检测挖掘漏洞的监测类产品、用于行为和日志的分析类产品、提供基础安全防护能力的产品等，优化的范围包括但不仅限于更新漏洞规则库、风险匹配策略、异常阈值。

绿队整体工作的组成核心在于如何应对变化，甚至可以说是如何应对非预期的情况，再将这些非预期的情况固化下来，形成经验和总结，来避免遭遇相同或相似的打击，或者在遭遇时，能够快速进行有效的响应，降低损失和影响。

1.3 与其他队伍的关系

彩虹团队共九个颜色，各自承担了不同的业务角色，相互配合协作，解决各类困难的安全问题，如图 1-4 所示。

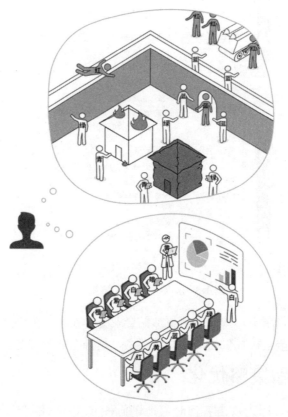

图 1-4 彩虹团队工作协同（简略）

1.3.1　与红队、蓝队的关系

绿队与红队、蓝队一样与安全攻防有着密不可分的关系，在许多情况下都采取了很多相似的技术、工具和产品来完成各自的工作，也需要对具体的安全攻击、安全检测和响应技术进行研究，但是三个队伍对于应用技术的目的不同。

就好似攻城战，红队以技术为矛，模拟真正的攻击者对城堡发起攻击；蓝队以技术为盾，好似城防军对城堡各个区域进行安全防护和监督；绿队则以技术为知识，对城堡各处的薄弱点进行修缮，及时调整战力布局。

1.3.2　与青队的关系

青队与绿队相比在响应上更加迅速。在蓝队实际发现了攻击者的行为以后，青队会迅速介入对实际被攻击的情况进行评估，分析攻击者的攻击方法，形成临时性的处置办法，有效降低损失，阻截攻击。

在分析和阻截过程中涉及和总结的知识和技术是绿队重要的案例输入信息，帮助绿队建立新的或者调整旧的安全措施。

在整个攻城战中，青队更像是一只专业救火部队，在遇到实际的风险时，迅速出击，恢复城堡正常运行。

1.3.3　与白队、黄队的关系

与绿队相比，白队和黄队则像是整个城堡的建设者，规划着城堡的布局、安全工事的情况，部署各个队伍完成相应工作，在发展过程中及时更新城堡的规划。

第 2 章　基础知识概述

2.1　操作系统/网络

2.1.1　操作系统概述

操作系统（Operating System，简称 OS）是管理计算机硬件与软件资源的计算机程序。操作系统需要处理如管理与配置内存、决定系统资源供需的优先次序、控制输入设备与输出设备、操作网络与管理文件系统等基本事务。操作系统也提供一个让用户与系统交互的操作界面。

在计算机中，操作系统是其最基本也是最重要的基础性系统软件。从计算机用户的角度来说，计算机操作系统体现为其提供的各项服务；从程序员的角度来说，计算操作系统主要是指用户登录的界面或接口；从设计人员的角度来说，计算机操作系统就是指各式各样的模块和单元之间的联系。

最初的计算机没有操作系统，人们通过各种按钮来控制计算机，后来出现了汇编语言，操作人员通过有孔的纸带将程序输入电脑进行编译。这些将语言内置的电脑只能由制作人员自己编写程序来运行，不利于程序、设备的共用。为了解决这种问题，就出现了操作系统，这样就很好地实现了程序的共用，以及对计算机硬件资源的管理。

随着计算技术和大规模集成电路的发展，微型计算机迅速发展起来。从 20 世纪 70 年代中期开始出现计算机操作系统。

2.1.2　文件管理

文件管理是操作系统中一项重要的功能。其重要性在于，在现代计算机系统中，用户的程序和数据、操作系统自身的程序和数据，甚至各种输出输入设备，都是以文件形式出现的。可以说，尽管文件有多种存储介质可以使用，如硬盘、软盘、光盘、闪存、记忆棒、网盘等，但是，它们都以文件的形式出现在操作系统的管理者和用户面前。

文件管理是操作系统的五大职能之一，主要涉及文件的逻辑组织和物理组织，目录的结构和管理。所谓文件管理，就是操作系统中实现文件统一管理的一组软件、被管理的文件，以及为实施文件管理所需要的一些数据结构的总称（是操作系统中负责存取和管理文件信息的机构）。从系统角度来看，文件系统是对文件存储器的存储空间进行组织、分配和回收，负责文件的存储、检索、共享和保护。从用户角度来看，文件系统主要是实现"按名取存",文件系统的用户只要知道所需文件的文件名以及文件的存储路径,就可存取文件中的信息,而无须知道这些文件究竟存放在存储介质的哪个位置。为了更方便地处理文件访问,文件管理系统一般提供了相对路径的访问方式,通过"../"和"./"的方式来访问当前的上一级目录以及当前目录。

2.1.3 网络概述

互联网是一个个小型的局域网通过一组组通用的网络协议进行串联,从而形成的巨大网络。互联网始于阿帕网,这种将计算机网络互相连接在一起的方法可称作"网络互联",在这基础上发展出覆盖全世界的全球性互联网络,即互联网。

计算机网络是由许多计算机组成的,要实现网络的计算机之间传输数据,必须做两件事,数据传输目的地址和保证数据迅速可靠传输的措施,这是因为数据在传输过程中很容易丢失或传错,Internet 使用一种专门的计算机语言(协议),以保证数据安全、可靠地到达指定的目的地。

计算机网络学习的核心内容就是网络协议的学习。网络协议是为计算机网络中进行数据交换而建立的规则、标准,或者说是约定的集合。因为不同用户的数据终端可采取的字符集是不同的,两者需要进行通信,必须要在一定的标准上进行。一个很形象的比喻就是我们的语言,中国地广人多,地方性语言也非常丰富,而且方言之间差距巨大。A 地区的方言可能 B 地区的人根本无法接受,所以我们要为全国人民进行沟通建立一个语言标准,这就是我们的普通话的作用。同样,放眼全球,我们与外国友人沟通的通用语言是英语,所以我们需要学习英语以便从世界范围内获取以及分享我们的信息。

计算机网络协议同我们的语言一样多种多样。而 ARPA 公司于 1977 年到 1979 年推出了一种名为 ARPANET 的网络协议受到了广泛的热捧,其中最主要的原因就是它推出了人尽皆知的 TCP/IP 标准网络协议。目前 TCP/IP 协议已经成为 Internet 中的"通用语言"。常见的网络协议如表 2-1 所示。

表 2-1　常见的网络协议

网络体系结构	协　　议	主要用途
TCP/IP	HTTP、SMTP、TELNET、IP、ICMP、TCP、UDP 等	主要用于互联网、局域网
IPX/SPX	IPX、NPC、SPX	主要用于个人电脑局域网
AppleTalk	AEP、ADP、DDP	苹果公司现有产品互联

2.1.4 常见的操作系统

2.1.4.1 Windows

Windows 操作系统,问世于 1985 年,目前是应用最广泛的操作系统。

常见系统版本介绍

Windows XP 界面如图 2-1 所示。

图 2-1　Windows XP 界面

Windows XP 是个人计算机的一个重要里程碑，它集成了数码媒体、远程网络等最新的技术规范，还具有很强的兼容性，外观清新美观，能够带给用户良好的视觉享受。Windows XP 产品功能几乎包含了所有计算机领域的需求。

2009 年微软公司推出了 Windows 7，它是在 Windows Vista 的基础上开发的，可供家庭及商业工作环境、笔记本电脑、平板电脑、多媒体中心等使用。Windows 7 的启动时间大幅缩减，增加了简洁的搜索和信息使用方式，改进了安全和功能合法性，提升触摸准确性。Windows 7 界面如图 2-2 所示。

图 2-2　Windows 7 界面

2012 年，微软推出 Windows 8。Windows 8 是由微软公司开发的具有革命性变化的操作系统，该系统旨在让人们的日常电脑操作更加简单和快捷，为人们提供高效易行的工作环境。Windows 8 支持个人电脑（X86 构架）及平板电脑（X86 构架或 ARM 构架）。Windows 8 界面如图 2-3 所示。

图 2-3　Windwos 8 界面

2015 年，微软正式发布计算机和平板电脑操作系统 Windows 10。

Windows 10 恢复了原来的开始菜单，并可在设置中选择开始菜单全屏，大大方便了不同的用户喜好。Windows 10 界面如图 2-4 所示。

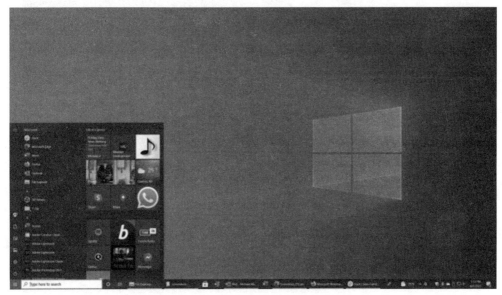

图 2-4　Windows 10 界面

2021 年，微软推出 Windows 11 正式版操作系统。Windows 11 界面如图 2-5 所示。

图 2-5　Windows 11 界面

2.1.4.2　MacOS

MacOS 是一套由苹果开发的，运行于 Macintosh 系列电脑上的操作系统，其界面如图 2-6 所示。MacOS 是基于 XNU 混合内核的图形化操作系统，一般情况下在普通 PC 上无法安装的操作系统。网上也有在 PC 上运行的 MacOS（Hackintosh）。另外，疯狂肆虐的电脑病毒几乎都是针对 Windows 的，由于 MacOS 的架构与 Windows 不同，所以很少受到电脑病毒的袭击。

图 2-6　MacOS 界面

2.1.4.3　类 UNIX

UNIX 是 20 世纪 70 年代初出现的一个操作系统，除了作为网络操作系统之外，还可以作为单机操作系统使用。UNIX 作为一种开发平台和台式操作系统获得了广泛使用，主要用于工程应用和科学计算等领域。

类 UNIX 系统是指继承 UNIX 的设计风格演变出来的系统（比如 GNU/Linux、FreeBSD、OpenBSD、SUN 公司的 Solaris、Minix、QNX 等），这些操作系统虽然有的是自由软件，有的是商业软件，但都相当程度地继承了原始 UNIX 的特性，有许多相似处，并且都在一定程度上遵守 POSIX 规范，但是它们却并不含有 UNIX 的源代码。UNIX 的源代码为 SCO 公司所有，属于商业软件，UNIX 的商标权和 UNIX 标准认定属于 OPENGROUP 所有。由于 UNIX 标准认定价格昂贵，所以唯一获得 UNIX 标准认定的为苹果的 MacOS 系统。

除去 Windows，几乎每一个系统都是 UNIX 和类 UNIX 的，而且它们在 PC 普及前就大放异彩。Windows 仅仅占领了 PC，而别的方方面面都被 UNIX 和类 UNIX 占领了，至于其他的操作系统更是不值一提。

类 UNIX 系统可在非常多的处理器架构下运行，在服务器系统上有很高的使用率，在企业中通常作为服务运行承载的环境。

Ubuntu 是一个以桌面应用为主的 Linux 操作系统，其界面如图 2-7 所示。作为 Linux 发行版中的后起之秀，Ubuntu 在短短几年时间里便迅速成长为从 Linux 初学者到实验室用计算机/服务器都适合使用的发行版。Ubuntu 在桌面办公、服务器方面有着不俗的表现，总能够将最新的应用特性囊括其中。Ubuntu 提供了一个健壮、功能丰富的计算环境，既适合家庭使用又适用于商业环境。

图 2-7　Ubuntu 界面

CentOS 是免费的、开源的、可以重新分发的开源操作系统，CentOS（Community Enterprise Operating System，社区企业操作系统）是 Linux 发行版之一。CentOS Linux 发行版是一个稳定的、可预测的、可管理的和可复现的平台，源于 Red Hat Enterprise Linux（RHEL）依照开放源代码规定释出的源码所编译而成，而且在 RHEL 的基础上修正了不少已知的 Bug，相对于其他 Linux 发行版，其稳定性值得信赖，你可以使用它像使用 RHEL 一样去构筑企业级的 Linux 系统环境，但不需要向 RedHat 付任何的费用。

2.1.4.4　Android

Android 是一种基于 Linux 的自由及开放源代码的操作系统，主要使用于移动设备，如智能手机和平板电脑，由 Google 公司和开放手机联盟领导及开发。Android 手机如图 2-8 所示。

图 2-8　Android 手机

2.1.4.5　iOS

iOS 是由苹果公司开发的手持设备操作系统。iOS 以 Darwin 为基础，属于类 UNIX 的商业操作系统，最初是设计给 iPhone 使用的，后来陆续套用到 iPod touch、iPad 以及 Apple TV 等产品上。iOS 与苹果的 MacOS 操作系统一样，属于类 UNIX 的商业操作系统。iOS 14 界面如图 2-9 所示。

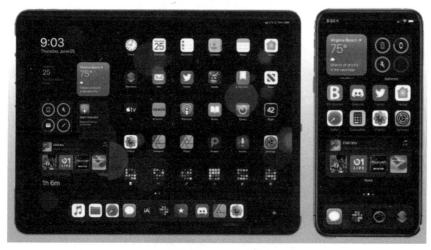

图 2-9　iOS 14 界面

2.2　软件开发技术

2.2.1　数据库

2.2.1.1　SQL Server

SQL Server 是 Microsoft 公司推出的关系型数据库管理系统。它最初是由 Microsoft、Sybase 和 Ashton-Tate 三家公司共同开发的，于 1988 年推出了第一个 OS/2 版本。在 Windows NT 推出后，Microsoft 与 Sybase 在 SQL Server 的开发上就分道扬镳了，Microsoft 将 SQL Server 移植到 Windows NT 系统上，专注于开发推广 SQL Server 的 Windows NT 版本。Sybase 则较专注于 SQL Server 在 UNIX 操作系统上的应用。

SQL Server 具有使用方便、可伸缩性好、与相关软件集成程度高等优点，可跨越从运行 Microsoft Windows 98 的膝上型电脑到运行 Microsoft Windows 2012 的大型多处理器的服务器等多种平台使用。SQL Server 是一个全面的数据库平台，使用集成的商业智能（BI）工具提供了企业级的数据管理。Microsoft SQL Server 数据库引擎为关系型数据和结构化数据提供了更安全可靠的存储功能，使用户可以构建和管理用于业务的高可用和高性能的数据应用程序。SQL Server logo 如图 2-10 所示。

图 2-10　SQL Server logo

2.2.1.2 Oracle

Oracle Database，又名 Oracle RDBMS，或简称 Oracle，是甲骨文公司的一款关系数据库管理系统，它是在数据库领域一直处于领先地位的产品。可以说 Oracle 数据库系统是世界上流行的关系数据库管理系统，系统可移植性好、使用方便、功能强，适用于各类大、中、小微机环境。它是一种高效率的、可靠性好的、适应高吞吐量的数据库方案。Oracle 数据库 logo 如图 2-11 所示。

图 2-11　Oracle 数据库 logo

2.2.1.3 MySQL

MySQL 是一个关系型数据库管理系统，由瑞典 MySQL AB 公司开发，属于 Oracle 旗下产品。MySQL 是最流行的关系型数据库管理系统之一，在 Web 应用方面，MySQL 是最好的 RDBMS（Relational Database Management System，关系数据库管理系统）应用软件之一。MySQL logo 如图 2-12 所示。

图 2-12　MySQL logo

MySQL 是一种关系型数据库管理系统，关系数据库将数据保存在不同的表中，而不是将所有数据放在一个大仓库内，这样就增加了速度并提高了灵活性。

MySQL 所使用的 SQL 语言是用于访问数据库的最常用标准化语言。MySQL 软件采用了双授权政策，分为社区版和商业版，由于其体积小、速度快、总体拥有成本低，尤其是开放源码这一特点，一般中小型网站的开发都选择 MySQL 作为网站数据库。

2.2.1.4 PostgreSQL

PostgreSQL 是一种特性非常齐全的自由软件的对象—关系型数据库管理系统（ORDBMS），是以加州大学计算机系开发的 POSTGRES 4.2 版本为基础的对象关系型数据库管理系统。POSTGRES 的许多领先概念只是在比较迟的时候才出现在商业网站数据库中。PostgreSQL 支持大部分的 SQL 标准并且提供了很多其他现代特性，如复杂查询、外键、触发器、视图、事务完整性、多版本并发控制等。同样，PostgreSQL 也可以用许多方法扩展，例如通过增加新的数据类型、函数、操作符、聚集函数、索引方法、过程语言等。另外，因为许可证的灵活，任何人都可以以任何目的免费使用、修改和分发 PostgreSQL。PostgreSQL logo 如图 2-13 所示。

图 2-13　PostgreSQL logo

2.2.1.5　DB2

DB2 是 IBM 一种分布式数据库解决方案。说简单点，DB2 就是 IBM 开发的一种大型关系型数据库平台。它支持多用户或应用程序在同一条 SQL 语句中查询不同 database 甚至不同 DBMS 中的数据。DB2 logo 如图 2-14 所示。

图 2-14　DB2 logo

DB2 主要应用于大型应用系统，具有较好的可伸缩性，可支持从大型机到单用户环境，应用于所有常见的服务器操作系统平台下。DB2 提供了高层次的数据利用性、完整性、安全性、可恢复性，以及小规模到大规模应用程序的执行能力，具有与平台无关的基本功能和 SQL 命令。DB2 采用了数据分级技术，能够使大型机数据很方便地下载到 LAN 数据库服务器，使得客户机/服务器用户和基于 LAN 的应用程序可以访问大型机数据，并使数据库本地化及远程连接透明化。DB2 以拥有一个非常完备的查询优化器而著称，其外部连接改善了查询性能，并支持多任务并行查询。DB2 具有很好的网络支持能力，每个子系统可以连接十几万个分布式用户，可同时激活上千个活动线程，对大型分布式应用系统尤为适用。

2.2.1.6　NoSQL（非关系型数据库）

NoSQL，泛指非关系型的数据库。随着互联网 Web2.0 网站的兴起，传统的关系数据库在处理 Web2.0 网站，特别是超大规模和高并发的 SNS 类型的 Web2.0 纯动态网站时，已经显得力不从心，出现了很多难以克服的问题，而非关系型的数据库则由于其本身的特点得到了非常迅速的发展。NoSQL 数据库的产生就是为了解决大规模数据集合多重数据种类带来的挑战，特别是大数据应用难题。

2.2.1.7 mongoDB

mongoDB 是一个基于分布式文件存储的数据库，由 C++语言编写，旨在为 Web 应用提供可扩展的高性能数据存储解决方案。mongoDB logo 如图 2-15 所示。

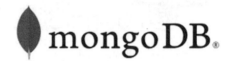

图 2-15　mongoDB logo

mongoDB 是一个介于关系数据库和非关系数据库之间的产品，是非关系数据库当中功能最丰富，最像关系数据库的。它支持的数据结构非常松散，是类似 json 的 bson 格式，因此可以存储比较复杂的数据类型。mongo 最大的特点是它支持的查询语言非常强大，其语法有点类似于面向对象的查询语言，几乎可以实现类似关系数据库单表查询的绝大部分功能，而且还支持对数据建立索引。

2.2.1.8 redis

redis 是一个高性能的 key-value 数据库。redis 的出现，很大程度补偿了 memcached 这类 key/value 存储的不足，在部分场合可以对关系数据库起到很好的补充作用。它提供了 Java、C/C++、C#、PHP、JavaScript、Perl、Object-C、Python、Ruby、Erlang 等客户端，使用很方便。redis logo 如图 2-16 所示。

图 2-16　redis logo

redis 支持主从同步。数据可以从主服务器向任意数量的从服务器上同步，从服务器可以是关联其他从服务器的主服务器。这使得 redis 可执行单层树复制。存盘可以有意无意地对数据进行写操作。由于完全实现了发布/订阅机制，使得从数据库在任何地方同步树时，可订阅一个频道并接收主服务器完整的消息发布记录。同步对读取操作的可扩展性和数据冗余很有帮助。

2.2.1.9 HBASE

HBASE 是一个高可靠性、高性能、面向列、可伸缩的分布式存储系统，利用 HBASE

技术可在廉价 PC Server 上搭建起大规模结构化存储集群。该技术来源于 Fay Chang 所撰写的 Google 论文"BigTable：一个结构化数据的分布式存储系统"。就像 BigTable 利用了 Google 文件系统（File System）所提供的分布式数据存储一样，HBASE 在 Hadoop 之上提供了类似于 BigTable 的能力。HBASE 是 Apache 的 Hadoop 项目的子项目。HBASE 不同于一般的关系数据库，它是一个适合于非结构化数据存储的数据库。另一个不同的是 HBASE 基于列的而不是基于行的模式。HBASE logo 如图 2-17 所示。

图 2-17　HBASE logo

2.2.2　开发框架（Java）

2.2.2.1　Spring

Spring 框架是一个开放源代码的 J2EE 应用程序框架，由 Rod Johnson 发起，是针对 bean 的生命周期进行管理的轻量级容器（lightweight container）。Spring 解决了开发者在 J2EE 开发中遇到的许多常见的问题，提供了功能强大 IOC、AOP 及 Web MVC 等功能。Spring 可以单独应用于构筑应用程序，也可以和 Struts、Webwork、Tapestry 等众多 Web 框架组合使用，并且可以与 Swing 等桌面应用程序 AP 组合。因此，Spring 不仅仅能应用于 J2EE 应用程序之中，也可以应用于桌面应用程序以及小应用程序之中。Spring 框架主要由七部分组成，分别是 Spring Core、Spring AOP、Spring ORM、Spring DAO、Spring Context、Spring Web 和 Spring Web MVC。Spring Framework 概览如图 2-18 所示。

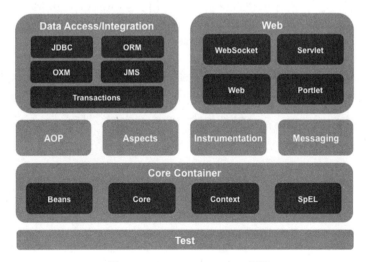

图 2-18　Spring Framework 概览

1. 框架特征

（1）轻量。

从大小与开销两方面而言，Spring 都是轻量的。完整的 Spring 框架可以在一个大小只有 1MB 多的 JAR 文件里发布。并且 Spring 所需的处理开销也是微不足道的。此外，Spring 是非侵入式的，Spring 应用中的对象不依赖于 Spring 的特定类。

（2）控制反转。

Spring 通过一种叫控制反转（IoC）的技术促进了低耦合。当应用了 IoC 后，一个对象依赖的其他对象会通过被动的方式传递进来，而不是这个对象自己创建或查找依赖对象。你可以认为 IoC 与 JNDI 相反——不是对象从容器中查找依赖，而是容器在对象初始化时，不等对象请求就主动将依赖传递给它。它的底层设计模式采用了工厂模式，所有的 bean 都需要注册到 bean 工厂中，将其初始化和生命周期的监控交由工厂实现管理。程序员只需要按照规定的格式进行 bean 开发，然后利用 XML 文件进行 bean 的定义和参数配置，其他的动态生成和监控就不需要调用者完成，而是统一交给了平台进行管理。

控制反转是软件设计大师 Martin Fowler 在 2004 年发表的 "Inversion of Control Containers and the Dependency Injection pattern" 一文中被提出的。这篇文章系统阐述了控制反转的思想，提出了控制反转有依赖查找和依赖注入实现方式。控制反转意味着在系统开发过程中，设计的类将交由容器去控制，而不是在类的内部去控制，类与类之间的关系将交由容器处理，一个类在需要调用另一个类时，只要调用另一个类在容器中注册的名字就可以得到这个类的实例，与传统的编程方式有了很大的不同，"不用你找，我来提供给你"，这就是控制反转的含义。

（3）面向切面。

Spring 提供了面向切面编程的丰富支持，允许通过分离应用的业务逻辑与系统级服务（例如审计和事务管理）进行内聚性的开发。应用对象只实现它们应该做的——完成业务逻辑，仅此而已。它们并不负责（甚至是意识）其他的系统级关注点，例如日志或事务支持。

（4）容器。

Spring 包含并管理应用对象的配置和生命周期，在这个意义上它是一种容器，你可以基于一个可配置原型（prototype）来配置你的每个 bean 如何被创建，你的 bean 可以创建一个单独的实例或在每次需要时都生成一个新的实例。然而，Spring 不应该被混同于传统的重量级的 EJB 容器。

（5）框架。

Spring 可以将简单的组件配置并组合成为复杂的应用。在 Spring 中，应用对象被声明式地组合，是在一个 XML 文件里进行的。Spring 也提供了很多基础功能（事务管理、持久化框架集成等），将应用逻辑的开发留给了用户。

（6）MVC。

Spring 的作用是整合，但不仅仅限于整合，Spring 框架可以被看作是一个企业解决方案级别的框架。客户端发送请求，服务器控制器（由 DispatcherServlet 实现的）完成请求的转发，控制器调用一个用于映射的类 HandlerMapping，该类用于将请求映射到对应的处理器来处理请求。HandlerMapping 将请求映射到对应的处理器 Controller（相当于 Action）在 Spring 当中如果写一些处理器组件，一般实现 Controller 接口，在 Controller 中就可以调用一些 Service 或 DAO 来进行数据操作 ModelAndView 用于存放从 DAO 中取出的数据，还可以存放响应视图的一些数据。如果想将处理结果返回给用户，那么在 Spring 框架中还提供一个视图组件 ViewResolver，该组件根据 Controller 返回的标示，找到对应的视图，将响应 response 返回给用户。

所有 Spring 的这些特征使用户能够编写更干净、更可管理、并且更易于测试的代码。它们也为 Spring 中的各种模块提供了基础支持。

2.2.2.2　Maven

Apache Maven 是一个（特别是 Java 编程）项目管理及自动构建工具，由 Apache 软件基金会所提供。基于项目对象模型（POM）概念，Maven 利用一个中央信息片断能管理一个项目的构建、报告和文档等步骤。

Maven 包含了一个项目对象模型、一组标准集合、一个项目生命周期、一个依赖管理系统和用来运行定义在生命周期阶段中插件目标的逻辑。当你使用 Maven 的时候，你用一个明确定义的项目对象模型来描述你的项目，然后 Maven 可以应用其独特的逻辑，这些逻辑来自一组共享的（或自定义的）插件。

Maven 有一个生命周期，当你运行 mvn install 的时候被调用。这条命令告诉 Maven 执行一系列有序的步骤，直到到达你指定的生命周期。遍历生命周期旅途中的一个影响就是，Maven 运行了许多默认的插件目标，这些目标完成了像编译和创建一个 JAR 文件这样的工作。

Maven 除了以程序构建能力为特色之外，还提供高级项目管理工具。由于 Maven 的缺省构建规则有较高的可重用性，所以常常用两三行 Maven 构建脚本就可以构建简单的项目。由于 Maven 的面向项目的方法，许多 Apache Jakarta 项目在发文时使用 Maven，而且公司项目采用 Maven 的比例在持续增长。

2.2.2.3　Gradle

Gradle 是一个基于 JVM 的构建工具，是一款通用灵活的构建工具，支持 Maven、Ivy 仓库，支持传递性依赖管理，而不需要远程仓库或 pom.xml 和 ivy.xml 配置文件。Grale 基于 Groovy、build 脚本使用 Groovy 编写的。

1. 功能

（1）Gradle 对多工程的构建支持很出色，工程依赖是 Gradle 的第一功能。

（2）Gradle 支持局部构建。

（3）支持多方式依赖管理：包括从 Maven 远程仓库、nexus 私服、ivy 仓库以及本地文件系统的 jars 或者 dirs。

（4）Gradle 是第一个构建集成工具，与 ant、Maven、ivy 有良好的相容相关性。

（5）轻松迁移：Gradle 适用于任何结构的工程，你可以在同一个开发平台平行构建原工程和 Gradle 工程。通常要求写相关测试，以保证开发的插件的相似性，这种迁移可以减少破坏性，尽可能提高可靠性。这也是重构的最佳实践。

（6）Gradle 的整体设计是以作为一种语言为导向的，而非成为一个严格死板的框架。

（7）免费开源。

2. Gradle 提供了什么

（1）一种可切换的，像 Maven 一样的基于约定的构建框架，却又从不锁住你（约定优于配置）。

（2）强大的支持多工程的构建。

（3）强大的依赖管理（基于 Apache Ivy），提供最大的便利去构建你的工程。

（4）全力支持已有的 Maven 或者 Ivy 仓库基础建设。

（5）支持传递性依赖管理，在不需要远程仓库和 pom.xml 和 ivy 配置文件的前提下。

（6）基于 groovy 脚本构建，其 build 脚本使用 Groovy 语言编写。

（7）具有广泛的领域模型支持你的构建。

2.2.2.4　MyBatis

MyBatis 本是 apache 的一个开源项目 iBatis，2010 年这个项目由 apache software foundation 迁移到了 google code，并且改名为 MyBatis。2013 年 11 月迁移到 GitHub。

iBATIS 一词来源于"internet"和"abatis"的组合，是一个基于 Java 的持久层框架。iBATIS 提供的持久层框架包括 SQL Maps 和 Data Access Objects（DAOs）。

MyBatis 是一款优秀的持久层框架，它支持定制化 SQL、存储过程以及高级映射。MyBatis 避免了几乎所有的 JDBC 代码和手动设置参数以及获取结果集。MyBatis 可以使用简单的 XML 或注解来配置和映射原生信息，将接口和 Java 的 POJOs（Plain Ordinary Java Object，普通的 Java 对象）映射成数据库中的记录。

MyBatis 是支持普通 SQL 查询，存储过程和高级映射的优秀持久层框架。MyBatis 消除了几乎所有的 JDBC 代码和参数的手工设置以及结果集的检索。MyBatis 使用简单的 XML 或注解用于配置和原始映射，将接口和 Java 的 POJOs（Plain Ordinary Java Objects，普通的 Java 对象）映射成数据库中的记录。

每个 MyBatis 应用程序主要都是使用 SqlSessionFactory 实例的，一个 SqlSessionFactory 实例可以通过 SqlSessionFactoryBuilder 获得。SqlSessionFactoryBuilder 可以从一个 xml 配置文件或者一个预定义的配置类的实例获得。

用 xml 文件构建 SqlSessionFactory 实例是非常简单的事情。推荐在这个配置中使用类路径资源（classpath resource)，但你可以使用任何 Reader 实例，包括用文件路径或 file://

开头的 URL 创建的实例。MyBatis 有一个实用类——Resources，它有很多方法，可以方便地从类路径及其他位置加载资源。

相对于其他 ORM 框架，MyBatis 本身很小且简单。没有任何第三方依赖，最简单安装只要两个 jar 文件+配置几个 sql 映射文件易于学习，易于使用，通过文档和源代码，可以比较完全地掌握它的设计思路和实现。mybatis 不会对应用程序或者数据库的现有设计强加任何影响。sql 写在 xml 里，便于统一管理和优化。通过 sql 语句可以满足操作数据库的所有需求并解除 sql 与程序代码的耦合：通过提供 DAO 层，将业务逻辑和数据访问逻辑分离，使系统的设计更清晰，更易维护，更易单元测试。sql 和代码的分离，提高了可维护性。提供映射标签，支持对象与数据库的 orm 字段关系映射。提供对象关系映射标签，支持对象关系组建维护。提供 xml 标签，支持编写动态 sql。

2.2.3　软件架构

软件架构（Software Architecture）是一系列相关的抽象模式，用于指导大型软件系统各个方面的设计。软件架构是一个系统的草图，软件体系结构是构建计算机软件实践的基础。

软件系统必须具有强壮性、可扩展性、灵活性、可靠性等这些非功能性特征。系统架构设计人员要基于各个不同的角度进行分析，了解划分元件、决定设计这两个架构的要素。在一个中等规模的数据库应用系统中，往往存在大致一百个数据表，那么这也就使得设计一个系统必须依托一百页规模的文档设计。

2.2.3.1　三层架构

三层架构就是为了符合"高内聚,低耦合"思想，把各个功能模块划分为表示层(UI)、业务逻辑层（BLL）和数据访问层（DAL）三层架构，各层之间采用接口相互访问，并通过对象模型的实体类（Model）作为数据传递的载体，不同的对象模型的实体类一般对应于数据库的不同表，实体类的属性与数据库表的字段名一致，如图 2-19 所示。

图 2-19　三层架构

三层架构区分层次的目的是"高内聚，低耦合"。开发人员分工更明确，将精力更专注于应用系统核心业务逻辑的分析、设计和开发，加快项目的进度，提高了开发效率，有利于项目的更新和维护工作。

三层架构主要是指将业务应用规划分为表示层、数据访问层以及业务逻辑层，其分层的核心任务是"高内聚、低耦合"的实现。在整个软件架构中，分层结构是常见和普通的软件结构框架，同时也具有非常重要的地位和意义。这种三层架构可以在软件开发的过程中划分技术人员和开发人员的具体开发工作，重视核心业务系统的分析、设计以及开发，提高信息系统开发质量和开发效率，进而为信息系统日后的更新与维护提供很大的方便。

1. 符合三层架构原则的分层方式

（1）数据访问层不包含任何代码，只有数据库，还有相关的存储过程。在这种模式下，数据访问层看起来就变得很简单了，只包含所建立的数据库和一些存储过程（注意是存储过程）。其实这些存储过程的建立也是相当复杂的，因为它们可以完成除数据访问外的其他一些很强大的功能，如分页、实现搜索算法等。数据访问的逻辑都放在业务逻辑层，当然业务逻辑层还包含其他一些逻辑代码。

（2）数据访问层还包含所有公共数据访问代码。这种模式和前一种差别不大，主要是把数据访问代码留到数据访问层。这样可以很方便地实现对多数据库的支持。业务逻辑层直接调用数据访问层的相关访问数据的代码，完全不必了解底层是什么数据库。其他和前一种没什么分别。

（3）所有数据读取都放在数据访问层。在这种模式下业务逻辑层不但不必了解底层是什么数据库，而且连数据库的结构都不必了解了，这是最标准的三层架构。

2. 三层架构的体系结构

表示层和业务逻辑层之间用对象模型的实体类对象来传递数据，业务逻辑层和数据访问层之间用对象模型的实体类对象来传递数据，数据访问层通过.NET 提供的 ADO.NET 组件来操作数据库，或者利用 SQLServer 数据库服务器的存储过程来完成数据操作。

3. 三层架构体系结构的优点

（1）避免了表示层直接访问数据访问层，表示层只和业务逻辑层有联系，提高了数据安全性。

（2）有利于系统的分散开发，每一个层可以由不同的人员来开发，只要遵循接口标准，利用相同的对象模型实体类就可以了，这样就可以大大提高系统的开发速度。

（3）方便系统的移植，如果要把一个 C/S 系统变成 B/S 系统，只要修改三层架构的表示层就可以了，业务逻辑层和数据访问层几乎不用修改就可以轻松地把系统移植到网络上。

（4）项目结构更清楚，分工更明确，有利于后期的维护和升级。

2.2.3.2 分布式架构

分布式架构是分布式计算技术的应用和工具，成熟的技术包括 J2EE、CORBA 和.NET（DCOM），这些技术牵扯的内容非常广，相关的技术和书籍也非常多，本文不介绍这些技术的内容，也没有涉及这些技术的细节，只是从各种分布式系统平台产生的背景和在软件开发中应用的情况来探讨它们的主要异同。

1．分布式计算技术的形成

CORBA（Common Object Request Broker Architecture）是在 1992 年由 OMG（Open Management Group）组织提出的。那时的分布式应用环境都采用 Client/Server 架构，CORBA 的应用很大程度地提高了分布式应用软件的开发效率。

当时的另一种分布式系统开发工具是 Microsoft 的 DCOM（Distributed Common Object Model）。Microsoft 为了使在 Windows 平台上开发的各种应用软件产品的功能能够在运行时（Runtime）相互调用（比如在 Word 中直接编辑 Excel 文件），实现了 OLE（Object Linking and Embedding）技术，后来这个技术衍生为 COM（Common Object Model）。

随着 Internet 的普及和网络服务（Web Services）的广泛应用，B/S 架构的模式逐渐体现出它的优势。于是，Sun 公司在其 Java 技术的基础上推出了应用于 B/S 架构的 J2EE 的开发和应用平台；Microsoft 也在其 DCOM 技术的基础上推出了主要面向 B/S 应用的.NET 开发和应用平台。

2．使用的协议

.NET 中涵盖的 DCOM 技术和 CORBA 一样，在网络传输层都采用 TCP/IP 协议，也都有自己的 IDL 规范。不同的是，在 TCP/IP 之上，CORBA 采用 GIOP/IIOP 协议，所有 CORBA 服务器以 IIOP 通信，形成了 ORB 软件通道，J2EE 的 RMI 曾经采用独立的通信协议，已经改为 RMI/IIOP，体现了 J2EE 的开放性。DCOM 也有自己的通信协议（TCP 在 135 端口的服务），但微软没有公开这个协议的规范。同样，CORBA 的 IDL 采用类 C++的定义，是公开的规范。DCOM 的 IDL 的文件虽然是文本形式的，微软没有正式公布它的规范，在使用中，.NET 的 IDL 是由开发工具生成的。

3．应用的环境

关于.NET，比尔·盖茨这样说："简单地说，.NET 是以微软的各种产品为开发工具和应用平台，实现基于 XML 的网络服务。"由此也可以看出，.NET 在 Microsoft 的世界里功能强大，但对于 UNIX 和 Linux 这些在服务器市场占主要份额的系统，.NET 显得束手无策。

因此，J2EE 显示了它跨平台的优势，为网络服务商提供了很好的面向前端的开发和应用平台，随着网络服务进一步广泛应用和服务集成度的提高，在网络服务提供商的后台会形成越来越庞大的分布式计算环境，CORBA 模块结构更适合后台的多种服务，例如网络服务的计费程序等。因此可以看出，J2EE 和 CORBA 技术在网络服务（Web Services）这片蓝天下，各自有自己的海洋和陆地。如果在前端使用了.NET 开发平台，那么在后端的分布式结构中，DCOM 就是理想的选择。

J2EE 是纯 Java 技术，很多测试显示 RMI（Java）服务器的响应速度远远低于非 Java 的 CORBA 服务器。因此，在一些对数据处理速度和响应时间要求较高的系统开发中，要对 RMI 和 CORBA 的性能进行测试对比后再做选择。

4．应用软件的开发和维护

从应用软件的开发过程的角度看，J2EE 是完全开放式的平台，体现为既面向设计人员，也面向开发人员的规范。CORBA 也是一种规范，但更多体现为中间产品，CORBA产品的提供商才是这种规范的真正执行者，对应用开发的程序员而言，只要了解 IDL 语言的规范，不必详细知道 ORB/GIOP/IIOP 的协议细节。.NET 作为 Microsoft 在网络环境的主打，体现为一系列产品化的开发工具，比如 C#、C++等。这些开发工具是直接针对应用开发人员的。其实 Sun 公司提供的 J2EE 也是由许多软件包（应用 API）来面对开发人员的。

从软件开发成本与周期以及软件的维护角度看，J2EE 比 CORBA 有以上优势。

5．应用前景

对于分布式计算技术的架构，不能绝对地说哪一个更好，只能说哪一个更合适。针对不同的软件项目需求，具体分析才是明智的选择。

从宏观市场看，CORBA 产品的销售并没有像想象那样给 CORBA 产品提供商带来可观的利润，而 J2EE 的呼声也高于.NET。随着 J2EE 中 RMI/IIOP 与 CORBA 接口的完善，再加上开发费用的考虑和使用的方便性，J2EE 开放的环境会是人们首先考虑的选择，但 CORBA 标准的强壮的兼容性，也使这种技术在大型系统开发中会占有一席之地。

2.2.3.3　DDD 领域驱动模型

领域驱动设计（Domain-Driven Design，DDD）是一种通过将实现连接到持续进化的模型来满足复杂需求的软件开发方法。领域驱动设计的前提是把项目的主要重点放在核心领域和域逻辑上，把复杂的设计放在有界域的模型上，发起一个创造性的合作之间的技术和域界专家以迭代地完善的概念模式，解决特定领域的问题。

领域驱动设计是一种由领域模型来驱动着系统设计的思想，而不是通过存储数据词典（DB 表字段、ES Mapper 字段等）来驱动系统设计。领域模型是对业务模型的抽象，DDD 是把业务模型翻译成系统架构设计的一种方式。

DDD 的特点主要为根据业务模型设计系统，不是通过数据库等数据源驱动设计，而是根据业务语义抽象梳理设计成领域模型，通过真实业务背景，梳理出业务域模型，自然会形成输入参数、输出参数等，并统一为域模型。业务模型与数据源无关，数据源数据结构无论怎么变、数据源无论怎么换，领域模型统一无感知，无须变更。一个域模型底层对应的数据源可以是 1 个或多个不同类型数据源。在系统升级底层数据源结构改造时，变更对业务层是透明的，域模型可无缝对接，可达到"开着飞机换引擎"的效果。

2.2.4　常见的技术

2.2.4.1　Spring 拦截器

SpringMVC 的处理器拦截器类似于 Servlet 开发中的过滤器 Filter，用于对处理器进行预处理和后处理。用户可以自己定义一些拦截器来实现特定的功能。在大多数的软件系统中，拦截器往往用于权限检查（如是否已经登录，或则对某些数据具有增删改查等权限）、日志记录（可以记录请求信息的日志，以便进行信息监控，信息统计等）、性能监控（慢日志等）等。Spring 过滤器、拦截器层级关系如图 2-20 所示。

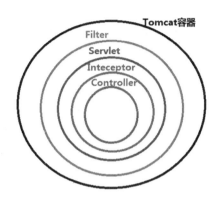

图 2-20　Spring 过滤器、拦截器层级关系

拦截器接口提供了 preHandle 方法、postHanlder 方法和 afterCompletion 方法，分别处理相关事务，具体说明如下：

```
public interface HandlerInterceptor {
  /**
   * 预处理回调方法，实现处理器的预处理（如检查登录），第三个参数为响应的处理器，自
定义 Controller
   * 返回值：true 表示继续流程（如调用下一个拦截器或处理器）；false 表示流程中断（如
登录检查失败），不会继续调用其他的拦截器或处理器，此时我们需要通过 response 来产生响应；
   */
  boolean  preHandle(HttpServletRequest  request ,  HttpServletResponse
response, Object handler)throws Exception;

  /**
   * 后处理回调方法，实现处理器的后处理（但在渲染视图之前），此时我们可以通过
modelAndView（模型和视图对象）对模型数据进行处理或对视图进行处理，modelAndView 也可能
为 null。
   */
   void  postHandle(HttpServletRequest  request ,  HttpServletResponse
response, Object handler, ModelAndView modelAndView)throws Exception;

  /**
```

```
    * 整个请求处理完毕回调方法,即在视图渲染完毕时回调,如性能监控中我们可以在此记录
结束时间并输出消耗时间,还可以进行一些资源清理,类似于 try-catch-finally 中的 finally,
但仅调用处理器执行链中
    */
    void afterCompletion(HttpServletRequest request , HttpServletResponse
response, Object handler, Exception ex)throws Exception;
    }
```

2.2.4.2　Servlet 过滤器

过滤器就是可以对浏览器向 JSP、Servlet、HTML 等这些 Web 资源发出请求和服务器回应给浏览器的内容,它可以进行过滤。在这个过滤过程中可以拦截浏览器发出的请求和服务器回应给浏览器的内容。拦截之后,就可以进行查看,并且可以对拦截内容进行提取,或者进行修改。Servlet 过滤器拦截请求和响应,以便查看、提取或操作客户机和服务器之间的交换数据。Servlet 过滤器如图 2-21 所示。

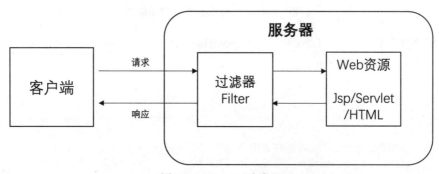

图 2-21　Servlet 过滤器

Servlet 过滤器技术主要用于用户认证与授权管理。我们开发一个 Web 应用,肯定有不同权限的用户,有管理员,也有普通用户。而管理员又可能分为一级管理员、二级管理员、三级管理员。每一级管理员可能又有不同的管理权限操作,访问不同的资源。过去我们可能都是在 JSP 页面和 Servlet 中加以权限的控制。通过 session 看是否有这个权限,如果有,则让他操作某个资源,这些都是有共性的。

2.2.4.3　多租户技术

在多租户技术中,租户(Tenant)是指使用系统或计算机运算资源的客户,租户包含在系统中可识别为指定用户的一切数据,包括账户与统计信息(Accounting Data)、用户在系统中建置的各式数据、用户本身的定制化应用程序环境等。租户使用供应商开发或建置的应用系统或运算资源,供应商所设计的应用系统会容纳数个以上的用户在同一个环境下使用,为了让多个用户环境能够在同一个应用程序与运算环境上使用,则应用程序与运算环境必须要特别设计,除了可以让系统平台允许多份相同的应用程序同时运行外,保护租户数据的隐私与安全也是多租户技术的关键之一。

从技术层面上来看，多租户技术可以通过许多不同的方式来切割用户的应用程序环境或数据。

（1）数据面（Data Approach）：供应商可以利用切割数据库（Database）、切割存储区（Storage）、切割结构描述（Schema）或是表格（Table）来隔离租户的数据，必要时会需要进行对称或非对称加密以保护敏感数据，但不同的隔离做法有不同的实现复杂度与风险。

（2）程序面（Application Approach）：供应商可以利用应用程序挂载（Hosting）环境，于进程（Process）上切割不同租户的应用程序运行环境，在无法跨越进程通信的情况下，保护各租户的应用程序运行环境，但供应商的运算环境要够强。

（3）系统面（System Approach）：供应商可以利用虚拟化技术，将实体运算单元切割成不同的虚拟机，各租户可以使用其中一台至数台的虚拟机来作为应用程序与数据的保存环境，但对供应商的运算能力要求更高。

多租户技术的实现重点，在于不同租户间应用程序环境的隔离（Application Context isolation）以及数据的隔离（Data Isolation），以维持不同租户间应用程序不会相互干扰，同时数据的保密性也够强。

应用程序部分：通过进程或是支持多应用程序同时运行的装载环境（例如 Web Server，像是 Apache 或 IIS 等）来做进程间的隔离，或是在同一个伺服程序（Server）进程内以运行着的方式隔离。

数据部分：通过不同的机制将不同租户的数据隔离，Force 采用中介数据（Metadata）的技术来切割，微软 MSDN 的技术文件则使用结构描述的方式隔离。

多租户就是说多个租户共用一个实例，租户的数据既有隔离又有共享，从而解决数据存储的问题。从架构层面来分析，SaaS 区别于传统技术的重要差别就是 Multi-Tenant 模式。SaaS 多租户在数据存储上存在以下三种主要的方案。

（1）独立数据库。这是第一种方案，即一个租户一个数据库，这种方案的用户数据隔离级别最高，安全性最好，但成本也高。优点是为不同的租户提供独立的数据库，有助于简化数据模型的扩展设计，满足不同租户的独特需求，如果出现故障，恢复数据比较简单。缺点是增大了数据库的安装数量，随之带来维护成本和购置成本的增加。这种方案与传统的一个客户、一套数据、一套部署类似，差别只在于软件统一部署在运营商那里。如果面对的是银行、医院等需要非常高数据隔离级别的租户，可以选择这种模式，提高租用的定价。如果定价较低，产品走低价路线，这种方案一般对运营商来说是无法承受的。

（2）共享数据库，隔离数据架构。即多个或所有租户共享 Database，但一个 Tenant 一个 Schema。优点是为安全性要求较高的租户提供了一定程度的逻辑数据隔离，并不是完全隔离，每个数据库可以支持更多的租户数量。缺点是如果出现故障，数据恢复比较困难，因为恢复数据库将牵扯到其他租户的数据，如果需要跨租户统计数据，存在一定困难。

（3）共享数据库，共享数据架构。这是第三种方案，即租户共享同一个 Database、同一个 Schema，但在表中通过 TenantID 区分租户的数据。这是共享程度最高、隔离级别最低的模式。优点是三种方案比较，第三种方案的维护和购置成本最低，允许每个数据库支持的租户数量最多。缺点是隔离级别最低，安全性最低，需要在设计开发时加大对安全的开发量，数据备份和恢复最困难，需要逐表逐条备份和还原。如果希望以最少的服务器为最多的租户提供服务，并且租户接受以牺牲隔离级别换取降低成本，这种方案最适合。

2.2.5　常见的工具

2.2.5.1　JWT

Json Web Token（JWT），是为了在网络应用环境间传递声明而执行的一种基于 JSON 的开放标准（RFC 7519）。该 token 被设计为紧凑且安全的，特别适用于分布式站点的单点登录（SSO）场景。JWT 的声明一般被用来在身份提供者和服务提供者间传递被认证的用户身份信息，以便于从资源服务器获取资源，也可以增加一些额外的其他业务逻辑所必需的声明信息，该 token 也可直接被用于认证，也可被加密。JWT 的组成如图 2-22 所示。

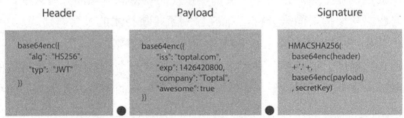

图 2-22　JWT 的组成

说起 JWT，我们应该来谈一谈基于 token 的认证和传统的 session 认证的区别。

我们知道，HTTP 协议本身是一种无状态的协议，而这就意味着如果用户向我们的应用提供了用户名和密码来进行用户认证，那么在下一次请求时，用户还要再一次进行用户认证才行。因为根据 HTTP 协议，我们并不能知道是哪个用户发出的请求，所以为了让我们的应用能识别是哪个用户发出的请求，我们只能在服务器存储一份用户登录的信息，这份登录信息会在响应时传递给浏览器，告诉其保存为 cookie，以便下次请求时发送给我们的应用。这样我们的应用就能识别请求来自哪个用户了，这就是传统的基于 session 认证。

但是这种基于 session 的认证使应用本身很难得到扩展，随着不同客户端用户的增加，独立的服务器已无法承载更多的用户，而这时候基于 session 认证应用的问题就会暴露出来。

1．基于 session 认证所显露的问题

（1）session：每个用户经过我们的应用认证之后，我们的应用都要在服务端做一次记录，以方便用户下次请求的鉴别，通常而言 session 都是保存在内存中的，而随着认证用户的增多，服务端的开销会明显增大。

（2）扩展性：用户认证之后，服务端做认证记录，如果认证的记录被保存在内存中的话，这意味着用户下次请求还必须要请求在这台服务器上，这样才能拿到授权的资源，这样在分布式的应用上，限制了负载均衡器的能力，这也意味着限制了应用的扩展能力。

（3）CSRF：因为是基于 cookie 来进行用户识别的，cookie 如果被截获，用户就会很容易受到跨站请求伪造的攻击。

（4）基于 token 的鉴权机制：基于 token 的鉴权机制类似于 HTTP 协议，也是无状态的，它不需要在服务端去保留用户的认证信息或者会话信息。这就意味着基于 token 认证机制的应用不需要去考虑用户在哪一台服务器登录了，这就为应用的扩展提供了便利。

2.2.5.2　fastjson

fastjson 是阿里巴巴的开源 JSON 解析库，它可以解析 JSON 格式的字符串，支持将 Java Bean 序列化为 JSON 字符串，也可以从 JSON 字符串反序列化到 JavaBean。fastjson 相对其他 JSON 库的特点是快，从 2011 年 fastjson 发布 1.1.x 版本之后，其性能从未被其他 Java 实现的 JSON 库超越。fastjson 在阿里巴巴大规模使用，在数万台服务器上进行部署。fastjson 在业界被广泛接受，在 2012 年被开源中国评选为最受欢迎的国产开源软件之一。fastjson 有非常多的 testcase，在 1.2.11 版本中，其 testcase 超过 3321 个。每次发布都会进行回归测试，保证质量稳定。

2.2.5.3　EasyExcel

EasyExcel 是一个基于 Java 的简单、省内存的读写 Excel 的开源项目，在尽可能节约内存的情况下支持读写 Excel。

Java 解析、生成 Excel 比较有名的框架有 poi 和 jxl。但他们都存在一个严重的问题就是非常耗内存，poi 有一套 SAX 模式的 API 可以一定程度地解决一些内存溢出的问题，但 poi 还是有一些缺陷，比如 07 版 Excel 解压缩后存储都是在内存中完成的，内存消耗依然很大。EasyExcel 重写了 poi 对 07 版 Excel 的解析，能够使一个原本 3M 的 Excel 用 poi 从需要 100M 左右内存降低到几 M，并且再大的 Excel 也不会出现内存溢出，03 版依赖 poi 的 sax 模式。在上层做了模型转换的封装，让使用者更加简单方便。

2.2.5.4　Hutool

Hutool 是一个小而全的 Java 工具类库，通过静态方法封装，降低相关 API 的学习成本，提高工作效率，使 Java 拥有函数式语言般的优雅，让 Java 语言也可以"甜甜的"。

Hutool 中的工具方法来自每个用户的精雕细琢，它涵盖了 Java 开发底层代码中的方方面面，它既是大型项目开发中解决小问题的利器，也是小型项目中的效率担当。

Hutool 是项目中 Util 包友好的替代，它节省了开发人员对项目中公用类和公用工具方法的封装时间，使开发专注于业务，同时可以最大限度地避免封装不完善带来的 Bug。

一个 Java 基础工具类，对文件、流、加密解密、转码、正则、线程、XML 等 JDK 方法进行封装，组成各种 Util 工具类，同时提供如表 2-2 所示的组件，可以根据需求对每个模块单独引入，也可以通过引入 hutool-all 方式引入所有模块。

表 2-2　Hutool 工具组件

模　　块	介　　绍
hutool-aop	JDK 动态代理封装，提供非 IOC 下的切面支持
hutool-bloomFilter	布隆过滤，提供一些 Hash 算法的布隆过滤
hutool-cache	简单缓存实现
hutool-core	核心，包括 Bean 操作、日期、各种 Util 等
hutool-cron	定时任务模块，提供类 Crontab 表达式的定时任务
hutool-crypto	加密解密模块，提供对称、非对称和摘要算法封装
hutool-db	JDBC 封装后的数据操作，基于 ActiveRecord 思想
hutool-dfa	基于 DFA 模型的多关键字查找
hutool-extra	扩展模块，对第三方封装（模板引擎、邮件、Servlet、二维码、Emoji、FTP、分词等）
hutool-http	基于 HttpUrlConnection 的 Http 客户端封装
hutool-log	自动识别日志实现的日志门面
hutool-script	脚本执行封装，例如 Javascript
hutool-setting	功能更强大的 Setting 配置文件和 Properties 封装
hutool-system	系统参数调用封装（JVM 信息等）
hutool-json	JSON 实现
hutool-captcha	图片验证码实现
hutool-poi	针对 POI 中 Excel 和 Word 的封装
hutool-socket	基于 Java 的 NIO 和 AIO 的 Socket 封装
hutool-jwt	JSON Web Token（JWT）封装实现

2.2.5.5　dom4j

dom4j 是一个 Java 的 XML API，是 jdom 的升级品，用来读写 XML 文件。dom4j 是一个十分优秀的 JavaXML API，具有性能优异、功能强大和极其易使用的特点，它的性能超过 sun 公司官方的 dom 技术，同时它也是一个开放源代码的软件，可以在 SourceForge 上找到它。在 IBM developerWorks 上面还可以找到一篇文章，对主流的 Java XML API 进行的性能、功能和易用性的评测，所以可以知道 dom4j 无论在哪个方面都是非常出色的。如今可以看到越来越多的 Java 软件都在使用 dom4j 来读写 XML，特别值得一提的是连 sun 的 JAXM 也在用 dom4j。这已经是必须使用的 jar 包，Hibernate 也用它来读写配置文件。

2.2.5.6　Jsoup

Jsoup 是一款 Java 的 HTML 解析器，可直接解析某个 URL 地址、HTML 文本内容。它提供了一套非常省力的 API，可通过 DOM，CSS 以及类似于 jQuery 的操作方法来取出和操作数据。

2.2.5.7　Swagger

Swagger 是一个规范且完整的框架，用于生成、描述、调用和可视化 RESTful 风格的 Web 服务。

Swagger 的目标是对 REST API 定义一个标准且和语言无关的接口，可以让人和计算机拥有无须访问源码、文档或网络流量监测就可以发现和理解服务的能力。当通过 Swagger 进行正确定义，用户可以理解远程服务并使用最少实现逻辑与远程服务进行交互。与为底层编程所实现的接口类似，Swagger 消除了调用服务时可能会有的猜测。

1．Swagger 的优势

（1）支持 API 自动生成同步的在线文档：使用 Swagger 后可以直接通过代码生成文档，不再需要自己手动编写接口文档了，对程序员来说非常方便，可以节约写文档的时间去学习新技术。

（2）提供 Web 页面在线测试 API：光有文档还不够，Swagger 生成的文档还支持在线测试。参数和格式都定好了，直接在界面上输入参数对应的值即可在线测试接口。

2.2.5.8　HttpClient

HttpClient 是 Apache Jakarta Common 下的子项目，可以用来提供高效的、最新的、功能丰富的支持 HTTP 协议的客户端编程工具包，并且它支持 HTTP 协议最新的版本和建议。

HTTP 协议是 Internet 上使用得最多、最重要的协议之一，越来越多的 Java 应用程序需要直接通过 HTTP 协议来访问网络资源。虽然在 JDK 的 java net 包中已经提供了访问 HTTP 协议的基本功能，但是对于大部分应用程序来说，JDK 库本身提供的功能还不够丰富和灵活。HttpClient 是 Apache Jakarta Common 下的子项目,用来提供高效的、最新的、功能丰富的支持 HTTP 协议的客户端编程工具包,并且它支持 HTTP 协议最新的版本和建议。HttpClient 已经应用在很多的项目中,比如 Apache Jakarta 上很著名的另外两个开源项目 Cactus 和 HTMLUnit 都使用了 HttpClient。Commons HttpClient 项目现已终止,不再开发。它已被 Apache HttpComponents 项目里的 HttpClient 和 HttpCore 模块取代,它们提供了更好的性能和更大的灵活性。

2.3 软件开发基础设施

2.3.1 git

git 是用于 Linux 内核开发的版本控制工具。与常用的版本控制工具 CVS[①]、Subversion[②] 等不同,它采用了分布式版本库的方式,不需要服务器端软件支持,使源代码的发布和交流极其方便。git 的速度很快,这对于诸如 Linux kernel 这样的大项目来说自然很重要。git 最为出色的是它的合并跟踪(merge tracing)能力。

实际上内核开发团队决定开始开发和使用 git 来作为内核开发的版本控制系统的时候,世界开源社群的反对声音不少,最大的理由是 git 太艰涩难懂,从 git 的内部工作机制来说,的确是这样。但是随着开发的深入,git 的正常使用都由一些友好的脚本命令来执行,使 git 变得非常好用,即使是用来管理我们自己的开发项目,git 都是一个友好、有力的工具。现在,越来越多的著名项目都开始采用 git 来管理项目开发。git 没有对版本库的浏览和修改做任何的权限限制。

目前 git 已经可以在 Windows 下使用,主要方法有 msysgit 和 Cygwin。Cygwin 和 Linux 使用方法类似,Windows 版本的 git 提供了友好的 GUI(图形界面),安装后很快可以上手,不在此做大篇幅介绍。

2.3.2 Nexus

Nexus 是一个强大的 Maven 仓库管理器,它极大地简化了自己内部仓库的维护和外部仓库的访问。利用 Nexus 你可以只在一个地方就能够完全控制访问和部署在你所维护仓库中的每个 Artifact。Nexus 是一套"开箱即用"的系统,不需要数据库,它使用文件系统加 Lucene 来组织数据。Nexus 使用 ExtJS 来开发界面,利用 Restlet 来提供完整的 REST APIs,通过 m2eclipse 与 Eclipse 集成使用。Nexus 支持 WebDAV 与 LDAP 安全身

[①] CVS:CVS 是一个 C/S 系统,是一个常用的代码版本控制软件。

[②] Subversion:一个开放源码的版本控制系统,他的设计目标就是为了取代 CVS。

份认证。

2.3.3　HARBOR

HARBOR 是为企业用户设计的容器镜像仓库开源项目，包括了权限管理（RBAC）、LDAP、审计、安全漏洞扫描、镜像验真、管理界面、自我注册、HA 等企业必需的功能，同时针对中国用户的特点，设计了镜像复制和中文支持等功能。

Docker 容器应用的开发和运行离不开可靠的镜像管理，虽然 Docker 官方也提供了公共的镜像仓库，但是从安全和效率等方面考虑，部署私有环境内的 Registry 也是非常必要的。HARBOR 是由 VMware 公司开源的企业级的 Docker Registry 管理项目，它包括权限管理（RBAC）、LDAP、日志审核、管理界面、自我注册、镜像复制和中文支持等功能。

1. HARBOR 的主要功能

（1）基于角色的访问控制：用户与 Docker 镜像仓库通过"项目"进行组织管理，一个用户可以对多个镜像仓库在同一命名空间（project）里有不同的权限。

（2）基于镜像的复制策略：镜像可以在多个 Registry 实例中复制（可以将仓库中的镜像同步到远程的 HARBOR，类似于 MySQL 的主从同步功能），尤其适合于负载均衡、高可用、混合云和多云的场景。

（3）图形化用户界面：用户可以通过浏览器来浏览，检索当前 Docker 镜像仓库，管理项目和命名空间。

（4）支持 AD/LDAP：HARBOR 可以集成企业内部已有的 AD/LDAP，用于鉴权认证管理。

（5）镜像删除和垃圾回收：HARBOR 支持在 Web 删除镜像、回收无用的镜像、释放磁盘空间、删除 image 并且回收 image 占用的空间。

（6）审计管理：所有针对镜像仓库的操作都可以被记录追溯，用于审计管理。

（7）RESTful API：RESTful API 提供给管理员对于 HARBOR 更多的操控，使其与其他管理软件集成变得更容易。

（8）部署简单：提供在线和离线两种安装工具，也可以安装到 vSphere 平台（OVA 方式）虚拟设备。

2.3.4　MINIO

MINIO 是全球领先的对象存储先锋，目前在全世界有数百万的用户，在标准硬件上，其读/写速度高达 183 GB /秒和 171 GB /秒。

对象存储可以充当主存储层，以处理 Spark、Presto、TensorFlow、H2O.ai 等各种复杂工作负载以及成为 Hadoop HDFS 的替代品。

MINIO 用作云原生应用程序的主要存储，与传统对象存储相比，云原生应用程序需要更高的吞吐量和更低的延迟。而这些都是 MINIO 能够达成的性能指标。

MINIO 利用了 Web 缩放器来之不易的知识，为对象存储带来了简单的缩放模型。"简单可扩展"是我们坚定的理念。在 MINIO 中，扩展从单个群集开始，该群集可以与其他 MINIO 群集联合以创建全局名称空间，并在需要时可以跨越多个不同的数据中心。通过添加更多集群可以扩展名称空间，更多机架，直到实现目标。

MinIO 是在过去 4 年的时间内从零开始打造的一款软件，符合一切原生云计算的架构和构建过程，并且包含最新的云计算的全新的技术和概念。其中包括支持 Kubernetes、微服和多租户的容器技术，使对象存储对于 Kubernetes 更加友好。

极简主义是 MINIO 的指导性设计原则。简单性减少了出错的机会，提高了正常运行时间，提供了可靠性，同时简单性又是性能的基础，只需下载一个二进制文件然后执行，即可在几分钟内安装和配置 MINIO。配置选项和变体的数量保持在最低限度，这样让失败的配置概率降低到接近于 0 的水平。MINIO 升级是通过一个简单命令完成的，这个命令可以无中断地完成 MINIO 的升级，并且不需要停机即可完成升级操作，降低总使用和运维成本。

2.3.5　Jenkins

Jenkins 是一个开源的、提供友好操作界面的持续集成工具，起源于 Hudson，主要用于持续、自动地构建/测试软件项目、监控外部任务的运行。Jenkins 用 Java 语言编写，可在 Tomcat 等流行的 servlet 容器中运行，也可独立运行。通常与版本管理工具（SCM）、构建工具结合使用。常用的版本控制工具有 SVN、GIT，构建工具有 Maven、Ant、Gradle。

Jenkins 自动化部署可以解决集成、测试、部署等重复性的工作，工具集成的效率明显高于人工操作；并且持续集成可以更早地获取代码变更的信息，从而更早地进入测试阶段，更早地发现问题，这样解决问题的成本就会显著下降。持续集成缩短了从开发、集成、测试、部署各个环节的时间，从而也就缩短了中间出现的等待时间；持续集成也意味着开发、集成、测试、部署得以持续。使用 Maven（Ant）等来实现 Java 项目自动化构建发布部署，这些工具可以帮助在构建过程中实现自动化发布、回滚等动作。

2.4　云计算基础知识

2.4.1　从传统 IT 到云计算

由于用户需求的千变万化和用户数量的不断增加，传统应用随之变得越来越复杂。企业不再只关注应用本身，还需要关注用户数量的增加、计算能力的增强和框架的安全稳定等方面，企业不得不去购买服务器、存储、数据库、中间件等各类硬件设备和软件，并组建专业的运维团队来保证这些软硬件的在安装、配置、测试、运行、升级等除开发周期以外的正常运作。这使得成本随着应用的数量和规模增加而不断提高，在这一背景下，云计算应运而生。

云计算（cloud computing）是分布式计算的一种，指的是通过网络，"云"将巨大的数据计算处理程序分解成无数个小程序，然后通过多部服务器组成的系统处理和分析这些小程序，将得到结果并返回给用户。云计算早期，简单地说，就是简单的分布式计算，解决任务分发，并进行计算结果的合并。因而，云计算又称为网格计算。通过这项技术，可以在很短的时间内（几秒钟）完成对数以万计的数据的处理，从而达到强大的网络服务。现阶段所说的云服务已经不单单是一种分布式计算，而是分布式计算、效用计算、负载均衡、并行计算、网络存储、热备份冗杂和虚拟化等计算机技术混合演进并跃升的结果。简单来说，云计算是一种允许以任意方式访问可配置的系统资源池并以最少的管理工作快速提供高级服务的 IT 模式，它依靠资源动态共享来实现一致性和规模经济。

企业将应用程序部署到云端后，只需要按照需要来支付相应的费用，一些硬软件的问题将会由云计算服务提供商解决。举个例子，我们想要请朋友吃饭，如果是在家里面做饭的话，需要有一个厨房，购买一些锅碗瓢盆柴米油盐等做饭所需要的材料与工具，并且需要具备烧得一手好菜的能力，以及自己进行刷碗等后期维护。如果我们去外面的餐馆吃饭，外面餐馆提供的服务就相当于公有云服务，我们只需按照我们所点的菜品进行付费，具体做菜的资源的购买建造及餐馆后厨如何安排做菜顺序并加快出菜速度就涉及公有云中提供的负载均衡等服务了。那么到餐馆吃饭的这些顾客们都是客户端，餐馆为云端，餐馆所提供的服务则为云计算服务。

2.4.2　云计算基本特性

NIST（美国国家标准与技术研究院）定义云计算的基本特性为按需自助服务（On-demand-self-service）、广泛的网络访问（Ubiquitous network access）、位置透明的资源池（Location transparent resource pooling）、快速弹性（Rapid elasticity）、可度量的服务（Measured service with pay per use）。

- 按需自助服务：云计算按照用户需要，自助地选择服务并将其所需的服务进行自动化部署。整个云计算开通的过程中是不必由人工介入的。
- 广泛的网络访问：通俗来说就是客户端可以通过互联网获取供应商的资源。
- 位置透明的资源池：资源池具有广泛的地理分布，对于用户来讲，用户不需要知道他们所使用的资源池的具体地理方位，例如我们去云服务厂商处申请一个虚拟机，我们并不需要知道这个虚拟机属于哪个物理服务器，也不需要知道这个物理服务器的具体机房地址。
- 快速弹性：资源的部署速度要远超过物理服务器的部署速度。以往在物理服务器中部署应用时，首先我们需要购买一个物理服务器，并为其配备相应的操作系统，再安装相应的应用软件，最后再部署应用程序。这样整个系统的部署速度很长，由于物理服务器环境是按照具体的应用程序搭建的，若应用程序将资源占满则别的资源无法使用，且无论系统的流量处于高峰期还是平谷期，服务器资源都仅为当前应用程序服务，弹性灵活性较差。使用云计算服务后，对用户来说，云计算的资源数量没有界限，他们可按照需求购买任何数量的资源，并使用云服务商提供的资源实现分布式计算、负载均衡等技术。实现应用的快速部署和向上或向下扩展资源的弹性伸缩性。

● 可度量的服务：由云计算供应商控制和监测云计算的各方面使用情况，并为其进行计费、访问控制、资源优化和容量规划等任务。

2.4.3　云计算部署模型

云计算分为公有云、私有云、社区云与混合云四种部署模式。

● 公有云：云端资源开放给任意云租户使用，云端的所有权、日常管理、资源控制为云服务提供商。

● 私有云：云端的资源仅被一个单位组织内的用户使用，云端的所有权、日常管理和操作主体并没有严格的规定，可由使用者自己控制也可由云服务提供商来控制。

● 社区云：云端的资源开放给一组特定的单位用户使用，这些单位对于云端的安全、使命、规章制度、合规等方面有着相同的诉求。云端的所有权、日常管理和操作的主体至少由一名组内成员控制。

● 混合云：云端的资源由两个或两个以上不同类型的云组成，它们各自独立，但使用一些技术和标准将它们组合，例如：由私有云和公有云构成的混合云。当私有云资源短暂需求过大时，自动租赁公共云资源来分担私有资源的需求。混合云所提供的服务既可以供别人使用，也可以供自己使用。

还是按照上面餐馆的例子来说，若将一个面向所有客户开放的餐厅 A 比喻为公有云，那么仅向甲单位员工吃饭的餐厅 B 则为私有云，向某个软件园区内员工所提供用餐服务的餐厅 C 为社区云，若某天有甲单位来了一些访客，它独有的餐厅 B 无法满足本单位员工和访客同事用餐，租用餐厅 A 来提供访客的用餐服务，则这种餐厅 A 和餐厅 B 一起为甲单位提供用餐服务的部署模型为混合云。

2.4.4　云计算服务模式

云计算分为计算即服务、通信即服务、数据存储即服务、网络即服务、基础设施即服务、平台即服务、软件即服务、安全即服务等多种服务类别，其中大体可以分为三大类，基础设施即服务（IaaS，Infrastructure as a Service）、平台即服务（PaaS，Platform as a Service）、软件即服务（SaaS，Software as a service）。

基础设施即服务：基础设施即服务指通过云计算可以获得一份完善的计算机基础设施（虚拟化、网络光纤、服务器、存储设备等）。通过这种模式，用户可以从云供应商处获得所需的基础设施来装载相关的应用，同时基础设施相关的管理工作（资源抽象、资源监控、负载管理、数据管理、资源部署、安全管理、计费管理等）由供应商来处理。例如：云计算应用、云计算控制器、弹性计算、弹性存储、弹性数据库等。

平台即服务：平台即服务则是在 IaaS 的基础上集成了操作系统、服务器程序、数据库等，把业务基础平台作为一种服务。用户可以在 PaaS 上非常方便地编写应用，且无论是在部署或运行时，用户都无须进行对基础设施和平台设施（友好的开发环境、丰富的服务、自动的资源调度、精细的管理和监控）的管理。例如：应用构建器、流程设计器、报表编辑器、应用程序引擎等。

软件即服务：软件即服务是指将软件当成服务来提供的方式，不再作为产品来销售。厂商将应用软件统一部署在自己的服务器上，客户可以根据自己实际需求，通过互联网向厂商定购所需的应用软件服务，按定购的服务多少和时间长短向厂商支付费用，并通过互联网获得软件厂商提供的服务。软件厂商在向客户提供互联网应用的同时，也提供软件的历险操作和本地数据存储。用户改用向提供商租用 Web 的软件，只需要通过互联网通过浏览器直接使用在云端运行的应用，不需要考虑安装、开发软硬件投入的问题。服务提供商会全权管理软件和维护软件（随时随地访问、支持公开协议、安全保障、多租户机制）。例如：业务流程管理、客户关系管理、数据管理系统、Web 办公软件等。

2.4.5　云计算基础设施

在云计算中，云基础设施分为基本基础设施和虚拟基础设施两个层面。

- 基本基础设施：汇集在一起用来构建云的基础资源，这层是用于构建云资源池最原始的、物理的和逻辑的计算网络和存储资源。就是通俗意义上来讲的物理化的资源，例如服务器、内存、CPU、网络等。这些基本基础设施可以通过传统的安全运维、安全配置、安全加固和打补丁等形式进行安全防护。
- 虚拟基础设施：有云用户管理的虚拟基础设施，这层是从资源池中使用的计算、网络和存储资产。例如：虚拟网络、虚拟存储、虚拟计算资源等。可以通过管理平面编排和抽象对虚拟化基础设施进行安全防护。针对虚拟基础设施的安全通过构建一个隔离的安全架构，以及保护管理程序的安全来实现。

2.4.5.1　云计算基础设施安全管理

云上关于虚拟资源可以通过针对保护虚拟主机的安全、建立隔离的安全架构、保护管理程序的安全等来实现。

1. 建立安全架构

在 CSA 云安全联盟发布的《云计算安全技术要求第 2 部分：IaaS 安全技术》的网络架构安全基础要求中提到：

（1）应支持绘制与当前运行情况相符的网络拓扑结构图，支持对网络拓扑进行实时更新和集中监控的能力；

（2）应支持划分为不同的网络区域，并且不同区域之间实现逻辑隔离的能力；

（3）应支持云计算平台管理网络与业务网络逻辑隔离的能力；

（4）应支持云计算平台业务网络和管理网络与租户私有网络逻辑隔离的能力；

（5）应支持云计算平台业务网络和管理网络与租户业务承载网络逻辑隔离的能力；

（6）应支持租户业务承载网络与租户私有网络逻辑隔离的能力；

（7）应支持网络设备（包括虚拟化网络设备）和安全设备业务处理能力弹性扩展能力；

（8）应支持高可用性部署，在一个区域出现故障（包括自然灾害和系统故障）时，自动将业务转离受影响区域的能力。

2．保护管理程序的安全

在一体化的管理中心内其实也是有风险与漏洞的，管理中心是传统架构与云计算之间的一个重要差异。管理中心相当于管理平台及配置 API，云管理平面使用管理程序进行相关应用程序的资源池中资产的管理，而云消费者则是用管理中心配置和部署云端的资产。管理平台通常是通过 API 网关和 Web 控制台来实现的。应用程序开放接口并允许其对云的可编程式管理，是将云的组件保持在一起并实现其编排的黏合剂。管理中心的安全风险主要分为管理程序的配置安全风险和云组件的漏洞风险。

对于管理程序配置安全风险，我们需要做好以下几点防护：

（1）保证 API 网关和 Web 控制台的外围足够安全；

（2）严格控制主账户（root 账户）持有人账户凭证，并进行双重授权访问；

（3）使用独立的超级管理员与日常管理员账户，并保证与 root 账户独立；

（4）坚持使用最小特权账户访问管理中心并进行云组件的管理配置；

（5）对于访问管理平台的用户使用强认证和多因素身份认证。

对于云组件的漏洞风险，我们需要及时了解云组件的已发布漏洞并进行漏洞评估，对于有危害的漏洞即使进行处理。除此之外还需要警惕侧信道攻击和混合网络连接带来的安全问题。

3．保护虚拟主机的安全

虚拟主机是采用虚拟技术把网站服务器分割成为多个独立的主机空间，集群中的每台服务器都会形成一个镜像，这些虚拟主机共享服务器的空间、处理器、内存、带宽等资源，单独为每个网站设置目录和存储空间，但每台服务器主机对虚拟主机的开通数量有做限制，因为超过会过度使用服务器资源，对网站访问速度与稳定性有一定影响。

虚拟主机面临的安全问题主要有以下几类：

（1）虚拟机蔓延：随着虚拟化技术的不断成熟，虚拟机的创建变得越来越容易，数量也越来越多，导致回收资源或清理工作变得越来越困难，这种失去控制的虚拟机繁殖称为虚拟机蔓延（VM Sprawl）。一般造成虚拟机蔓延的虚拟主机可分为僵尸虚拟机、幽灵虚拟机、虚胖虚拟机。

- 僵尸虚拟机：在实际系统中，许多已经停用的虚拟机以及相关的镜像文件仍然保留在硬盘上，这类虚拟主机称僵尸虚拟机。有些僵尸虚拟机甚至还可能有多份副本，这些已经停用的僵尸虚拟机会占据大量系统资源。
- 幽灵虚拟机：许多虚拟机的创建没有经过合理的验证与审核，导致了不必要的虚拟机配置，或者由于业务需求，需要保留一定数量的冗余虚拟机，当这些虚拟机被弃用后，如果在虚拟机的生命周期管理上缺乏控制，随着时间的推移，没有人知道这些虚拟机的创建原因，从而不敢删除、回收，不得不任其消耗系统资源，这类虚拟主机则称为幽灵虚拟机。
- 虚胖虚拟机：虚拟机在配置时被分配了过多的资源（过高的 CPU、内存、存储容量等）。

（2）特殊配置隐患：在传统的共享物理服务器中，分配给每个用户的账户权限都有一定的限制。一种安全配置能够部署在所有的计算机上。而在虚拟化基础架构中，经常将虚拟机用户操作系统的管理员账户分配给每个用户，这样用户就具有移除安全策略的权限。有些使用者为了保证配置在虚拟主机上的软件不受安全补丁兼容性的影响，使其无论何时都能正常工作，会特意不更新所有的补丁。这就造成了虚拟主机特殊配置隐患。

（3）虚拟机信息窃取和篡改：在大多数情况下，Hpvervisor 将每台虚拟机的虚拟磁盘内容以文件的形式存储在主机上，使得虚拟机能够很容易地迁移出主机。这使得攻击者可以在不用窃取主机或者硬盘的情况下，将虚拟机从原有环境迁出。一旦攻击者能够直接访问虚拟磁盘，则就有足够的时间攻破虚拟机上所有的安全机制，进而访问虚拟机中的数据。

（4）虚拟机跳跃：同一个 Hpyervisor 上的虚拟机之间能够通过网络连接、共享内存或者其他共享资源等相互通信，虚拟化这种实现方式是攻击者进行虚拟机跳跃攻击的根源所在。攻击者基于一台虚拟机通过某种方式获取同一个 Hypervisor 上的其他虚拟机的访问权限，进而对其展开攻击。

（5）虚拟机逃逸：Hypervisor 是运行基础服务器和操作系统之间的中间软件层，将主机的硬件资源抽象后分配后虚拟机，其通常比操作系统安全。但是攻击者尝试利用 Hypervisor 对其他虚拟机展开攻击，这种攻击称为虚拟机逃逸（VM Escape）。虚拟机逃逸需要获取 Hypervisor 的访问权限甚至入侵或破坏 Hypervisor。比如攻击者在控制一台虚拟机后，通过一定手段在虚拟机内部产生大量的随机的 IO 端口活动使得 Hypervisor 崩溃。一旦 Hypervisor 被攻破，则其控制的所有的虚拟机和主机 OS 都可以被攻击者访问。

可以通过提高 Hypervisor 防护能力、虚拟机隔离机制、虚拟机安全监控机制、虚拟机安全防护与检测等手段保护虚拟主机的安全。首先需通过建立资产管理、虚拟机及镜像管理制度来约束虚拟机资产。其次配合使用 IAM 进行身份权限管理，明确所属资产的责任分配，尽可能避免出现"孤儿虚机"（无人认领无人管辖的机器）。最后结合网络管理工具（通过流量通信情况监控辖内资产存活）与全流量工具进行流量监控，梳理网络内所有虚拟机东西向、南北向流量，实时发现长期闲置资产（资产不存活、长期无内外流量）。并通过配置检查或漏洞扫描的方式定期检查相关组件系统版本漏洞，以及关键配置可通过自动和建立安全基线的方式来控制与管理，使用一些商用的工具或 Chef、Puppet 之类的工具来管理配置和打补丁。

4. 保护虚拟网络的安全

在虚拟化环境下，传统的网络安全设备对虚拟机或容器之间的通信数据包及通信流量不可见，无法对攻击行为进行监测及处置。针对虚拟网络流量不可见的问题主要有"放进去"与"引出来"两种解决思路，其中"放进去"指的是将传统的安全设备虚拟化以后部署到虚机中进行相应的防护；"引出来"指的是将虚拟网络流量从虚拟网络中牵引出来，经过安全设备的防护检测以后再进行回注。

保护虚拟网络的安全还可以从设计可靠的 SDN 控制器、保证虚拟网络设备安全、保证 SDN 控制器与网络设备的通信安全等方面入手，从而解决 SDN 所面临的安全威胁。

第3章 安全威胁

3.1 威胁概念

安全威胁可概括为对网络安全缺陷的潜在利用，这些缺陷可能导致未授权访问、信息泄露、资源耗尽、资源被盗或者系统被破坏等。其广义上来说大致可分为外部威胁和内部威胁，外部威胁主要来源于外部攻击者对于系统和应用的漏洞利用、DDOS、APT组织的持续性威胁、社工、钓鱼等，内部威胁部分来自不遵守组织安全规则、安全意识薄弱的员工等，以及可能存在的木马、蠕虫传播和僵尸网络等。

本书中会经常提到威胁、漏洞和风险等名词，在从某些事件进行描述时读者可能会觉得其概念相同，其实存在较大差异，本章提到的威胁，主要指特定类型攻击的来源和手段，更加强调的是途径和路线。漏洞的概念，更多的是指可以利用的某种系统或应用缺陷。最后，关于风险，指的是成功攻击特定目标，并且通常在特定威胁中暴露的可能性，更多的是强调被攻击成功的概率。

3.2 威胁分类

关于威胁的分类，不同组织和个人对其有不同的定义，其主要的分类依据是通过对关注的目标特性所决定的，例如一些组织和个人通过下面的一些目标进行威胁分类。

（1）资产。组织对所有资产进行梳理，对资产保护的投入和优先级进行排序，将资产的暴露面进行管理，以此来确定其容易受到哪种攻击，对其投入适当的保护措施。例如资产处在公网可访问的网络边界，可能受到来自互联网的各类攻击，则需要在该资产前部署防火墙、IPS等防护设备。

（2）攻击。一些组织通过他们经常遭受的攻击类型来识别威胁，例如某些企业饱受勒索病毒的困扰，则需要分析该病毒屡次得手的主要原因，据此获得组织中薄弱且易受攻击的环节，从而采取相应的安全措施将这些威胁尽可能排除在组织外，以减少或杜绝类似的攻击再次发生。

（3）代码。现在越来越多的企业或软件开发商意识到解决安全威胁的根本，需要从源头上进行安全参与，很多软件购买方已经将软件安全写入售后协议，同时软件开发商也意识到代码开发的全流程中对于威胁识别的重要性，越来越多的软件开发商开始实施遵循 SDL（软件安全开发周期）模型的开发流程。

虽然对于各种威胁分类的方式不同，但是对于大部分威胁根据其危害特性都可以进行一般性的分类，基于此微软开发了 STRIDE 模型，用于给组织和个人对于威胁分类进行参考，无论是对于应用和系统，还是不同场景下的威胁分析，STRIDE 模型基本能给出一个较为全面的分类标准。

STRIDE 模型是在众多流行的威胁建模方法中较早出现的，此方法是由 Loren Kohnfelder 和 Praerit Garg 提出的，STRIDE 模型及助记符旨在帮助软件开发人员识别其开发的软件中可能会遭受的各种攻击。STRIDE 代表六种威胁，每种都对 CIA（机密性 Confidentiality、完整性 Integrity、可用性 Availability）三要素构成威胁。

（1）欺骗（Spoofing），攻击者通过伪造合法身份对目标系统进行访问，其欺骗方法可用于 IP 地址、MAC 地址、用户名、令牌、系统名称、无线网络名称、E-mail 地址等。攻击者通过伪装成一个合法且授权的实体后，可绕过一些防护、鉴权、过滤软件或硬件设备，一旦通过欺骗成功访问目标系统，即可进行后续的权限提升、信息窃取、系统破坏等攻击行为。

（2）篡改（Tampering），对数据进行未授权的修改，不论是正在传输中的数据还是被存储的静态数据，通过篡改数据来破坏数据的完整性和可用性，从而达到攻击者想要获得的攻击结果。

（3）否认（Repudiation），用户或攻击者否认执行了一个操作或攻击，通常攻击者可能窃取到其他用户的合法账号，实施攻击后自己有推诿的借口，从而可以不为自己的行为负责。

（4）资讯泄露（Information Disclosure），将隐私或受控信息泄露给外部组织或个人的行为，这可能包括公司内部的客户信息、财务信息、业务计划等，信息泄露的途径多种多样，包括内部员工、失陷的关键信息系统，以及系统设计缺陷导致的未授权访问等。

（5）拒绝服务（Denial of Service），攻击者通过存在漏洞的组件或资源消耗来使目标系统处理速度下降，或系统完全宕机，最终导致正常用户无法访问业务的结果。DOS 攻击的方式可能并不会完全导致服务访问的中断，但会造成访问速度的延迟使用户体验下降。在一些情况下，DOS 可能会导致固件永久性的损坏，进而造成整个系统的异常，使其不能通过简单的重启或者增加资源开销来缓解和恢复业务。

（6）权限提升（Elevation of Privilege），在攻击者获得普通权限的账号后，利用系统或应用漏洞将权限提升至 root 或 admin 之类的管理员权限，该类攻击常见于一些应用系统中的越权漏洞，或栈溢出导致的权限提升等。

3.3 威胁来源

3.3.1 自研软件系统

3.3.1.1 自研代码

随着业务的快速发展，越来越多的厂商发现购买第三方供应商的软件已经无法满足当前的业务需要。当前各类厂商从事的行业领域细分化程度提高，要求软件功能对于自身业务适配性也需要同步提高。特别是一些关键系统，涉及企业机密或者关键数据的，决策者更倾向于将该部分软件自行研发。这样的行为同时也带来了新的安全问题。

（1）安全开发能力。

目前对于大部分软件开发人员来说，其接受的开发教育和培训，较少涉及安全相关的内容，导致其开发习惯中没有安全编码的意识，从而为系统的各种功能和接口开发留下较多安全隐患。

（2）安全开发流程。

开发计划拟定的周期表，可能由于较为紧迫的开发周期，以及有限的开发经费，导致很多开发小组无法在开发的各个环节将安全工作部署到其中。尤其是目前仍然有较多的企业或组织，未将安全开发作为其开发流程的最佳实践，最终导致在整个开发流程中，安全内容可能较少涉及或从未涉及。

（3）安全质量监控。

安全质量监控同样作为早期对于软件质量的要求，仅停留在功能完善的基础上，较少用户或开发人员关注软件质量中的安全性，在很多的软件测试环节中也缺少关于安全测试的内容。对软件测试人员的要求也更高，需要有更加专业的安全测试人员来对软件质量进行审查。

3.3.1.2 第三方代码

购买软件和开发外包仍然是较多企业完成信息化和提升运转效率的主要手段，由于购买第三方软件大多有着成熟的运行模式，在市场上有着可信的质量口碑，同时也可减少自身开发软件带来的巨额成本，购买成品软件，或者寻找第三方软件外包商进行定制化开发，成为很多企业软件需求的首选。然而大多数企业忽略了在购买或定制化软件时，第三方的安全开发能力、代码的安全性，以及后续对于代码安全更新的保障能力。关于第三方代码在企业和组织中出现的形式多种多样，基于目前第三方代码安全的潜在风险，我们将其大致做了如下的一些分类总结。

（1）外部接口。

在代码开发领域，合作与共享是不变的主题，尤其是在互联网数据共享越来越受到青睐的今天，很多企业基于业务运转效率或其他相关方面的合作，更倾向于调用外部数据接口，但是由此带来的代码安全风险变得不可控。安全意识较强的企业，可能会在调用外部接口前，对其进行安全要求，例如需要提供专业安全厂商的安全测试报告后才认可其接口的安全性。另外一种较为常见的开发场景即是软件外包，在一些大型系统的开发项目中，不同的子系统可能会外包给多个不同的厂商进行开发，这其中会涉及子系统相互协作时使用的接口，厂商之间参差不齐的开发水平及安全开发意识可能会为整个项目埋下较大安全隐患。

（2）开源组件。

开发人员习惯于使用开源组件、库、sdk 等提高开发效率，这对于软件功能的稳定性、项目的迭代速度、开发成本方面都提供了巨大的帮助，但是由此带来的问题是企业对于这些开源组件的安全性失去了控制权。特别是一些较为核心的开源组件，其引发的安全问题可能导致整个系统崩溃或业务停滞，基于笔者从业经验来看，大多数公司对于开源组件的安全审查还停留在空白的状态，较为有实力的企业会通过借鉴现有的开源组件来自行开发相关功能。

以国内较为知名开源组件 fastjson 为例，fastjson 是阿里巴巴公司开发的 JSON 解析库，该开源库从 2017 年到 2020 年陆续爆出了多个严重的命令执行漏洞（如图 3-1 所示），JSON 解析作为 Web 开发中最为常见的功能需求，其漏洞影响波及极其广泛，小到初创的互联网公司、个人开发者，大到行业巨头、政府、金融、能源等，几乎覆盖信息化的所有领域，正因为其知名和开源的特性，所以一旦被爆出严重的安全问题，其产生的杀伤力和影响力也是难以想象的。不过值得庆幸的是，大多数提供开源组件的厂商已经意识到代码安全性审查的重要性，并且也开始采取积极的手段降低其可能导致的风险。

漏洞标题	危害级别	点击数	评论	关注	时间↓
▸ Fastjson存在命令执行漏洞	▬ 高	5255	0	1	2020-05-28
▸ Fastjson JtaTransactionConfig存在命令执行...	▬ 高	738	0	0	2020-04-17
▸ Fastjson远程代码执行漏洞（CNVD-2019-324 9...	▬ 高	4690	0	0	2019-09-23
▸ Fastjson远程拒绝服务漏洞	▬ 高	935	0	0	2019-09-06
▸ Fastjson远程代码执行漏洞（CNVD-2019-222 3...	▬ 高	886	0	0	2019-07-12
▸ Pippo FastjsonEngine Fastjson任意代码执行...	▬ 高	2383	0	0	2018-10-25
▸ fastjson远程代码执行漏洞	▬ 高	2370	0	1	2017-03-20

图 3-1　cnvd 公布的 fastjson 漏洞预警

（3）软件供应商。

企业在成立之初，便有对于企业信息化的需求，企业的信息化程度甚至可以与企业的发展速度挂钩。随着企业的发展，不论是内部办公效率的提升，还是业务水平的不断提高，相应的成品软件对于快速达到该目标都有着巨大的帮助。但是作为大多数企业来说，没有高水平的安全团队，对于采购的软件其安全质量的审查变得无从下手。安全意识较高的企业，可能会要求软件供应商提供第三方安全厂商的软件安全评估报告，作为对该软件安全性可靠的背书，或是自行邀请安全公司对其进行安全评测，基于成本考虑，后者情况较少发生。尤其，部分企业会在购买合同中要求软件供应商提供多年的安全更新售后，对于后续软件可能发生的安全隐患提供必要的协助。

尽管如此，软件使用方仍然面临着巨大的安全威胁，例如在近几年的国家级网络安全护网演练中发生过这样的案例。某政府网站采购了某知名企业的邮箱应用软件，作为演练中的攻击方绕开了直接攻击该邮箱的途径，先攻击该邮箱开发企业的相关网站，进入其企业内网获得该邮箱的源码进行代码审计，发现其邮箱软件存在的高危漏洞，然后利用审计出的漏洞再对政府网站的邮箱进行攻击，最终导致某政府网站在此次演练中失陷。这就是典型的供应链攻击，虽然其最终目标是某政府单位，但是其首先对软件供应商的成功攻击才为后续的攻击提供了可能性。

所以在日趋严峻的安全形势下，不论是对于软件供应商还是软件使用方都面临着不同的安全威胁，大家不再是独善其身、各自为战的独立个体，而是唇亡齿寒的利益相关方，这也为软件安全、供应链安全提出了新的安全挑战。

3.3.1.3　中间件

中间件是介于应用和系统之间提供衔接服务的一种软件，在网络安全领域中，我们接触最多，也是谈论最多的中间件一般指的是 Web 中间件。Web 中间件也是非常丰富的，包括 Apache、Tomcat、IIS、WebSphere、Weblogic、JBoss 等，下面我们就围绕 Web 中间件来详细介绍其面临的威胁。

从中间件诞生之日起，中间件就饱受各种类型漏洞的困扰，小到 XSS 漏洞、SSRF 漏洞，大到反序列化、命令执行、任意文件上传等，几乎每年都会有知名的中间件被爆出严重漏洞。很多企业近年来遭受了例如勒索病毒、挖矿病毒的攻击，有相当大一部分是因为部署在外网的 Web 服务器存在的中间件漏洞。中间件一般由专门的中间件组织负责维护，企业对于中间件漏洞是无法从代码层面自行发现和修复的，这就决定了对于中间件漏洞的修复和防护工作落在了企业的安全运维人员身上。一般较小的企业缺乏专业的安全运维人员，由普通的网络运维人员兼职，同时要求该岗位的人员需要关注现有中间件开发组织发布的安全更新，以及中间件漏洞相关的预警公告，最后还需要人员具备中间件正确更新和部署的能力。这对于企业来说无疑增加了运维难度，往往是某些系统因为被攻击引发了较大的安全事件后，才发现业务中潜伏的中间件安全问题。综上，对于中间件的漏洞修复和防护工作，仍然需要企业对于安全专业人才的投入，才能获得较好的防护效果。

中间件配置和部署，在中间件类型、版本的选择上，一般由开发人员或项目组决定，在业务的一开始部署阶段，同样由相关开发人员实施。

对于中间件的错误配置同样会造成巨大的安全风险，其中 Tomcat 的后台管理页面弱口令就是典型的案例，首先在部署阶段对于线上业务的错误，使外网能直接访问到

Tomcat 的后台管理页面，其次在对 Tomcat 后台访问的鉴权配置时，错误地配置了极其容易猜解到的弱口令账号和密码，这就允许攻击者在访问后台并使用弱口令登录后，可以直接在 Tomcat 管理页面部署恶意的 WebShell 木马，从而控制整个服务器。这要求开发人员在对中间件选择之初，就应该对中间件版本存在的漏洞进行了解，并且学习如何安全地配置中间件，大多数中间件的官方文档对于中间件的安全配置均有详细说明。这就要求企业需要加强对开发人员的安全开发培训，对于各类中间件应该进行统一的版本管理，各个业务上线前应该进行基线检查，当然也包括对于中间件版本的安全基线。

3.3.1.4 基础设施

基础设施指的是由计算机软硬件、互联设备等构成的网络结构，用以确保可靠地进行信息传输，满足业务需要。网络架构设计是为了实现不同物理位置的计算机网络的互通，将网络中的计算机平台、应用软件、网络软件、互联设备等网络元素有机连接，使网络能满足用户的需要。不论何种应用、何种业务都脱离不了网络基础设施的承载，作为互联网发展早期就已经获得大量成熟技术的网络基础设施，在网络安全被日益重视的今天，对于网络基础设施的设计和部署提出了新的要求。

1. 区域划分

企业网络大致可分为办公网络和业务网络，部分较大企业可能还存在开发网络、测试网络、运维网络等，如何在既满足用户需求的前提下又对网络进行安全的区域划分是网络设计阶段必须周密考虑的问题。一般情况下，内部员工对于内网和外网的访问应进行严格区分，不论是设置逻辑隔离还是内网访问鉴权，都需要避免内外网互通的情况。尤其是在一些钓鱼攻击的案例中，大部分攻击成功案例都是因为受害者既可以访问公网，同时又可直达业务核心网络，给予攻击者可乘之机。对于网络的安全隔离，其使用的手段和方法非常多，例如 Nat、vlan、路由配置、防火墙配置等，在早期进行了正确的安全区域划分后，同时也要进行严格的变更管理，尤其是随着时间的推移许多流程化要求被省略，导致部分违规的配置产生，进而引发更多的安全问题。

2. 备份和冗余

在企业业务建设的初期，就应该考虑对不同业务进行灾备，这是业务连续性计划中的一部分。首先从线路选择上，不同运营商的线路安全性都应被纳入考察范围内，部署多条线路对突发的不可抗力灾害有着举足轻重的作用。同时部署 CDN、Nginx 负载均衡、数据备份、冗余路由、冗余交换设备等，都是为了预防可能发生的安全事件对于业务产生的影响。

3. 安全设备

为了应对不同的安全威胁，市场上推出了大量各种功能的安全防护设备。从软件到硬件，从应用层到网络层，例如外部防护 IPS、WAF、防火墙、云 WAF 等，内部的态势感知平台、日志审计系统、主机 IDS、数据库审计、APT、EDR 等。层出不穷的安全设备并不代表简单地进行安全设备堆叠即可提高安全防护水平，安全设备的部署如果没有计划性的思考，不但不会对网络提供防护作用，反而可能会对业务产生影响，在某些情况下更有可能对整个网络的安全性产生威胁。例如部分厂商为了运维的便利性，直接将堡垒机部署在公网，而本身对于堡垒机又缺乏防护，一旦堡垒机爆出漏洞或者存在弱口令等安全威胁，该堡垒机将直接暴露在互联网上，这将遭受到来自任何方向的攻击，然而堡垒机的失陷将意味着整个公司业务主机的失陷。由此可见，安全设备部署和使用都是需要进行合理的规划和设计的。企业同时也应该考虑投入成本的限制，应对业务构成和面临的威胁进行分析，将资金合理分配在不同业务的安全需求上。

4．外部访问

大部分企业都存在从外部访问内网的需求，典型的场景即是在外办公或是远程运维，如何建立安全的外部访问通道是所有企业都应考虑的问题。最为常见的方法即部署VPN设备，首先这涉及了不同用户的访问权限划分问题，不同成员角色可访问的内网范围应遵守最小权限原则，其次是VPN设备本身的安全防护问题，因为在近年来的几次安全演练中爆出大量的VPN设备的漏洞，同时VPN设备的网络权限较高，更加需要对其进行安全监测。最后是登录审计，我们无法确保所有人都遵守公司的安全制度，这时我们需要对VPN的登录日志，每个账号的登录情况进行审计工作，从中发现可能存在的违规使用账号，或者是账号被盗的情况。

3.3.2 第三方软件系统

我们在使用操作系统进行工作或学习的时候，常常会遇见一些烦琐复杂或超出我们自己本身能力范围的问题，操作系统本身也没有提供相关功能，这时候就可以用其他组织或个人开发的相应软件来帮助我们解决问题，那么我们就称这个组织或个人开发的软件为第三方软件系统。随着各个行业采购与应用的第三方软件系统越来越多，如交通、医疗、金融、政府等行业与我们生活息息相关。而这些第三方软件系统本身不受我们所控制，现如今网络攻击频繁而又出人意料，来自第三方安全状况不透明的软件更是为我们的网络带来很大安全威胁。下面我们就来简述一下常用的一些第三方软件系统所带来的安全威胁。

3.3.2.1 数据库

数据库是按照数据结构来组织、存储和管理数据的仓库，是一个长期存储在计算机内的、有组织的、可共享的、统一管理的大量数据的集合。凭借着能够快速、高效管理数据的特点，数据库成为了信息系统的核心。无论是大数据、云计算还是物联网等热点技术都离不开数据库的身影。从传统内网到云环境，从世界500强公司到各国政府机关，数据库在各式各样的业务系统中扮演了重要的角色，存放了包括财务信息、公民身份信息、银行账户密码、政府机密资料在内的等各类重要数据。核心数据的价值在不断提升，数据库的安全性也更加重要。数据库作为管理数据的核心系统，在得到人们广泛使用的同时，也成为了黑客的主要攻击目标，网络罪犯开始从入侵在线业务服务器和破坏数据库中大量获利，因此，确保数据库的安全成为越来越重要的命题。尽管意识到数据库安全的重要性，但开发者在开发、集成应用程序或修补漏洞、更新数据库的时候还是会犯一些错误，让黑客们有机可乘。下面就列出了数据库系统几种常见的安全风险。

1．SQL 注入

在 SQL 注入攻击中，入侵者通常将未经授权的数据库语句插入（或"注入"）到有漏洞的 SQL 数据信道中。通常情况下，攻击所针对的数据信道包括存储过程和 Web 应用程序输入参数。然后，这些注入的语句被传递到数据库中并在数据库中执行。使用 SQL 注入，攻击者可以不受限制地访问整个数据库。

2．滥用过高权限

当用户（或应用程序）被授予超出了其工作职能所需的数据库访问权限时，这些权限可能会被恶意滥用。例如，一个大学管理员在工作中只需要能够更改学生的联系信息，不过他可能会利用过高的数据库更新权限来更改分数。

3．滥用合法权

用户还可能将合法的数据库权限用于未经授权的目的。假设一个恶意的医务人员拥有可以通过自定义 Web 应用程序查看单个患者病历的权限。通常情况下，该 Web 应用程序的结构限制用户只能查看单个患者的病史，即无法同时查看多个患者的病历并且不允许复制电子副本。但是，恶意的医务人员可以通过使用其他客户端（如 Excel）连接到数据库，来规避这些限制。通过使用 Excel 以及合法的登录凭据，该医务人员就可以检索和保存所有患者的病历。

4．权限提升

攻击者可以利用数据库平台软件的漏洞将普通用户的权限转换为管理员权限。漏洞可以在存储过程、内置函数、协议实现，甚至是 SQL 语句中找到。例如，一个金融机构的软件开发人员可以利用有漏洞的函数来获得数据库管理权限。使用管理权限，恶意的开发人员可以禁用审计机制、开设伪造的账户以及转账等。

5．审计记录不足

自动记录所有敏感的或异常的数据库事务应该是所有数据库部署基础的一部分。如果数据库审计策略不足，则组织将在很多级别上面临严重风险，例如无法为调查人员提供攻击者入侵犯罪的分析线索。

6．拒绝服务

拒绝服务（DOS）是一个宽泛的攻击类别，在此攻击中正常用户对网络应用程序或数据的访问被拒绝。可以通过多种技巧为拒绝服务攻击创造条件，常见的拒绝服务攻击技巧包括数据破坏、网络泛洪和服务器资源过载（内存、CPU 等）。资源过载在数据库环境中尤为普遍。

7. 备份数据暴露

通常情况下，备份数据库存储介质对于攻击者是毫无防护措施的。因此，在若干起著名的安全破坏活动中，都是数据库备份磁带和硬盘被盗。

8. 残缺的配置管理

数据库给管理员提供了大量的配置参数，有调整性能的，也有增强功能的，但有些配置从安全角度来看是需要小心处理的，特别是很多默认配置就不安全。还有就是数据库管理员为了图省事，喜欢走捷径，将 SQL Server 数据库的 sa 用户开放给开发人员使用。例如，比较常见的一个应用场景就是开发人员在应用中直接以明文形式使用管理员权限账号密码来连接数据库。一旦攻击者通过社工或是其他方式获取应用源码，通过源码文件找到数据库配置，数据库随即存在被脱库等风险。

如今，威胁数据库安全的因素每天都在发生变化，我们都知道现在数据是核心资产，而数据基本上是存储在数据库中的。因此，保护数据库就成为了保护数据的重要环节。

3.3.2.2　共享服务

在互联网时代背景下，共享服务成为一种必要的方式。我们日常频繁使用的资源共享、网络共享、VPN 服务都可以称之为共享服务，而在共享服务给我们带来便利、解决问题的同时，也引入了许多的安全威胁。

SMB（Server Message Block）是一个协议服务器信息块，它是一种客户机/服务器、请求/响应协议，通过 SMB 协议可以在计算机间共享文件、打印机、命名管道等资源，电脑上的网上邻居就是靠 SMB 实现的；SMB 协议工作在应用层和会话层，可以用在TCP/IP 协议之上，SMB 使用 TCP139 端口和 TCP445 端口。

永恒之蓝（EternalBlue）是一个漏洞利用程序，于 2017 年 4 月 14 日被黑客组织"影子掮客"泄漏，是一种利用 Windows 系统的 SMB 协议漏洞来获取系统的最高权限，以此来控制被入侵的计算机的程序。尽管微软于 2017 年 3 月 14 日已经发布过 Microsoft Windows 补丁来修补这个漏洞，然而在 2017 年 5 月 12 日，不法分子通过改造永恒之蓝制作了 wannacry 勒索病毒，此漏洞利用 445 端口执行，原本是作为局域网共享使用的一个端口，但恶意人员可以利用此端口偷偷执行共享服务或者其他命令执行操作。SMB 这种共享协议存在的漏洞会使攻击者悄无声息地在目标系统上执行系统命令。通过获得系统的权限后进行挖矿、勒索等一系列的行为。

2019 年 5 月 24 日，飞塔官方发布了 CVE-2018-13379 漏洞的安全公告，2019 年 8 月，白帽汇安全研究院观测到国外安全研究人员公布了针对 Fortigate SSL VPN（飞塔VPN）的漏洞说明，其中一个任意文件读取漏洞利用门槛较低，预计会对全球 Fortigate SSL VPN 造成较大影响。该漏洞原理是使用了不安全的函数，导致未能正确过滤 URL 中的恶意代码，最终造成任意文件都可以被读取。任意攻击者都可在未经身份验证的情况下利用该漏洞，获取 session 等敏感信息，从而非法入侵并操控 VPN，进一步威胁企业内网服务。

3.3.2.3 电子邮件服务

电子邮件服务是通过网络传送信件、单据、资料等传递电子信息的通信方法，它是根据传统的邮政服务模型建立起来的。当我们发送电子邮件时，这份邮件由邮件发送服务器发出，并根据收件人的地址判断对方的邮件接收器，从而将这封信发送到该服务器上，收件人要收取邮件也只能访问这个服务器才能完成。

电子邮件服务是最常见、应用最广泛的一种互联网服务。通过电子邮件，可以与Internet 上的任何人交换信息。电子邮件由于其快速、高效、方便以及价廉等特点，越来越被广泛应用于各种场景，市面上也出现了各种各样的邮件应用系统，让收发邮件变得更为简单，例如我们常见的 coremail、亿邮等应用系统，这些便利的应用系统在服务我们的时候也使我们成为了攻击者关注的对象。

2019 年 06 月 14 日，Coremail 论客在 cnvd 发布了以下 3 个高危漏洞的安全公告：

（1）补丁编号：CMXT5-2019-0001，涉及模块 apiws，补丁修复 IP 限制不合理和存在路径遍历的漏洞；

（2）补丁编号：CMXT5-2019-0002，涉及模块 mailsms，补丁修复信息泄露的漏洞；

（3）补丁编号：CMXT5-2019-0003，涉及模块 wmsvr，补丁修复信息泄露的漏洞、反射型 XSS、路径遍历、越界访问、设备验证算法缺陷等漏洞。

根据公告显示，该漏洞存在于 Coremail 的 Web 服务端口，攻击者可以通过访问apiws、mailsms、wmsvr 接口和模块获取邮件服务配置信息（如：数据库连接账号密码），通过泄露的信息，进一步进行越权访问。

2021 年 06 月 06 日 cnvd 公开表示，亿邮电子邮件系统的 ghost 插件存在命令执行漏洞，攻击者可利用该漏洞获取服务器控制权限。

电子邮件服务的安全性尤为重要，因为电子邮件是最流行的通信和开展业务方式之一。尤其对于企业而言，丢失机密信息可能会导致巨大的财务损失。

3.3.2.4 CMS

内容管理系统（Content Management System，CMS）是一种位于 Web 前端（Web服务器）和后端办公系统或流程（内容创作、编辑）之间的软件系统。内容管理系统是企业信息化建设和电子政务的新宠，也是一个相对较新的市场。对于内容管理，业界还没有一个统一的定义，不同的机构有不同的理解。对于网站应用、网站建设和信息发布人员来说，他们最关注的是系统的易用性和功能的完善性，而常常忽视了它存在的风险。下面我们就围绕着常用的一些 CMS 来详细介绍其带来的威胁。

国内有很多知名的智能建站工具，很多应用广泛的老牌建站系统，并且一直都在不断迭代更新中。

DEDECMSV6 是上海穆云智能科技有限公司研发的一款建站系统，DedeCMSV6 是基于 PHP7.x 开发的，具有可扩展性，并且完全开放源代码。

2021 年 08 月 21 日，cnvd 发布，DEDECMSV6 6.0.3 版本存在命令执行漏洞，攻击者可利用该漏洞获取服务器控制权。

PublicCMS 是采用 2021 年最新主流技术开发的开源 JAVACMS 系统。2021 年 10 月 29 日，cnvd 公开其 PublicCMS V4.0.202107 版本存在命令执行漏洞。

几乎每个月都会有一些 CMS 漏洞在 cnvd 被公开披露。一般黑客都会批量获取网站漏洞，而可以这样操作的依据在于，同类型网站都具有共同的某些特征。那么在用某些类型的 CMS 时，改掉这些特征，也可以避免被一些程序批量扫描。同时，我们也需要时刻关注所属 CMS 漏洞最新补丁，做到及时更新。

3.3.2.5　信息化管理平台

信息化管理平台是在充分考虑了适应不同规模企业、不同企业管理模式、管理方法、业务流程的差异的前提下，设计开发的一套信息化基础管理平台。

信息化基础管理平台为各类业务管理应用提供基础平台支撑，将企业信息化管理系统中通用性的组织机构、人员关系、角色管理、权限分配、初始化参数配置等功能提取出来。以该平台为基础可根据企业信息化管理的需要，灵活进行功能组合，实现针对企业特定管理业务的独立系统，如远程监视管理系统、设备资产管理系统、化验室管理系统等，更可以形成涵盖企业运营管理全过程的综合管理系统。使用者无须代码基础即可搭建出个性化管理应用，或是研发人员使用轻量代码，即可轻松构建出随需而变的业务管理应用，如数据中台、ERP、协同办公、进销存管理系统等企业级管理系统需求。

应用比较多的国内几大 OA 系统，像致远 OA、泛微 OA，每年都会爆出一些高中危漏洞，泛微 OA 是一款泛微协同办公系统标准版程序，它可为用户提供一个协同、集成的办公环境。cnvd 在 2021 年 5 月 28 日公开泛微 OA 9.0 版本存在文件上传漏洞，攻击者可利用该漏洞获取服务器控制权限。同年 6 月 4 日公开泛微 OA V8 版本存在命令执行漏洞，攻击者可利用该漏洞获取服务器控制权。

致远 OA 是一款协同管理软件，是面向中型、大型集团型组织的数字化协同运营平台。2021 年 8 月 21 日，cnvd 公开致远 OA 6.0SP1 存在命令执行漏洞，攻击者可利用该漏洞执行任意命令。

2019 年初，据外媒报道，美国教育部发出的安全警报中称，黑客通过利用企业资源规划（ERP）网络应用程序中的漏洞破坏了 62 所大学的系统。该漏洞存在于 Ellucian Banner ERP 的一个模块 Ellucian Banner Web Tailor 中，可让大学自定义其 Web 应用程序，该漏洞还会影响一个用于管理用户账户的模块——Ellucian Banner 企业身份服务。安全研究人员发现了这两个模块使用的身份验证机制中存在一个漏洞，该漏洞允许远程攻击者劫持受害者的网络会话并获取对其账户的访问权限。Ellucian 在 5 月修复了该漏洞，研究人员公布了一份公开披露信息（见 CVE-2019-8978）。根据 Ellucian 网站统计，Ellucian Banner ERP 被 1400 多所大学等不同机构使用，可想而知其影响范围有多大。

综上所述，面对第三方软件系统使用中涉及的威胁，应制定相应的风险管理制度应急处置预案，制定相应第三方人员工作管理制度，制定相应的第三方设备信息系统表，时刻关注跟踪第三方漏洞信息情况，及时修补漏洞，在使用第三方软件系统的时候，一定要选择正规、有实力的公司合作。

3.3.3　硬件/固件

硬件是计算机硬件的简称，是指计算机系统中由电子、机械和光电元件等组成的各种物理装置的总称。这些物理装置按系统结构的要求构成一个有机整体为计算机软件运行提供物质基础。固件是指设备内部保存的设备"驱动程序"，通过固件，操作系统才能按照标准的设备驱动实现特定机器的运行动作，比如光驱、刻录机等都有内部固件。

2017 年 6 月 1 日，谷歌旗下由顶尖白帽黑客组成的 Project Zero 团队就曾向英特尔、AMD、ARM 公司通报了这两个安全漏洞——熔断（Meltdown）和幽灵（Spectre）。2018 年 1 月，这两个漏洞拉响了流行硬件及固件可利用漏洞的警报，这两个新型处理器漏洞令整个计算机行业严阵以待，这两个漏洞可使攻击者跨越操作系统隔离内核和用户空间内存的基本安全防线。幽灵和熔断漏洞并不是硬件设计决策导致的第一批漏洞，但其广泛影响点燃了安全研究界探索此类漏洞的兴趣。熔断漏洞出现之前和之后，安全人员都发现了一些硬件相关漏洞。下面我们就来简单列举一些影响广泛的硬件/固件漏洞。

1．影响广泛的硬件漏洞

（1）幽灵变种 1-CVE-2017-5753。

又名边界检查绕过漏洞，可供攻击者利用现代 CPU 的分支预测功能，以 CPU 高速缓存为边信道，从其他进程的内存中抽取信息。利用该漏洞，进程可从另一进程的内存中抽取敏感信息，还能绕过用户/内核内存权限界限。英特尔、IBM 和一些 ARM CPU 均受此漏洞影响。

（2）幽灵变种 2 - CVE-2017-5715。

幽灵变种 2 与变种 1 效果类似，但采用了不用的漏洞利用技术——分支目标注入。更新受影响 CPU 微代码可有效缓解该幽灵漏洞变种，通过 BIOS/UEFI 更新或在每次重启时由操作系统更新均可。

（3）熔断变种 3 - CVE-2017-5754。

亦称流氓数据缓存加载（RDCL）或 CPU 预测执行漏洞变种 3，利用的是现代英特尔 CPU 的乱序执行功能。该漏洞可使用户进程跨越安全边界读取受保护的内核内存。

2．影响广泛的固件漏洞

（1）BlueBorne。

2017 年曝出的一组蓝牙漏洞，影响 Linux、安卓、Windows 和 MacOS 蓝牙技术栈实现，据估计约有超过 50 亿台设备受此漏洞影响。计算机上的漏洞可以通过操作系统更新加以修复，缓解操作相对简单，但启用蓝牙的智能手表、电视、医疗设备、车载资讯娱乐系统、可穿戴设备及其他物联网设备就需要固件更新才能修复此漏洞了。研究人员估计，在漏洞曝光一年之后的 2018 年里，仍有超过 20 亿台设备未修复。

（2）KRACK。

又称密钥重装攻击（Key Reinstallation Attack），于 2016 年披露，利用的是保护当今无线网络的 WPA2 无线安全标准缺陷。由于缺陷存在于标准本身，家用路由器及其他物联网设备的 WPA2 实现均受影响。修复该漏洞需更新固件，因此很多缺乏固件更新支持的设备至今仍面临被利用风险。

（3）BadUSB。

2014 年演示的攻击，可重编程 U 盘微控制器，假冒键盘等其他类型的设备，控制计算机或渗漏数据。时至今日，很多 U 盘仍旧受影响。

3.3.4　人员及其他

相对物理实体和硬件系统及自然灾害而言，精心设计的人为攻击威胁最大。人的因素最为复杂，思想最为活跃，不能用静止的方法和法律、法规加以防护，这是信息安全所面临的最大威胁。我们通常也把人员威胁分类到内部人员威胁及外部人员威胁，而内部人员威胁也分为有意或无意。

1．内部威胁

例如，在自研代码所带来的威胁中提到的，对于大部分软件开发人员来说，其接受的开发教育和培训，较少涉及安全相关的内容，导致其开发习惯中没有安全编码的意识，从而为系统的各种功能和接口开发留下较多安全隐患。有一部分软件开发人员比较有安全开发意识，但是通常他们会为了达到快速交付效果而忽略了一些已知的安全漏洞。更有甚者，恶意的开发人员为实现不可告人的目的，在程序代码的隐蔽处保留"后门"。还有组织内部不遵守组织业务规则和政策的粗心员工会引发内部威胁，他们可能会无意中将客户数据通过电子邮件发送给外部各方，点击电子邮件中的网络钓鱼链接，或与他人共享登录信息。也会有一些组织的内部人员考虑不周或出于方便，有意绕过安全措施，以提高生产效率。恶意的内部人员故意规避网络安全协议，以删除数据、窃取数据以便日后出售或利用、中断操作或以其他方式损害业务。像承包商、业务合作伙伴和第三方供应商也是其他内部威胁的来源。

2．外部威胁

外部攻击者利用软件或是系统本身存在的缺陷及安全隐患，进行主动攻击，有选择性地修改、删除、伪造、添加、重放、乱序信息，冒充以及制造病毒等。

管理制度的缺陷以及内部安全开发规范的缺失也会是巨大的信息安全威胁，由于管理人员疏忽大意或是由于自身计算机网络知识的不足，也没有从最开始的需求阶段去全方面考虑安全问题，从而使计算机网络系统存在漏洞。

第4章 安全开发

4.1 概述

软件行业的蓬勃发展为社会发展带来的巨大的便利,已经成为了当代社会基础建设的关键要素,软件应用服务正在潜移默化地改变着生活的各个方面,渗透到各个行业和领域。在提供便利的同时,其自身安全问题也愈发成为业界关注的焦点,发生在我们身边的信息安全事件愈发频繁,一些不法者利用系统漏洞进行攻击,导致企业蒙受巨大损失。

为了解决出现的安全问题,很多人将防护的目光放在了安全控制方面,如防火墙、防病毒软件、入侵检测系统(IDS)、脆弱性扫描器等,当然并不是说使用这些不好,使用上述控制手段的原因都是为了解决软件包含的脆弱性[①]问题。这种环境通常被称为"外强内弱",也意味着我们都在努力把系统外部环境打造得安全牢靠,但是系统内部环境和软件一旦被攻击者访问,就非常容易受到威胁。

尽管软件应用服务作为提供业务的核心载体极易成为攻击者的重点攻击目标,但软件自身存在代码安全漏洞并未得到太多关注。绝大多数的企业都将重心放在了如何使外部的墙更厚,通过建墙使得系统更安全。所以一旦发生问题时的首要解决方式更偏向于周边设备而不是从软件应用服务本身解决问题,这也导致了在软件开发的源头阶段没有考虑到的软件的脆弱性。我们在大量的工作中发现导致这种现象的原因主要有以下四点。

(1)在软件开发阶段,软件开发强调的是功能需求,安全并不是重要考虑因素。

(2)开发人员大多只具备开发编码能力,更偏重开发技术栈的深入学习,缺乏信息安全知识,难以从"攻击者"的角度审视开发的软件。

(3)从企业部门划分上,开发与安全是两个独立的部门,各自只需要负责自己工作即可。

(4)目前业界大家都习惯接受软件有漏洞之后,再对漏洞进行修复,已成为常见并可接受做法,缺乏要进行提前防护的意识。

在本章要跟大家讨论的是软件安全开发,它是一种系统化的应用安全解决方法,将一系列安全活动、安全管理实践和安全开发工具结合在一起。本章首先对软件开发的背

[①] 脆弱性:脆弱性(vulnerable)是资产或资产组中存在的可能被威胁利用造成损害的薄弱环节,可能存在于软件、硬件、人员、管理、配置等各个方面,脆弱性一旦被威胁成功利用就可能对资产造成损害。

景进行阐述，其次阐述了软件开发中常用的方法论，并介绍了国外相关标准和典型软件开发模型，涵盖安全需求分析、安全设计、安全编码、安全测试等多个领域的知识。

本章意在帮助读者更好地了解软件安全问题产生的原因，通过案例分析、工具介绍等方式掌握软件安全开发关键技术，同时可以用以培养开发人员的安全意识，明确安全开发的重要性，增强用户对软件威胁的认识，明确软件安全开发的指导思想。

4.2　软件安全开发背景

当今是一个全球化、信息化的新时代，信息化是当今世界发展的大趋势，是推动经济社会变革的重要力量。在信息化建设过程中，软件系统的安全是一个复杂的体系，系统软件、应用软件和第三方软件的安全问题，以及在开发、部署过程中出现的安全问题，如果处理不当或者不加防范，都可能给整个系统带来巨大的灾难。

4.2.1　网络强国背景下安全建设

网络强国是新时代新发展阶段的国家战略，国家先后出台《中华人民共和国网络安全法》（2017 年 6 月正式实施）、《中华人民共和国数据安全法》（2021 年 9 月正式实施）和《个人信息保护法》（2021 年 11 月正式实施）等法律来保障网络、公民安全，针对关键基础设施，企业需要进一步落实安全责任，加强安全体系建设。

4.2.2　监管机构

银监、网信办、公安都会对相关单位进行检查，若是被检测出了严重的安全性问题，会对整个企业形象甚至营业造成严重的影响。

2017 年 7 月，宜宾市某中心网站因网络安全防护工作落实不到位，导致网站存在高危漏洞，造成网站发生被黑客攻击入侵的网络安全事件。网安部门在对事件进行调查时发现，该网站自上线运行以来，始终未进行网络安全等级保护的定级备案、等级测评等工作，未落实网络安全等级保护制度，未履行网络安全保护义务。根据《中华人民共和国网络安全法》第五十九条第一款之规定，决定给予该中心和直接负责的主管人员做出行政处罚决定，对该中心处 1 万元罚款，对法人代表处 5000 元罚款。

这样的例子也充分体现了自上而下对于安全工作极为重视。

4.2.3　应用软件安全问题

很多互联网金融企业通过购买通用软件模板或组织自主开发 P2P 网贷平台，导致网站系统中包含 XSS 跨站脚本漏洞、CSRF 跨站请求伪造漏洞、平行越权漏洞、任意用户密码重置漏洞等一系列安全开发漏洞，仔细分析原因，不难发现其系统开发普遍存在安全技术力量不足的状况。

4.2.4　第三方代码安全问题

在现代程序开发过程中，第三方库的使用极大节省了开发时间，但是又经常忽略了第三方库代码的漏洞审查，导致系统面临巨大的安全威胁。之前我们在第 3 章中就第三方代码安全相关问题已经进行讨论，本节就不再赘述。

4.3　安全开发

我们都希望开发的软件不存在任何安全漏洞，并且可以抵御各种各样的安全威胁攻击。但是现实中这样的软件是不可能存在的，因为安全威胁是无处不在的，我们无法保证开发的软件是 100%没有安全漏洞的，技术在不断发展，攻击方式层出不穷，在攻防的不断对抗中安全防御也在不断成长。对于防御者来说，不能单纯像攻击者一样找到一处可以加以利用的漏洞达到攻击效果即可达到目的，安全防护需要体系化建设。对于开发者来说，在需求、设计和开发过程中，如果在安全方面考虑有所欠缺的话，就有可能把安全漏洞不知不觉带入到软件当中。

软件的安全保障思路就是在软件开发生命周期的各个阶段采取必要的安全考虑和相应的安全措施。虽然不能说杜绝所有安全漏洞，也可以做到避免和减少大部分安全漏洞。

提到软件安全，软件安全性主要是由软件的安全属性来定义和保证的，软件的安全属性包括机密性、完整性、可用性、抗抵赖性等，其中，机密性、完整性和可用性是软件的核心安全属性。

机密性：软件必须保证其内容、资源管理以及自身特性（包括其运行环境和用户之间的联系）对未授权的实体隐藏。

完整性：软件以及受其管理的资源必须能够抵御主动攻击，防止被非法用户修改和破坏，并能从被破坏状态中恢复。

可用性：软件可被授权用户访问并按需求使用，即保证合法用户对系统和资源的使用不会被不合理拒绝。

对于安全性要求比较高的系统（如涉及国家安全、国计民生、公共利益等），除了要满足基础核心安全属性，还有软件的可靠性、抗抵赖性也是需要考虑到的。

4.4 技术理念与方法论

4.4.1 软件开发模型

在软件开发需求、设计、编码和测试、维护等阶段，软件开发模型指导着软件开发过程中活动和任务。通过软件开发模型，我们可以清晰、直观地表达软件开发全过程。本节主要介绍瀑布模型、V 型模型以及敏捷开发。

4.4.1.1 瀑布模型

这是一种自上而下的线性生命周期方法，在该模型中明确规定了各个细分阶段的任务，并且只有在软件开发每个阶段的任务必须全部处理完成后，才可进行下一个阶段。瀑布模型如图 4-1 所示。

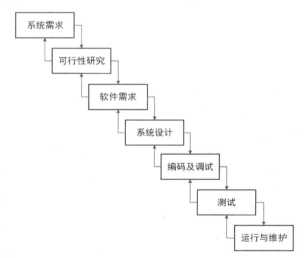

图 4-1　瀑布模型

在这种模式下，在前期工作中就需要掌握所有的需求，这种模型一般适用于比较小的项目（可以充分理解需求的情况）。但如今信息化发展极快，系统业务迭代迅速，很难在项目开始初期就完全确认所有需求，在此模式下，项目如需进行新变更，要一直等待整个项目完成后，才可以进行新的变更，其执行效果不是那么理想，反而会耗费大量时间。

4.4.1.2 V 型模型

V 型模整体上呈 V 字形结构，由左右两边构成，左侧代表了系统需求、软件需求、概要设计、详细设计、编码，又称为软件开发生命周期（SDLC[①]）；右侧代表了验收测

[①] SDLC：Software Development Life Cycle（软件开发生命周期），描述了创建软件开发各阶段执行顺序。

试、系统测试、集成测试、单元测试又称为软件测试生命周期（STLC[①]）。V 型模型如图 4-2 所示。

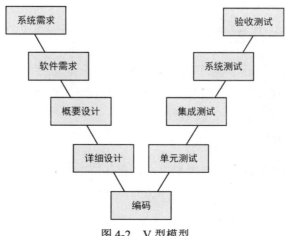

图 4-2　V 型模型

和瀑布模型一样，该模型也是在下一个阶段开始之前，上一个阶段必须完成，由于 V 型模型强调各个阶段进行验证和确认，要求在项目进行过程中开展测试工作，而不是仅在项目结尾开展测试工作，所以比瀑布模型有更好的成功率，但是同样它也会面临瀑布模型中遇到的问题，即适合前期可以理解所有需求、范围小的场合。

4.4.1.3　敏捷开发

敏捷是一个术语，是用来描述软件开发的方法，它主要强调的是软件开发中增量交付、团队协作、整个过程持续规划和持续学习。面对实际业务中的不断迭代，大家也越来越接受避开之前的提到的僵化模式的软件开发方法，喜欢采用替代、强调客户需求和快速开发的新功能，以迭代的方式满足需求。简单理解为敏捷开发把一艘大船变成许多条小船，每条小船各司其职，分配小目标，所有的小目标合起来就能完成大目标。

敏捷一词是在 2001 年《敏捷开发宣言》中宣布的，17 位敏捷开发方法的先驱聚集在一起，制作了一份名为"敏捷开发宣言"的文档，这份文档中声明了敏捷开发方法的核心理念：个体与交互重于过程和工具、工作软件重于完整的文档、客户协作重于合同协商、响应变化重于遵循计划。

敏捷开发的快速发展，也逐渐出现了很多变种，比如 Scrum（迭代式增量软件开发过程）、敏捷统一过程（Agile Unified Process，AUP）、动态系统开发模型（Dynamic System Development Model，DSDM）和极限编程（Extreme Programming，XP）。

[①] STLC：Software Testing Life Cycle（软件测试生命周期），描述测试流程中按照一定顺序执行特定的步骤，保证产品质量符合需求

4.4.2　安全开发模型和理论

4.4.2.1　软件开发生命周期

软件开发生命周期，是指通过一些重复和可预测的流程和环节来确保所交付的软件满足其在功能、成本、质量、交付周期等要求，尽可能去构建一个最好的软件。

从提出安全质量问题被提出的近几年来已经开发出的几种安全开发生命周期（Security Development Lifecycle，SDL）模型，其核心思想是在软件开发生命周期的每个阶段融合安全要素，用以解决软件开发各阶段可能出现的安全问题。虽然有很多种模型，但是每种模型实际上都是为了解决以下几个问题。

（1）需求搜集。明确为什么做这款软件、该软件有什么功能，以及其他非功能要求。

（2）设计。为了实现该功能需求，用什么方式如何去实现既定目标。

（3）开发。通过代码编写确保符合设计阶段的要求。

（4）测试。通过测试确保软件实现既定目标。

（5）发布/维护。部署软件，确保软件正确配置好，使其正常运行并进行维护。

比较具有代表性的软件安全开发模型有微软的安全开发生命周期模型（Microsoft SDL），以及最近的安全软件开发框架 SSDF 模型。

4.4.2.2　微软安全开发生命周期

1. 安全开发生命周期

安全开发生命周期是微软公司提出的从安全角度知道软件开发过程的管理模式。SDL 不是一个空想的理论模型，它是微软公司为了面对现实世界中的安全挑战，在实践中一步一步发展起来的软件开发模式。其目的是减少后期修复问题的成本投入和人力投入，根据 NIST 早年发表的一个调查报告估计，更好的安全控制措施将为后期安全整改的总体成本节省三分之一以上的费用，且有效规避了 70%以上的由于软件安全隐患所引发的安全事件。

2. 推动 SDL 的条件

要为企业进行安全开发体系建设，不是随便上来就可实施的，首先要有一个明确的目标预期值，这一点是非常重要的，根据我们在实践经验中来看，要想推动安全开发体系的建设需要具备以下条件：

（1）重视信息安全；

（2）拥有成熟的开发和管理团队；

（3）规范的产品研发和迭代流程。

3. SDL 涉及的角色

在 SDL 的整个过程中，会涉及多方角色，这些角色包括：

（1）审计官。此角色必须监控软件开发过程的每个阶段，并证明每个安全要求的成功实现。

（2）专家。为顾问角色选择的人员必须在安全方面拥有可靠的相关专业知识。

（3）顾问角色组合。如果可以确认某人具有合适的技能和经验，则安全顾问的角色可以与隐私顾问的角色合二为一。

（4）团队负责人。负责协商、接受和跟踪最低安全和隐私要求，并在软件开发项目过程中与顾问和决策者保持通畅的沟通渠道。

（5）安全负责人/隐私负责人。此角色（一人或多人）不仅负责确保软件发布解决了所有安全问题，还负责协调和跟踪项目的安全问题。此角色还负责向安全顾问和项目团队的其他相关方（例如，开发和测试负责人）报告情况。

4．SDL 主要活动

在软件开发的生命周期当中有各个阶段需要进行的活动，在此基础之上我们增加了很多安全活动事件，如图 4-3 所示。

图 4-3　SDL 安全活动事件图

5．安全培训

安全培训作为 SDL 的第一环节是非常有必要的，这里提到的安全培训有两种，一种是在项目初期阶段安全意识培训，面向企业内部所有员工，包括管理层，通过信息安全意识提升实现对业务的有效支撑。首先从全员层面，提升企业内部员工认知可能存在的安全问题，认识信息安全事故对组织的危害，通过培训认知和恪守正确的行为方式。然后，通过持续及循序强化的宣传教育方式，将安全意识进行输入形成员工的普遍认知，以达到巩固强化并践行到行为层面。

另一种是中期针对性的安全开发培训，面向技术部门、产品经理、项目经理、研发、运维、测试等人员。培训的内容应包括以下方面。

1）安全设计

（1）减小攻击面。

（2）深度防御。

（3）最小权限原则。

（4）服务器安全配置。

（5）安全合规控制要求。

2）威胁建模

（1）威胁建模概述。

（2）威胁建模的设计意义。

（3）基于威胁建模的编码约束。

3）安全编码

（1）缓冲区溢出（针对 C/C++）。

（2）整数算法错误（针对 C/C++）。

（3）XSS/CSRF 等（对于 Web 类应用）。

（4）SQL 注入。

（5）移动安全。

（6）OWASP TOP 10。

（7）CWE/SANS 联合发布的常见的 25 个最危险的编程错误等。

4）安全要求宣贯

（1）安全总体要求。

（2）上线准出条件。

（3）安全开发风险控制等。

6．安全需求

在软件开发生命周期中，软件的需求分析决定"我要做什么"是非常重要的，需求分析的方法也是鳞次栉比。同样，安全需求作为安全开发中领头羊，决定软件防御措施需要达到何种程度。安全需求分析方法是传统安全需求分析的方法的扩展。接下来阐述安全需求分析的方法。

1）从安全合规角度分析

安全合规是指企业开展网络安全保护工作要符合国家或行业出台的相关网络安全政策、规划、法律法规、推荐性或强制性的标准规范等。如涉及海外上市等，还应符合所在国家或地区的相关网络安全政策、法律法规、推荐性或强制性标准规范、网络安全的国际化标准规范等。

（1）确定边界和范围。

在开始安全合规需求分析之前，首先应该明确信息系统要达到的网络安全保护等级、范围和边界。如果涉及多个信息系统，应明确各自范围和边界。通过查阅资料或调查的方式，了解信息系统的业务应用、流程等基本情况。

（2）以网络安全等级保护制度为主，开展安全合规需求分析。

根据信息系统的网络安全保护等级，从《信息安全技术网络安全等级保护基本要求》

（GB/T 22239-2019）中选择相应等级的安全基本要求，进行安全差距分析，形成基本安全需求。

（3）按照其他安全合规类要求或规范。

除了在法律法规层面，各行业有自己相应的行业标准，如金融行业，其标准规范多种多样，其中有《JR_T 0171-2020 个人金融信息保护技术规范》《JRT 0095-2012 中国金融移动支付应用安全规范》等相应的技术规范。当然还有证监会以及企业结合企业本身现状而制定的《XXXX 安全基线》等。

2）从风险管理角度分析

除了要合规，还应围绕安全风险管理、识别威胁、脆弱性、已有安全控制措施及主要安全风险点，结合业务自身需求如业务逻辑、业务权限等，数据安全方面需求如数据生命周期、数据的生成、传输、使用和存储等方面确定风险处置的优先级，进而在后续采取相应的安全控制措施，确保将安全风险控制在可接受的范围，通过分析系统的脆弱点和可能遭受的安全威胁，以及对其进行定量或者定性分析，最终确认系统的安全需求，安全分析方法见表4-1。

表4-1 安全分析方法

属性	适用对象	评价标准
抗抵赖/可追溯	角色	抗抵赖/可追溯是指对避免对所做行为的否认，对事后审计和追责造成阻碍 高：如果发生抵赖行为，将会严重影响用户声誉以及事件的追查 中：如果发生抵赖行为，将会对事件的追查造成较为严重的影响 低：如果发生抵赖行为，将会对事件的追查造成轻微影响
可用性	过程	可用性是反应过程执行时间方面的要求，可用性参数说明如下 高：若不能满足执行时间的要求，将会导致极其严重的后果，如系统故障将会导致大面积业务无法使用 中：若不能满足执行时间的要求，将会导致较为严重的后果 低：短暂的中断和异常不会大面积影响业务，但是对主业务具有支撑保障性，长期不能恢复会造成一定影响
完整性	数据	完整性是反映数据在生成、传输、存储等过程中不被非法授权修改和破坏，保证数据的一致性 高：数据被非法授权修改和破坏，将导致系统大面积业务出现问题 中：数据被非法授权修改和破坏，将导致系统局部或个别功能模块出现问题 低：数据被非法授权修改和破坏，将导致系统某个功能出现问题，且不影响系统全局运行
保密性	数据、角色	保密性是反映用户隐私及数据的不可公开性。保密性参数说明如下 高：若非授权公开，对企业和大多数用户造成严重的影响 中：若非授权公开，对企业和大多数用户造成一定的影响 低：若非授权公开，不会对企业和用户产生影响

当然需求的合理性以及可实施性需要通过需求评审后方可通过，这就需要我们在前面说到的人员角色如专家、安全负责人、团队负责人进行集体组织会议评审。

7. 安全设计

统计发现，软件中 50%~75% 的问题是在设计阶段引入的，并且修复成本会随着发现时间的推后而增长。因此，在设计阶段进行软件架构分析对软件的安全保障起着决定性作用，软件架构分析也提供了从更高、更抽象的层次保障软件安全性的方法。

在开发中，一些设计问题可能会使程序员浪费大量的时间在不必要的事情上。例如编写一些根本不需要的代码，这些代码从来没有用到，反而可能与系统的其他部分脱节，存在安全缺陷，最终还需要程序员花费大量时间来解决。

安全设计的几个原则如下：

（1）Attsck Surface Redction：攻击面最小化。

（2）Least Privilege：权限最小化。

（3）Basic Privacy：用户基本隐私。

（4）Secure Defaults：默认安全。

（5）Defense in Depth：纵深防护。

（6）Threat Modeling：威胁建模。

8. 编码安全

软件在需求、设计、编码、部署或维护等阶段中，都有可能产生漏洞，尤其是在编码阶段，由于编程语言和编程逻辑的复杂性，开发者有意或无意中很有可能留下安全问题，形成代码缺陷。安全编码的目的是尽可能减少软件漏洞的产生。

1）安全编码培训

编码阶段前，应当对系统研发人员进行安全编码培训，使研发人员了解应用系统中常见安全风险点（如图 4-4 所示）及其形成原因，让开发者具备相应安全意识，做到安全和开发相结合，不走冤枉路。

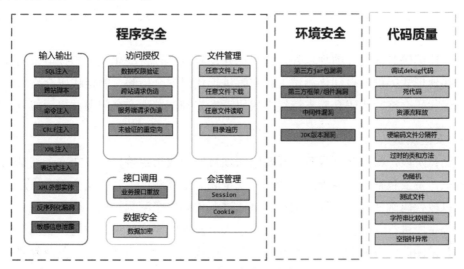

图 4-4　常见安全风险点

2）安全编码

编码时应当参考《系统安全编码规范》进行安全编码，其安全编码内容包括但不限于以下方面（以下仅列出部分内容）。

（1）验证输入。

几乎大部分攻击都是通过设计"精心的输入"开始的，如果程序不能正确处理这些"输入"，就有可能运行到"攻击者指定的代码"中。合适的输入验证可以清除很多软件漏洞。因此，在开发程序时，必须对外部的数据源抱着怀疑和不信任的态度，其中包括命令行参数、网络接口、环境变量、用户控制的文件等。

（2）净化数据。

所谓"净化"是指检查在程序组件中要传递的数据，尤其是将恶意数据和不必要的数据清除干净。比如在利用用户输入的数据来组织 SQL 数据库操作语句时，应当检查和清除用户数据中可能存在的恶意字符，以防止攻击者使用 SQL 注入命令来攻击系统。净化数据和输入验证的区别在于，有些数据仅在使用时才能进行净化处理，并不适合在输入时就进行安全检查。

（3）最少反馈。

最少反馈是指在进行程序内部处理时，尽量将最少的信息反馈到运行界面，即避免给不可靠用户过多的可利用信息，防止其据此猜测软件程序的运行处理过程。典型的例子如用户名和口令认证过程，不管是用户名输入错误还是口令输入错误，服务端都只反馈统一的"用户名/口令错误"，而不是分别告知"用户名错误"或"口令错误"，这样可以避免攻击者根据输入正确的用户名或口令来猜测未知口令或用户名。当然，软件程序的跟踪检查日志可以记录较为详细的程序运行信息，这些信息只允许有权限的人员查看。

（4）错误处理。

屏蔽应用系统产生的错误信息，包括堆栈跟踪信息、SQL 语句错误信息、物理路径暴露。

除上述编码时需遵守的规范外，建议在开发阶段进行自动化安全扫描，采用集成于 IDE 或其他形式提供的自动化测试工具定时进行代码安全检测，制定代码合格入门禁机制，确保代码合格。代码仓库支持线上代码动态扫描，发现安全问题并提示修复。

9．安全测试

在测试阶段，根据测试规范，开发团队项目经理或指定接口人通知安全测试人进行安全测试，主要包括安全需求满足情况、安全漏洞闭环测试，其中安全需求满足情况通过人工审核代码确认，安全漏洞闭环测试通过源代码安全漏洞扫描、黑盒测试、人工代码审计等手段进行。开发团队对于安全测试人员发现的测试结果进行确认和漏洞修复，同时等开发团队修复漏洞后进行复测。最终形成代码审计、渗透测试初测及复测报告，对初测复测漏洞类型及数目情况进行总结。

系统测试阶段安全主要工作有三部分：渗透测试、代码审计、安全功能测试（如图4-5 所示）。通过这三类测试达到相辅相成的效果。

图 4-5　测试阶段安全测试类型

10．上线评估发布审核

项目必须由安全部门审核完成后才能发布，经过测试阶段后，信息安全人员根据安全上线检查表跟开发团队安全接口人、安全测试人员、系统运营单位等沟通，评审部署环境安全、应用安全、安全上线等要求满足情况，然后由业务主管单位、系统建设单位、系统运维单位、业务运营单位审核上线，一般根据系统级别确定允许正式上线的安全条件。

上线评审通过后，系统运营单位发布系统到生产环境，信息安全人员将对生产环境系统进行黑盒测试，如果测出有漏洞将提交给开发团队安全接口人，开发团队修复漏洞后通知信息安全人员对修复的漏洞进行复测，直到漏洞完全修复完成，并对漏洞类型及数目情况进行总结。分析漏洞产生原因，返回前期阶段重点记录，形成闭环。

4.4.2.3　DevSecOps 理念

除了 SDL 之外，安全开发还有一个绕不开的热词——DevSecOps。在最近几年里，DevSecOps 可以说吸引了近乎所有从事安全开发的人员的目光。DevSecOps 源于DevOps[①]，扩展了安全性方面的描述，从组成成分上其实是将三个英文单词——Development、Security、Operations 糅合在一起，其最直接的含义就是加强三个团队之间合作，三个团队像是一个团队。DevSecOps 含义是如此的抽象，也导致了许多文章中对于概念的理解和解读上的不同，有人说它是自动化技术的代表——需要使用某些工具以及工具的组合，

---

① DevOps：DevOps 是一种重视软体开发人员（Dev）和 IT 运维技术人员（Ops）之间沟通合作的文化、运动或惯例。透过自动化软体交付和架构变更的流程，来使得构建、测试、发布软体能够更加地快捷、频繁和可靠。

有人说它是安全左移的代表——将安全工作推动到研发过程，也有人说它是一种软件开发文化。

在本书中，编者更倾向于表达为一种软件开发文化。文化是一个比较抽象的词，涵盖了人类社会中通过社会学习传播的各种现象。这些现象包括了像是艺术、音乐、舞蹈、祭祀、宗教等文化活动，也包括了像是烹饪、住房和服装等活动以及相关技术工具的使用。人通过社会活动会融入到社会文化之中，而社会文化随着技术工具以及其他因素的变革也在逐渐演化。DevSecOps 想表达的诉求与文化的含义是具有相似性的，本质是希望研发团队、安全团队、运维团队能够更好地协作，在软件的生命周期中保障软件的质量以及安全，也希望新加入的员工也能随着这些固有的机制融入到这样一种软件文化之中。

DevSecOps 理念可以说是描述了一种极其理想的情况，在这种理想情况之下我们可以推断，可能具备以下三种情景：

（1）软件开发、安全、软件运维，具备某项机制和流程，能够互相配合，同时形成了一些固化的东西；

（2）软件开发、安全、软件运维三个团队应该具备一个共同目标，至少是一个相近的目标，类似于开发一款安全的软件；

（3）新加入成员通过一些学习和实践，应该能快速融入这样的环境之下，类似于人融入社会一样。

无论哪一项都不是仅仅通过某一款或者某一些工具能够轻易实现的，DevSecOps 理念想要达到的目标远比表面上的深远，它想将这些东西渗入到每个人的习惯、思想，而技术工具仅仅只是它的支撑。但是 DevSecOps 工具链[①]的想法和思路，也能方便我们去实践 DevSecOps 理念，如图 4-6 所示。这部分的内容在后续章节（各项安全能力章节）中也会涉及，在这里就不展开描述。

[①] DevSecOps 工具链：将各类安全工具集成到 DevOps 的研发流水线中，但是没有固定限制哪些工具类型，一般来说至少包括静态分析安全测试（SAST）、软件成分分析（SCA）、动态分析安全测试（DAST）、交互式分析安全测试（IAST）。

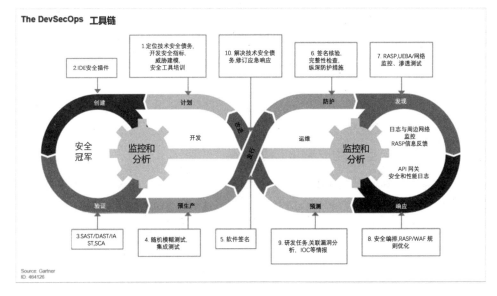

图 4-6　DevSecOps 工具链（引自《Research Roundup for DevSecOps，2020》）

4.4.3　安全开发成熟度模型

除了基于软件生命周期的模型以及软件研发的理念以外，安全开发领域还有另一类成熟度模型的理论。如果实际参与安全开发项目的实践工作，那么或多或少都遇到过一个问题——在面对一整套的基于软件生命周期的安全模型时，怎么去开始做的问题。其中一方面涉及说服领导对安全进行一次性的大量投入，另一个方面也涉及如此大的调整如何说服和组织其他部门或团队配合进行调整，以及各个活动节点上的人才如何选择、何时到位。这其中的难度可想而知，如果选择拆分成几年去实现最终的目标，那么又涉及如何拆分目标，如何展示每个阶段的突出效果，否则很难去说服公司和领导在这个方向上的持续投入，更何况随着时间周期的拉长除了增加的时间成本以外，人员的变动也会成为一个重要因素。在这种情况下如何选择一条成功率较高的路径也是一个问题。

成熟度模型的补充很好地补充了基于软件生命周期模型在这方面的不足，它采用定性分析的方式划了安全活动实践的等级（成熟度），用等级（成熟度）代表组织工作的先进性，那么随着实践活动等级提升，可以从定性的角度说明组织在这某一个方面的工作是逐渐成熟的，正在与该技术领域的领先者靠近。

而且成熟度模型不仅仅只是划分了实践的等级，而且在每个实践等级中提供了该级别的一些典型的安全活动，用于指导实践者提升组织在安全开发领域的成熟度。

目前这类标准的工作已经有了许多成果，例如由 OWASP 组织开源的标准项目软件保证成熟度模型①，由 Synopsys 公司发布的软件安全构建成熟度模型，由 NIST 组织编写软件安全开发框架，由中国信息通信研究院依托全国信息安全标准化技术委员会等机构和企业一起制定的研发运营一体化（DevOps）能力成熟度模型第 6 部分：安全及风险管理（DevSecOps 标准）。

我们对软件安全构建成熟度模型、研发运营一体化（DevOps）能力成熟度模型第 6 部分：安全及风险管理进行简单介绍。

4.4.3.1　软件安全构建成熟度模型

软件安全构建成熟度模型（BSIMM）的成果主要来自 Synopsys 公司的顾问、研究人员和数据专家搜集的，有关企业为应对软件安全挑战而采取的不同途径的数据，并结合调研软件安全计划方面卓越成效的企业和面对面访谈的方式，来了解这些企业的活动并进行分析得到的结果。

以 BSIMM12（2021 年 9 月发布）为例，团队调研了 128 家公司，进行了 341 次评估，同时在结合历年的数据基础之上，整理了 122 项活动（安全实践的一项具体工作）。BSIMM 活动级别用于区分在参与企业中观察到的活动的频率。经常观察到的活动被指定为"第 1 级"，较少观察到的和极少观察到的活动分别被指定为"第 2 级"和"第 3 级"。其中 122 项活动又被纳入 12 项软件安全实践之中，同时这些实践又分别属于治理、情报、软件安全开发生命周期（SSDL）以及部署 4 个领域，如图 4-7 和图 4-8 所示。

最终以统计的方式，输出了各个行业在软件安全领域的实践情况，为企业在软件安全领域提供了参考依据，是各类安全标准和模型中比较特殊的一种。

---

① 软件保证成熟度模型：软件保证成熟度模型（Software Assurance Maturity Model），也叫 OpenSAMM，是一个开放式框架，可帮助组织制定和实施针对组织面临的特定风险量身定制的软件安全策略，评估组织现有的软件安全实践等。

领域			
治理	情报	SSDL触点	部署
用于协助组织、管理和评估软件安全计划的实践。人员培养也是一项核心的管理实践。	用于在企业中汇集企业知识以开展软件安全活动的实践。所汇集的这些知识既包括前瞻性的安全指导，也包括组织机构威胁建模。	与分析和保障特定软件开发工件（artifacts）及开发流程相关的实践。所有的软件安全方法论都包含这些实践。	与传统的网络安全及软件维护组织机构打交道的实践。软件配置、维护和其他环境问题对软件安全有直接影响。

实践			
管理	情报	SSDL触点	部署
1. 战略和指标 (SM) 2. 合规与政策 (CP) 3. 培训 (T)	4. 攻击模型 (AM) 5. 安全功能和设计 (SFD) 6. 标准和要求 (SR)	7. 架构分析 (AA) 8. 代码审查 (CR) 9. 安全性测试 (ST)	10.渗透测试 (PT) 11.软件环境 (SE) 12.配置管理和安全漏洞管理 (CMVM)

表A. 软件安全框架 *4大领域的12项实践。*

图 4-7　软件安全框架（引自 Bsimm12 附录表 A）

治理		
战略和指标 (SM)	合规与政策 (CP)	培训 (T)
第1级	第1级	第1级
• [SM1.1] 公布流程并按需演进。 • [SM1.3] 对高管人员进行软件安全培训教育。 • [SM1.4] 实施对开发周期各环节的检测并用于定义治理。	• [CP1.1] 统一监管压力。 • [CP1.2] 确定个人身份信息(PII)责任。 • [CP1.3] 制定政策。	• [T1.1] 开展软件安全意识培训。 • [T1.7] 提供按需个人培训。 • [T1.8] 在入职培训中加入软件安全性方面的内容。
第2级	第2级	第2级
• [SM2.1] 在内部发布有关软件安全性的数据并驱动改进。 • [SM2.2] 根据评估结果验证产品发布条件并跟踪异常。 • [SM2.3] 创建或扩大外围小组。 • [SM2.6] 要求在软件发布之前签发安全性证明。 • [SM2.7] 设立布道师岗位，开展内部宣传。	• [CP2.1] 确定PII数据清单。 • [CP2.2] 要求签发与合规相关的风险安全证明。 • [CP2.3] 实施并跟踪针对合规的控制。 • [CP2.4] 把软件安全SLA纳入所有供应商合同中。 • [CP2.5] 确保高管人员了解合规性和隐私义务。	• [T2.5] 通过培训和活动来提高外围小组的能力。 • [T2.8] 创建并使用与企业具体历史相关的材料。 • [T2.9] 提供与具体角色相关的高级课程。
第3级	第3级	第3级
• [SM3.1] 使用带组合视图的软件资产跟踪应用程序。 • [SM3.2] 将SSI纳入到对外推广计划中。 • [SM3.3] 确定指标并利用指标来要求获得资源。 • [SM3.4] 整合软件定义的生命周期治理。	• [CP3.1] 常态化为满足监管合规要求的信息收集工作。 • [CP3.2] 要求供应商执行政策。 • [CP3.3] 推动把来自软件生命周期数据的反馈纳入到政策中。	• [T3.1] 奖励通过课程的进步。 • [T3.2] 为供应商或外包人员提供培训。 • [T3.3] 举办软件安全性活动。 • [T3.4] 要求参加年度进修课程。 • [T3.5] 确定SSG定期服务答疑时间。 • [T3.6] 通过观察来发现新的外围小组成员。

图 4-8　BSIMM 轮廓——治理部分（引自 Bsimm12 附录表 B）

4.4.3.2　研发运营一体化（DevOps）能力成熟度模型第 6 部分：安全及风险管理

与 BSIMM 这类基于统计分析结果的安全框架不同，本标准包括了一套基于 OWASP 等组织已建立的安全软件开发实践文档，以及国内许多技术公司的安全实践经验而形成的，用于对组织实施 IT 软件开发和服务过程的能力评价和指导的软件安全实践。

本标准规定了 IT 软件或相关服务在采用研发安全运营一体化（DevSecOps）的开发模式下，相比于传统开发模型发生变化，安全融入每个阶段过程，开发、安全、运营各部门紧密合作。

本标准将安全及风险管理技术要求划分到控制通用风险、控制开发过程风险、控制交付过程风险、控制运营过程风险 4 类风险，如表 4-2 所示。

表 4-2 安全及风险管理分级技术要求

安全及风险管理			
控制通用风险	控制开发过程风险	控制交付过程风险	控制运营过程风险
组织建设和人员管理	需求管理	配置管理	监控管理
安全工具链	设计管理	构建管理	运营安全
基础设施安全	开发过程管理	测试管理	应急响应
第三方管理		部署与发布管理	运营反馈
数据管理			
度量与反馈改进			

在每一条风险子项下的实践又分成了 5 个等级，通过定性的方式定义了每一项实践的成熟度。其中等级 2 及等级 3 的实践活动包含了已经开展了相关 DevSecOps 工作的企业的主要安全实践活动；等级 4 的实践活动主要包含了许多较为成熟的企业未来将进行开展的安全实践活动；等级 5 代表该组织在该方面的实践极为成熟，相较于一般企业具有极其领先的技术水平。

4.5 安全开发技术思路

从安全开发的模型和理论中可以发现，安全开发的实践基本上都离不开组织和团队的支持以及相关安全技术的支撑。但是组织和团队可以说是千人千面，不同的组织可能形成完全不同的安全团队结构实践安全开发。另外由于组织需要适配整个公司的发展和业务的需要，也很难去描述一个标准的安全开发组织是什么样的。基于这些原因，本节仅仅从技术的角度谈谈安全开发。

4.5.1 质量管理理论

安全开发主要是保障软件的安全质量，其本质上可以理解为软件的安全质量管理。那么与目前成熟的质量管理理论在思路上必然存在一定的相似性。在质量管理理论中有两类比较重要的思想，分别是全面质量管理的 PDCA 循环和六西格玛管理策略。

PDCA 循环将质量管理分为四个阶段，即计划（Plan）、执行（Do）、检查（Check）、处理（Action）。在质量管理活动中，要求把各项工作按照制定计划、计划实施、检查实施效果，然后将成功的纳入标准，不成功的留待下一循环去解决。具体含义如下：

（1）P（Plan）计划，包括方针和目标的确定，以及活动规划的制定。

（2）D（Do）执行，根据已知的信息，设计具体的方法、方案和计划布局；再根据设计和布局，进行具体运作，实现计划中的内容。

（3）C（Check）检查，总结执行计划的结果，分清哪些对了、哪些错了，明确效果，找出问题。

（4）A（Act）处理，对总结检查的结果进行处理，对成功的经验加以肯定，并予以标准化；对于失败的教训也要总结，引起重视。对于没有解决的问题，应提交给下一个PDCA循环去解决。PDCA的理论更倾向于构建质量管理的过程，通过制定计划和组织实现计划达到质量管理的目的。

六西格玛是一种改善企业质量流程管理的技术，以"零缺陷"的完美商业追求，带动质量大幅提高、成本大幅度降低，最终实现财务成效的提升与企业竞争力的突破。其中六西格玛的含义是出错率不能超过百万分之三点四。所以六西格玛策略主要强调制定极高的目标、搜集数据以及分析结果，通过这些来减少产品和服务的缺陷，从某种意义上，六西格玛非常依赖对于质量的定义和度量，分析和改善的过程都需要依赖一个尽可能量化的结果。

不过回到安全质量的话题上，安全质量与一般工业体系下的质量有许多不同之处。一方面安全质量在现阶段与安全风险属性有较大的关联，同时安全质量的定义非常模糊，几乎没有企业去定义一个软件达到什么程度是安全，如果在软件通过质量认证以后，新产生的风险如何与质量关联，这些问题目前仍未解决。另一方面，安全工作信息化建设进度较慢，许多企业甚至都没有相关的体系、制度和平台去管理软件的安全质量，仍然停留在提供报告的方式，在历史数据方面的积累极少。

在缺乏相关基础的情况下，六西格玛理论在安全质量管理方面的应用存在较大障碍。PDCA循环质量管理过程的方式，在某种程度上与目前许多厂商推进安全开发模型和理论有异曲同工之妙，都是关注活动的构建和组合，我们在构建安全开发技术思路的时候，也可参考这些理论。

4.5.2　安全开发技术思路

围绕PDCA的思想，我们可以把安全开发的技术能力分成四类，分别是安全规划与设计能力、安全实现能力、安全验证能力、安全分析与总结能力。

安全规划与设计能力对应了PDCA中计划阶段和设计阶段，主要是对安全目标的确定、安全计划和活动制定以及具体的安全要求的计划和设计工作等。安全实现能力对应了PDCA中执行阶段（由于在软件开发的工作中编码是一项占比极高且较为特殊的一项工作，单独使用了执行阶段，没有与设计阶段合并），主要是按照设计或自主的计划和方式执行，以实现既定的安全目标。安全验证能力对应了PDCA检查阶段，主要是对具体的安全要求以及安全目标的实现情况进行验证和管理。安全分析与总结能力对应了

PDCA 中的处理阶段，既需要对总体的检查验证的结果进行分析处理，又需要依据分析结果对相应的安全质量活动提供改进建议和方式，以提升整体的安全质量。

四项能力互相配合，从计划、设计到实现、验证、总结以及新的计划形成一个环，不断迭代和提升软件的安全质量。但是仅仅有能力定义还不足以清晰地了解安全开发技术的思路，安全开发始终是需要围绕软件开发过程去实现的，需要将实际的应用场景中的对象结合起来。安全开发技术思想如图 4-9 所示。

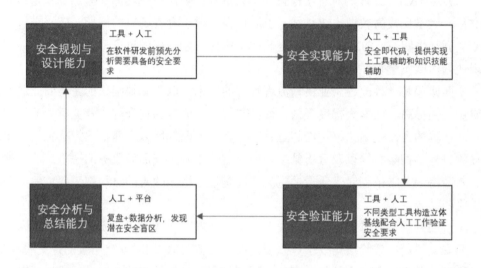

图 4-9　安全开发技术思想

结合安全能力以及安全活动中的对象，我们也就有了明确的切入点。以软件研发的需求文档为例，需要有安全规划和设计能力，了解到这些软件需求可能涉及了哪些安全质量的目标和要求，以编写的方式纳入文档之中，通过审核工作完成对需求文档（含安全需求）的安全质量验证，以及在后续进行总结，这样在文档中就被纳入安全质量的内容。各类的安全能力都可通过两种方式获取，其一是已有的软件工具或者其他固化形式的能力，其二是专家服务。

整个软件生命周期也是按照计划、设计、实现、验证的方式推动软件系统的研发和设计的，安全质量通过这类以小环滚动大环的方式，最终将安全纳入软件的生命周期之中。

在对具体的能力进行介绍时，我们会从以大环的角度讲解各项安全能力的主要技术和服务，对于审核这些较小的活动则不再展开说明。安全分析与总结能力需要开展的工作更多是依据前三项能力的结果，具有很强的不确定性，但是同时其总体的工作范围又较为明确——调整和优化前三项能力的知识和技能，形成更多固化的成果，在此也就不再展开说明了。

第 5 章 安全开发：安全规划与设计能力

5.1 安全规划与设计能力介绍

安全规划在每个需要注重安全性的行业都会提及，那么从较泛的行业领域解释，安全规划是为使控制、预防危险及减少损失的系统起作用并保证其有效性。安全规划有秩序地安排互相依存的活动与有关的措施，以控制在生产中存在的潜在危险。

那么从信息安全的角度，安全规划也是一样的道理，一般来说，我们在软件开发生命周期里面去讨论安全规划，必然离不开安全需求、安全设计等一系列的具体环节，甚至需要考虑如何与原有的需求分析、软件设计结合以及前后关系。但是这些其实偏向于如何去组织这类规划相关的活动，也就是软件安全开发生命周期的流程。

信息安全规划的组成部分可包括如下内容：

（1）确定安全目标；

（2）提供为完成安全管理工作所需要的工具、标准、规程；

（3）制定、采用安全需求、设计、编码、测试环节所需要的指南、条例等；

（4）确定和执行具体的防范措施；

（5）执行具体的安全规章和标准，训练人员使用与维护所有安全保障机制；

（6）根据规定的安全目标，衡量、评价安全规划与防范措施的效果；

（7）促使管理部门发挥作用并对整体流程进行持续优化。

探讨了安全规划，那么就要探讨安全设计，安全设计可以理解为是安全规划过程的一个重要环节，通俗地讲就是指在设计应用软件的过程中，充分考虑应用软件的安全性，最终对初期的安全设计当中提到的安全要求进行有针对性的实现，从而规避、消除、降低、转移或接受一切可预计的不安全因素。

本章我们将通过探讨应用安全目标的定义、安全策略的制定，以及威胁建模的方式方法着重探讨如何进行安全规划与安全设计。

5.2 安全目标定义

5.2.1 安全目标

安全目标可以有很多种维度，比如企业安全目标、软件开发安全目标等，如果上升到安全目标管理那么就涉及更为复杂的管理学科。安全目标管理是目标管理在安全管理方面的应用，它是指企业内部各个部门以至每个职工，从上到下围绕企业安全的总目标，层层展开各自的目标，确定行动方针，安排安全工作进度，制定实施有效组织措施，并对安全成果严格考核的一种管理制度。本小节探讨的仅仅是在软件开发生命周期中的安全目标管理。

安全目标是日常管理中企业安全投入的指导方向。目标管理是以各类安全事故及同业资料为依据的一项长远管理方法，制定安全目标需要遵循如下几个原则：

（1）突出重点，分清主次，不能平均分配、面面俱到。一家大、中型数字化企业的软件应用一般来说都比较多，那么考虑到成本/效益分析，我们就不能要求对每一个应用系统都遵循相同的安全标准，例如：金融企业的内网应用系统和对外提供服务的互联网系统，两者给企业安全所造成的影响是不同的，那么其所应遵循的安全标准也应当是不同的。

（2）安全目标应当具有先进性。一般来说，做一件事情要有一个较高的目标，这就好比我们问一个高中生未来想上哪所大学，那么其往往都会根据自己目前的能力给出级别稍高的一所学校，这是对自己经过努力可能达到目标的一种展望。作为一家企业的安全目标也是同样的道理，安全目标应当略高于企业现有的安全能力和技术水平，是经过努力可以完成的，是"跳一跳，够得到"的，绝不能高不可攀，令人望目标兴叹，也不能低而不费力，很容易达到。

（3）使安全目标的预期结果做到具体化、定量化、数据化。安全目标不是理想，而是必须要努力去达到的，所以要对目标进行细化，例如：与去年相比，新上线系统在测试阶段发现安全漏洞数量同比减少了50%。

（4）目标要有综合性，又有实现的可能性。制定的企业安全目标，既要保证上级下达指标的完成，又要考虑企业各部门、各项目部及每个职工的承担目标的能力，目标的高低要有针对性和实现的可能，保证各部门、各项目部及每个职工根据自身的工作情况及工作状态都能接受，并能努力去完成。

（5）安全目标要有相匹配的实现措施。为使安全目标具有科学性、针对性和有效性，在制定安全目标时必须有保证目标实现的措施与安全目标相匹配，使措施为安全目标服务，促进目标的最终实现。

5.2.2　确定安全目标

在软件安全开发生命周期中，我们可以将长期的安全目标定义为，将各种安全活动高效、完全地融入软件开发全生命周期各阶段工作中，明确各角色介入时机和工作职责，确保流程高效，有序流转，在确保开发交付进度的前提下，最大化地提高软件安全防护能力。从中期来看，我们可以各阶段的书面流程作为指引，采用成熟的方法论模型和标准作为依据，以自动化安全工具为技术支撑，不断提高安全活动效率。

除长期的安全目标外，对于研发团队而言，需要有一个明确的可在短期内实现的安全目标，整个团队可以围绕目标制定计划，完成任务分工、开展计划、检查目标的完成情况。但是这种需求，与安全的风险属性——"没有绝对安全的系统，风险永远存在"相悖，严格意义上来说，我们无法将安全目标制定为"V1.X 版本的系统是安全"，这类直接对安全结果进行约定的目标。

在软件安全开发中，我们可能只能通过间接的方式，通过约定一些安全活动以及安全活动的质量去对安全结果进行约定，例如通过安全威胁建模活动确定安全工作的范围，完成该范围内的安全工作为短期安全目标，通过与研发团队确定漏洞和安全风险的输入范围以及漏洞修复策略的方式，达成约定的质量门限要求（例如不允许软件携带已知的高危漏洞）为短期目标。我们需要忘掉将安全工作的风险属性，将安全变成合规目标这类具有明确的要求、明确的措施、可验证的、甚至可量化的目标。

在约定后安全目标后，整个团队便围绕长期和短期安全目标工作，研发一款"安全"[①]的软件。

5.3　软件安全策略

我们要明确地知道并理解人性的怠惰，对企业的安全漏洞逐条进行分析、发现并验证几乎是不可能的。渗透测试、红蓝对抗等安全活动在本质上都是为了达到以点带面的目的，我们作为安全从业者，还是希望从根源层面上对企业的安全性进行把控，那么如何去做是值得我们长期思考的问题。

作为一名信息安全从业者，无论是在渗透测试、代码审计或是其他安全活动中都会接触到各种各样的安全漏洞。通过对这些安全漏洞进行简单分类能够得到多种安全漏洞的类型，而软件安全策略的分类也应当基于这些安全漏洞的类型。

[①] 安全：这里添加的引号，是为了说明此处的安全并不是指绝对安全的系统，而是在此时此刻系统是相对安全的，在进行了一系列的检测和分析技术验证后，是符合约定的安全质量要求的，符合安全目标的软件系统。

5.3.1 安全策略概述

广义上的安全策略是指在某个安全区域内（一个安全区域通常是指属于某个组织的一系列处理和通信资源），用于所有与安全相关活动的一套规则。这些规则是由此安全区域中所设立的一个安全权力机构建立，并由安全控制机构来描述、实施或实现的。当一个企业已经制定了一个短、中、长期的安全目标时，随后要做的就是结合自身情况，制定合理的安全策略来达到相应的安全目标。

本节所说的安全策略是狭义概念的安全策略，主要针对应用软件中的安全策略，也就是应用软件用于处理可能存在的安全风险所采用的安全手段，主要有以下九个方面：

（1）身份认证。验证或测试声明的身份是否有效的过程称为身份认证。

（2）访问控制。客体是安全关系中的被动元素，体现为资源，如应用软件的某个功能；主体就是安全关系中的主动元素，体现为请求者，如应用软件的用户。主体对客体的访问策略以及访问权限的管理，一般称作访问控制。

（3）会话管理。指保证认证后的用户的在整个会话中，能够持续与软件系统互动而不许需要反复验证的过程。

（4）对抗中间人攻击。防范中间人攻击，是现如今这个时代信息安全人员最为关注的问题之一。

（5）输入输出安全。理解对于应用软件而言，什么是输入、输出，有利于从根源上解决信息安全的大部分问题。

（6）敏感数据安全。在整个社会都在进行数字化转型的大时代背景下，数据资产的开放性的特征已经引起了大家的关注，目前数据安全已经作为一项重要的合规项对企业的数据资产管理进行约束，那么对于软件应用而言，应当在建设初期就纳入考虑。

（7）第三方组件管理。通过人工、自动化的手段保证第三方组件的安全性，避免由第三方组件而引入的安全问题。

（8）配置管理。一些意料之外的安全风险可能来源于应用软件中错误的配置，如果进行标准化的配置管理是很重要的问题。

（9）异常处理。渗透测试的本质是信息搜集，应用软件应当设计合理的机制避免攻击者从应用系统的异常中获取一些关键信息。

5.3.2 软件安全策略

在本节中，将对常见的软件安全策略的 9 个类型进行详细描述，包括：身份认证、会话管理、访问控制、对抗中间人、异常处理、配置管理、第三方组件管理、输入输出、敏感数据。

5.3.2.1 身份认证

在虚拟世界中的身份认证同现实世界中一样，建立在识别的基础上去开展产生、处

理、使用、存储数据等各项业务。就目前而言，由于你是真实存在的，不会出现类似于"证明你是你"的问题，而虚拟的身份更像是一个物化的概念，身份认证就是能够证明虚拟身份是属于现实中的你的过程。

所以在虚拟世界中有一个必须要解决的问题——如何让真实的你与虚拟的你进行绑定。最直接的方式就是提供秘密信息，例如在账号注册时输入的密码信息、密保信息。

换句话说，在虚拟的世界中只要能够提供账号的相关的秘密信息，就能声明账号的所有权。因为对于全知全能的程序而言，它都是仅仅收到了这个秘密，你和他并没有区别。

弄清楚身份认证的概念，其实就是验证虚拟账号的秘密信息，要知道，只要是验证信息就会返回成功和失败的结果，从一定程度来说这也是一类信息泄露，只是信息泄露的量较少，通过不断累积信息，就能最终破获秘密信息，也是身份认证主要的风险点。这类风险的直接体现就是暴力枚举破解账号。

使风险可控的方式可以从如下几个方面入手：

（1）从根源上解决重放攻击造成的问题，即账号锁定机制。

（2）由于完美解决是相对困难的，因为完全解决会影响到用户体验，那么也可以采用提高目标的信息量的方式，在有限的时间维度内，无法破解账号。

● 提供秘密信息的复杂度，例如密码的复杂度。

● 采用验证码技术，防止通过机器模拟人的行为。

（3）避免信息的可分辨性，即模糊失败的错误提示。

其实还有其他的无法解决的风险，例如秘密信息被窃取，所以一般还会要求提供更换秘密信息的功能。

采用生物信息的技术让人难以接受的是无法更新秘密信息，如果需要更新，可能需要重新设计相关的算法和信息采样的机制，这会要求所有虚拟用户同时更换设备和秘密信息。

5.3.2.2 会话管理

由于 HTTP 协议属于无状态协议，即每个数据包都是独立的，仅根据数据包无法判断之前发过哪些数据包，同时在身份认证一节中已经说明大部分的业务操作是需要基于虚拟身份进行的。在完成身份认证后，后续数据包无法回溯之前的数据包，从而导致无法证明自己确实能够持有声明的虚拟身份。

如果每次都带着身份的秘密信息确实可以进行身份认证，但是频繁使用这类秘密信息可能会增加秘密信息泄露的风险。

在现实的生活中，由于时间和空间的限制，基本上不存在这类风险，我们也很难进行参考。

不过反过来思考，如何让服务器知晓是你这个真实的人在操作你的拥有的虚拟身份，这就又回到了身份认证问题，系统已经在首次登录时验证了用户虚拟身份的正确性，需要对用户后续的访问进行权限维持，这就是会话管理需要做的事情。

在进行身份认证的时候系统会要求用户提供身份证明来证明自己的身份，那么在维持权限的时候，就需要一个临时身份证明作为认证的关键要素，在用户每次访问时都进行提供，以期给予用户良好的体验。临时身份证明一般是会话标识，会话管理就是围绕会话标识的生命周期，即生成、使用、销毁等过程的系统性管理。

会话与账号相似，其面对的风险也与身份认证相似但是又不完全相同，会话 ID 的最大特征是具有临时性，但是会话 ID 从技术的手段上很难保证攻击者无法从算法及密钥的维度进行暴力破解攻击，所以其复杂度的要求要比认证时系统要求用户所提供的身份证明更高。

如何尽可能地保证会话标识的复杂度就是我们要从技术层面探讨的问题，一般从以下两个方面来保证会话标识的复杂性：

（1）使用随机生成的符号组合，避免简单的单词组合、账号信息等，从信息熵的角度来看，应当尽可能避免与用户已知信息相关联，关联得越多，越容易被猜测。

（2）一定长度的保证，每一位的长度增加，破解难度都将成倍提高。

5.3.2.3 访问控制

涉及访问控制，有两个概念一定会提到，那就是主体和客体。所谓主体，一般指提出访问请求的对象。在实现身份认证和会话管理的基础上，主体相对明确，一般由两类构成：

（1）虚拟身份代表的主体；

（2）不具备虚拟身份，代表了所有未授权的情况。

所谓客体，一般指被访问的资源。具体哪些资源其实在相关的系统里有很多类型，例如接口和数据，它们应该是在各类应用系统中最常见的两类资源。但是主体和客体并不是绝对的。例如，进程 A 可能向进程 B 请求数据。为了满足进程 A 的请求，进程 B 必须向进程 C 请求数据。在这个例子中，进程 B 是第一个请求的客体并且是第二个请求的主体。在进行主体与客体之间的访问控制机制设计时，可以参考众多的计算机安全模型，例如，访问控制矩阵等。

访问控制设计不当发生的风险及其解决的办法主要围绕以下几点：

（1）相关资源的访问控制（即门禁的设计）。

● 根据系统不同的需要，对不同的资源设置相应的访问权限。

● 需要评估和确认访问权限设计的有效性，满足最小化的原则。

● 对于资源默认的访问权限应当拒绝。

（2）未授权访问。

在系统变更过程中是否持续对资源进行梳理和监控。

（3）信息的聚合和推理。

举个例子，一个房间里会有窗户，透过窗户能够看到一些，或者足以分析房间住户的生活习惯，并且可以集中起来推测出一些信息。这其中的风险相较于其他几项就比较低了。

5.3.2.4 对抗中间人

在前文中提到身份认证、访问控制和会话管理，这些在通信过程都涉及与远程服务器交换秘密信息。实际的业务过程也包含了大量的个人隐私信息。如果这些信息被窃取，可能会对个人、企业、社会造成巨大的影响。

在具体讨论如何对抗中间人之前，我们首先来看看中间人到底是什么？

信息系统常见几个重要的主体是应用、操作系统、网络链路、客户端、服务端，一般而言，我们所考虑的中间人攻击的情况是网络设备，攻击者可能控制了相关的路由器或交换机，进而对应用的相关数据包进行监听、篡改。

一般不考虑应用与操作系统、操作系统与网卡之间拦截，一方面由于这些操作都需要对客户端/服务端的操作系统进行控制，如果能进行控制，那么有其他更加丰富的方式获取相关的数据，包括但不仅限于 hook 相关的技术、屏幕录像。另一方面，由于需要获取操作系统的控制权，一般而言是个例，不具有普遍性，在资源有限的情况下，不会进行考虑。同时在这类场景下，更关键是需要解决恶意攻击者获得操作系统控制权的问题。

对抗中间人攻击，不可能去解决中间人，需要解决的是如何在不可信的链路上去构建一个可信或相对可信的链路。

中间人攻击会导致敏感信息被窃取，甚至篡改，而解决方式就是需要去构建可信信道，具体的风险可以细化成以下四种：

（1）虚拟身份或者临时身份被窃取。

（2）重放。

（3）监听（隐私信息采集等）。

（4）业务数据包被篡改。

从风险可知，构建的可信信道需要满足以下几个条件：

（1）数据被加密，防止被窃取身份，被采集信息加密应该保证每个对象与对象之间不同，如果是现代密码学算法应该保证每组通信采用不同的密钥。

（2）需要支持完整性的校验。

（3）需要支持对抗重放数据，即每个数据包有自己的标识。

提到中间人攻击，自然而然就要聊一下 TLS，以及与 HTTP 协议结合形成的 https，一般情况其代码实现已经集成在操作系统中。在理想情况下，TLS 协议能够达成我们的目标，但是它们在构建可信信道的过程中，依赖于数字证书技术。如果不当使用数字证书，例如，自签证书、不可信 CA 滥发证书，那么可信信道就无法构建。为了部分解决 TLS 的数字证书问题，只能采取增加部分预置信息的方式。

严格的 TLS 双向验证可以对中间人攻击进行很好的防范，但是由于双向验证的困难性，一般的应用系统很难达到 TLS 的双向验证。那么一般建议在核心业务，从应用层面再次实现完整性校验和对抗重放的技术。

5.3.2.5 异常处理

安全行业的小伙伴应该有这样的体会，只有当输入信息与我们预期的正常情况存在出入的时候才会引起注意，例如页面 500 报错、异常的业务流程、预计之外数据输出。所以异常可以算是一切攻击的源头，如果所有的情况都能符合预期，那么攻击者的途径应该会少很多。

对研发而言，我们希望异常越清晰越好，查看异常越简单越好，能够协助我们尽快地定位 Bug、分析业务。在攻击者挖掘漏洞的时候，同样希望异常越清晰越好，与开发者们的预期一致，在频繁上线和更新代码的过程中，经常会遗忘掉这些暗门，从而使攻击者能够从研发留下的痕迹中收获不少敏感信息。所幸的是目前大多数 Web 框架已经支持对全局异常的统一处理。剩下的需要解决的就是配置问题，会在配置管理中详细提及。

异常处理的手段只是通过对异常的集中控制，例如在 Web 框架中对异常进行合理的处理与屏蔽，尽可能地降低从异常中获取的信息量，提高攻击者的攻击成本和利用难度，从而降低风险。

5.3.2.6 配置管理

应用系统经常需要部署在不同的运行环境中，为此我们引入了配置从而避免了因为环境的变动就需要对应用进行重新编码、重新测试的情况，同时各种各样的配置项可以支持各式各样的组件和程序不同的运行方式，极大提高了效率。

1. 运行环境

跨平台的编程语言解决了应用需要在不同操作系统进行部署的问题，优化了大量的时间投入。但是它们没办法解决不同抽象的运行环境，例如开发环境、测试环境、准生产、生产环境，不同的抽象运行环境对应着不同的组件、网络以及信息安全的要求。

2. 开发环境/测试环境

开发环境/测试环境，对于信息安全的要求最低，同时也是输出信息最为丰富、系统最不稳定的。

3. 准生产/生产环境

准生产/生产环境，对于信息安全有明确的要求，仅保留必要的输出，系统最为稳定。从开发环境切换到准生产/生产环境，难免需要更新具体的配置，一般而言会考虑引入编译的配置选项来解决，实现一键切换，例如 Maven 的属性。不同的属性值对应了不同的策略，包括不同的打包策略、不同的配置文件。

这类方式是提高系统可靠性的重要方式，但是也存在一些副作用，需要使用者进行控制。如果管理不当，开发者有可能接触到生产环境的具体配置信息，对生产经营产生影响。如果打包策略/配置文件未进行检查和校验，导致多个环境信息被一起打包。如果缺少对具体配置项的检查，导致生产环境采用了测试环境的配置，进而可能产生信息泄露事件。

4．各个组件的配置

虽然目前有 Docker 一类的容器技术，用于实现运行环境的标准化配置，但是标准化配置不是一个不再需要关注的点，而是一个更加需要关注的点，试想如果某个标准化上配置存在弱口令账号或者所有的标准化环境共享一个账号，会带来什么样的风险。

5．日志管理

日志功能相关的组件越来越成熟，大多通过配置进行实现，在这里就纳入了配置管理模块。日志是目前所有系统审计的重要依据，同时也是发现攻击者或内部人员违规的重要手段，但是随着 SSL/TLS 等相关加密方式普及，位于通信链路上的相关设备越来越难以捕获到明文信息，应用系统自身的日志显得越来越重要。随着云相关技术的进一步推广，应用系统的日志会更加重要。如何管理这些日志，采集哪些日志就是需要进行考虑的。

日志最好也能有全局的日志控制。当然，如果需要发挥日志的最大价值，一般是需要汇集到统一的日志平台，用于支持搜索。而日志往往包含了最详尽的业务信息，从某种意义来说，这些日志可能会诱导犯罪。很多的安全风险正是这些日志信息的泄漏导致的，我们需要有明确的规定、有指导的数据记录，例如敏感信息、个人隐私信息、令牌、身份等信息，不要存储全文、明文，需要进行部分的脱敏。日志平台本身的引入也可能带入安全风险。日志的具体配置不当，例如，本地的日志文件存放到了 Web 的相关目录，从而能对日志进行直接访问，造成大量信息泄露。

5.3.2.7　第三方组件管理

第三方组件管理，在这里主要提到应用系统中的第三方组件，例如 Java Web 的框架、中间件相关的 Jar。

对于现在的应用程序而言，从零开始搭建一个属于自己的框架显然是不现实的，不是技术层面的不可能，而是业务上不可能，业务的开发上线追求速度，已有的轮子已经很成熟了，为什么还要重新造轮子呢？即便重新造轮子，是否有能力保证轮子一定比现有的轮子更好用，也是需要思考的问题。

当第三方的框架、组件融入了企业的开发过程中，也就与我们编写的代码在运行时共享是同样的权限以及系统资源，一旦这些代码出现了问题，同样会对企业造成安全风险。所以我们至少需要了解在应用中具体使用了哪些第三方组件，并对其进行精准、统一的管理。尽可能不要使用存在已知问题的第三方组件，不使用停止维护/维护不当的第三方组件。确保在相关的第三方组件出现安全问题时，能够快速响应，及时防范，及时止损。

5.3.2.8　敏感数据

敏感数据目前已经上升至强合规的高度，因为法律对其进行了约束，虽然互联网上的应用五花八门，但是所有这些虚拟身份的背后都是一个独一无二的个体。人类一般喜欢遵循一定的规律来进行数据的创造，这也导致了大量的数据可以重新去定义一个个体，这也是为什么敏感数据会成为各国法律法规的密切关注点。在应用系统设计的初期，我们必须需要明确哪些属于敏感数据，围绕着这些敏感数据，我们应当设计在其生命周期中要如何进行处置。

一般而言，生命周期至少包括数据的搜集阶段、传输阶段、存储阶段、使用阶段、销毁阶段，该过程映射到实际的应用系统中可能还需要进行更加细节的处理。

搜集阶段，敏感数据的搜集要考虑最小化原则，不该拿的不拿，该拿的不少拿。

传输阶段，应用系统涉及信息交互，那么首先要新增的一个过程就是传输，在传输过程中的敏感信息要如何进行处理是需要明确的。保证数据传输的完整性及机密性是在数据传输过程中很重要的事情。

存储阶段，敏感数据的存储有两个原则，即"拿不到、看不懂"，完全达成这两个原则是很难的，但是在应用设计的过程中要根据数据的敏感程度设计对应的存储方式及加密方式。

使用阶段，这个阶段可能涉及多个业务场景，例如客户端页面的展示、业务操作的需要，如不必要进行展示，尽量不进行展示。

销毁阶段，在应用软件中，敏感数据需要提供相应的销毁功能，销毁功能应当保证数据完全从载体中消失，而不是通过标志位实现的假删除方式。

更具体的敏感数据安全是信息安全中独立的一个方向，在此不过多赘述。

5.3.2.9　输入输出

应用的主体与客体的交互，主要就是依靠输入与输出的数据，所以绝大多数的安全漏洞都在体现在这方面，假如一个系统完全没有输入和输出，那么这样的系统可能会规避90%以上的安全风险，当然这样的系统几乎不存在。

如果是常规的客户端/服务器的应用架构，那么输入输出基本上就是我们在通信链路上来回输送的数据，但是这些数据比较杂乱，在应用层防火墙中很难有针对性地进行防护，策略过于严格会导致误杀率太高，策略过于宽松会导致真正的威胁难以防范。

假如把实体的粒度划分得再细一点，定义成应用软件。从这个维度来看，系统的输入和输出类型就是可控的状态。原则上一切的输入和输出都不可信，只有经过校验和过滤的数据才能提高可信度。

通过缩小实体的粒度，明确了输入与输出的数据类型后，风险便可以围绕着具体的输入信息和输出的信息类型进行具体分析与防范，构建针对性的过滤和处理。当然，粒度的缩小会导致防范的方式在实现上稍显复杂，但是适当的投入也会收到更好的效果。

5.4 威胁建模

威胁建模是识别、分类和分析潜在威胁的安全过程。威胁建模可以是设计和开发期间的一种主动安全预防行为，也可作为安全产品部署后的一种被动防范措施。在这两种情况下，威胁建模过程都识别了潜在危害、发生的可能性、关注的优先级以及消除或减少威胁的手段。

威胁建模不是一个独立事件。组织通常在进行系统设计过程早期就开始进行威胁建模，并持续贯穿在系统整个生命周期中。例如，微软使用安全开发生命周期（SDL）过程在产品开发的每个阶段考虑和实现安全。这种做法支持"设计安全，默认安全，部署和通信安全"的概念，这一过程有两个目标：

（1）降低与安全相关设计和编码的缺陷数量；

（2）降低剩余缺陷的严重程度。

换句话说，尽可能减少脆弱性与降低已存在脆弱性的影响，结果也就是降低了风险。主动式威胁建模发生在系统开发的早期阶段，特别是在初始设计和规范建立阶段。这种类型的威胁建模是一种对安全风险的预防方法。这种方法基于在编码和制作过程中预测威胁和设计特定防御，而不是依赖于部署后更新和打补丁。大多数情况下，集成的安全解决方案成本效益更高，比后期追加的解决方案更有效。但是并不是所有威胁都能在设计阶段被预测到，所以仍然需要被动式威胁建模来解决不可预见的问题。

在本节中，我们主要探讨主动式的威胁建模。

5.4.1　识别威胁

可能存在的威胁可以说是无限的，所以使用结构化的方法来准确地识别相关的威胁是很重要的。例如，有些组织使用以下三种方法中的一种或多种：

1. 关注资产

该方法以资产为中心，利用资产评估结果，试图识别对有价值资产的威胁。例如，可对特定资产进行评估，以确定它是否容易受到攻击。如果资产中承载数据，则可通过评估访问控制来识别能绕过身份验证或授权机制的威胁。

2. 关注攻击者

有些企业能识别潜在攻击者，并能根据攻击者的目标识别代表的威胁。例如，政府通常能识别潜在的攻击者以及攻击者想要达到的目标。然后可利用这些数据来识别和保护相关资产。这种方法面临的一个挑战是，可能会出现无法预料的攻击者，因为之前并未视其为威胁。

3. 关注软件

如果企业开发了软件，就需要考虑针对软件的潜在威胁。目前大多数企业都存在各种各样的应用，越复杂的编程越可能带来更多的威胁。

如果威胁被确定为攻击者（非自然威胁），威胁建模将尝试识别攻击者可能想要达到的目标。有些攻击者可能想要禁用系统而其他攻击者可能想要窃取数据。一旦这些威胁被识别出来，就可根据目标或动机进行分类。此外，通常将威胁与脆弱性结合起来，以识别能够利用脆弱性并对组织带来重大风险的威胁。威胁建模的最终目标是对危害组织有价值资产的潜在威胁进行优先级排序。

当尝试对威胁进行盘点和分类时，使用指南或参考通常很有帮助。这里就不得不提到微软开发的一种被称为 STRIDE 的威胁分类方案。STRIDE 通常用于评估对应用程序或操作系统的威胁。它也可以在其他情况下应用。

STRIDE 是以下单词的首字母缩写。

1．欺骗（Spoofing）

欺骗是通过使用伪造的身份获得对目标系统访问权限的攻击行为。欺骗可用于 IP 地址、MAC 地址、用户名、系统名、无线网络服务集标识符（SSID）、电子邮件地址和其他许多类型的逻辑标识。当攻击者将他们的身份伪造成合法的或授权的实体时，他们通常能够绕过过滤器。一旦攻击者利用欺骗攻击成功获得对目标系统的访问权，就可以在随后发起进一步的攻击，包括滥用、数据窃取或权限升级。

2．篡改（Tampering）

篡改是对传输或存储中的数据进行任何未经授权的更改或操纵。篡改被用来伪造通信或改变静态信息。这种攻击破坏了完整性和可用性。

3．否认（Repudiation）

否认是用户或攻击者否认执行动作或活动的能力。通常，攻击者会否认攻击从而不对自己的攻击行为负责。否认攻击还可能导致无辜的第三方人员因安全违规而受到惩罚。

4．信息泄露（Information Disclosure）

信息泄露是将私有、机密或受控信息泄露或发送给外部或未经授权的实体。这些信息可能包括客户身份信息、财务信息或专有业务操作细节。信息泄露可利用系统设计和实现上的错误，如未删除的调试代码，遗留的示例应用程序和账户，未删除客户端可见内容的编程注释（如 HTML 文档中的注释）或将过于详细的错误信息展示给用户。

5．拒绝服务（DoS）

该攻击类型试图阻止对资源的授权使用。这类攻击可通过利用缺陷、过载连接或爆发流量来进行。DoS 攻击不一定导致资源完全无法访问，但是会减少吞吐量或提高延迟，阻碍对资源的有效使用。虽然大多数 DoS 攻击带来的危害是临时性的，只有在攻击者实施攻击时存在，但也有一些 DoS 攻击带来的危害是长久性的。长久性 DoS 攻击可能包括对数据集的破坏，用恶意软件替换原有软件、劫持可能被中断的固件闪存操作或安装有问题的固件。这些 DoS 攻击中的任何一种都会导致系统永久受损，无法通过简单的重启或通过等待攻击者结束攻击而恢复到正常操作。要从永久性 DoS 攻击中恢复，需要完整的系统修复和备份恢复。

6．特权提升（Elevation of Privilege）

该攻击是将权限有限的用户账户转换为具有更大特权、权利和访问权限的账户。这类攻击可能通过窃取或利用高级账户的凭据来实现，例如管理员（administrator）或根用户（root）。特权提升攻击也包括攻击系统或应用程序，使权限有限的其他账户临时或永久地获得额外权限。

虽然 STRIDE 通常针对应用程序威胁，但也适用于其他情况，比如网络威胁和主机威胁。其他攻击可能比网络攻击和主机攻击更特别，例如嗅探和劫持网络、恶意软件以及主机的任意代码执行，不过 STRIDE 的六个威胁概念有相当广泛的应用。

5.4.2　威胁分析

一旦对开发项目或部署的基础设施面临的威胁有所了解，威胁建模的下一步就是确定可能发生的潜在攻击。这通常通过创建事务中的元素图表及数据流和权限边界来完成（如图 5-1 所示）。

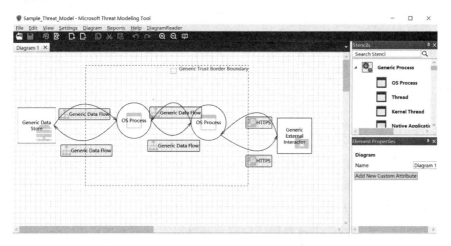

图 5-1　简易威胁建模数据流图

这是一个数据流的示意图，显示了系统的每个主要组件、安全区域之间的边界以及信息和数据的潜在流动或传输。通过为每个环境或系统制作这样的图表，可以更仔细地检查可能发生危害的每个关键点。

这种数据流图通过可视化表示，有助于更好地理解资源和数据流动之间的关系。绘制图表的过程也称为绘制架构图。创建图表有助于详细描述业务任务、开发过程或工作活动中的每个元素的功能和目的。重要的是要包括用户、处理器、应用程序、数据存储，以及执行特定任务或操作需要的其他所有基本元素。这是高层次的概述而不是对编码逻辑的详细评估。但对于较复杂的系统，可能需要创建多个图表，关注不同的焦点并把细节进行不同层级的放大。

一旦绘制出图表，就要确定涉及的所有技术，包括操作系统、应用程序（基于网络服务和客户端）和协议。需要具体到使用的版本号和更新/补丁级别。

接下来，要确定针对图表中每个元素的攻击。请记住，要考虑到各种攻击类型，包括逻辑/技术、物理和社会。这个过程将引导你进入威胁建模的下一阶段：威胁分析。

威胁建模的下一步是威胁分析。威胁分析也称为分解应用程序、系统或环境。这项任务的目的是更好地理解应用软件的逻辑及其与外部元素的交互。无论应用程序、系统还是整个环境，都需要划分为更小的容器或单元。如果关注的是软件、计算机或操作系统，那么这些可能是子程序、模块或客体；如果关注的是系统或网络，这些可能是协议；如果关注的是整个业务基础结构，这些可能是部门、任务和网络。为了更好地理解输入、处理、信息安全、数据管理、存储和输出，应该对每个已识别的子元素进行评估。

在分解过程中，必须确定五个关键概念：

（1）信任边界，信任级别或安全级别发生变化的位置；

（2）数据流路径，数据在两个位置之间的流动；

（3）输入点，接收外部输入的位置；

（4）特权操作，需要比标准用户账户或流程拥有更大特权的任何活动，通常需要修改系统或更改安全性；

（5）安全声明和方法的细节，关于安全策略、安全基础和安全假设的声明。

将系统分解成各个组成部分能够更容易地识别每个元素的关键组件，并注意到脆弱性和攻击点。对程序、系统或环境的操作了解得越清楚，就越容易识别出针对它们的威胁。

5.4.3 优先级排序

因为通过威胁建模过程识别出威胁，所以需要规定额外的活动来完成整个过程。下一步是全面记录这些威胁。在这个文档中，应该说明威胁的手段、目标和后果。要考虑完成开发所需的技术以及列出可能的控制措施和防护措施。

编制文档后，要对威胁进行排序或定级。可使用多种技术来完成这个过程，如"概率在损失"排序、高/中/低评级。

"概率潜在损失"排序技术会生成一个代表风险严重性的编号。编号范围为1~100，100代表可能发生的最严重风险；初始值范围为1~10，1最低，10最高。这些排名从某些程度上看有些武断和主观，但如果由同一个人或团队为组织指定数字，仍会产生相对准确的评估结果。

高/中/低评级过程更简单。从这三个优先级标签中为每个威胁指定一个优先级标签。被指定高优先级标签的威胁需要立即解决。被指定中优先级标签的威胁最终也要得到解决，但不需要立即采取行动；被指定低优先级的威胁可能会被解决，但若解决这类威胁对整个项目来说需要付出太多努力或费用，那么是否解决它们是可以选择的。

5.4.4　威胁处置

一旦确定了威胁优先级，就需要确定对这些威胁的响应。

要考虑解决威胁的技术和过程，并对成本与收益进行权衡。响应选项应该包括对软件体系结构进行调整、更改操作和流程以及实现防御性与探测性组件。

5.5　安全规划与设计实践

在本章中我们探讨了软件安全开发规划与设计的实现流程与方法，那我们如何把这些要求折射到软件中呢？

折射的过程就是实现需求的过程，而软件开发过程本就是实现需求的过程，那意味着我们完全可以通过研发的固有流程来实现安全的要求。融入现有流程自然需要符合流程中原有的特征，所以安全的要求需要与一般的业务需求在粒度方面保持一致，这就需要人工介入进行进一步的拆分，形成更加具体的结果，例如针对到某个具体业务功能或者接口。

在这个方面，对于实施人员的能力要求比较高，要求安全人员要理解并可以应用软件安全开发生命周期到开发过程中来，更需要明确理解常见的安全威胁从何而来。由于人才资源和需求拆解的矛盾难以调和，才导致很多人觉得软件安全开发生命周期无法满足软件对于安全的需求。这里存在一个误区，大多数人认为最终安全需求的条目越多越好，其实不是的，软件的安全需求应该是在满足我们对于软件安全质量要求的前提下，尽可能地减少安全需求的条目数量，例如：行业的不同，那么应用软件所要遵循的安全要求可能是不同的。只有足够精确的安全需求，才能将软件安全开发生命周期在企业中更好地落地。

为了帮助企业更好地实现应用软件的安全规划与设计，就需要建设和沉淀相应的知识库与安全分析工具，知识库可基于等级保护、网络安全法关于信息安全的要求，以及行业信息系统安全需求分析的最佳实践，结合企业软件开发的现状、信息系统的特点和典型的业务场景，制定相应的信息系统的安全需求及相应标准。根据调研结果制定安全需求大项和子项，包含但不限于安全技术标准（如加密算法）、开发框架安全、应用安全（应用架构、身份验证、会话管理、权限管理、访问控制、客户端安全、服务端安全、防抵赖）、通信安全、数据安全等。制定常见业务场景的安全需求，如注册、登录、忘记密码等常见业务功能。

有了适配组织应用安全需求的知识库后，就可以着手建立威胁建模相应的安全分析工具，如果使用了微软 STRIDE 模型，那么就可以使用微软官方的威胁建模工具对安全需求与设计进行分析和确定，或者至少通过表格呈现知识库的方式指导需求与设计人员进行安全需求与设计的分析，更好的方法是建立企业威胁建模平台，通过平台可更加简单、精确、高效地完成针对新应用系统开发需求的威胁建模。

第 6 章　安全开发：安全实现能力

6.1　安全实现能力背景

"实践是检验真理的唯一标准"。

无论前期绘制的蓝图有多么宏伟，都需要落到实处。针对软件产品或者系统的规划和设计，需要依靠程序员去实现完成，但是信息在传递的过程中不可避免地会出现丢失、错误的情况，同时软件自身的最终安全质量几乎完全依赖于程序员编写的代码，那么尽可能提升程序员在编码过程中的安全实现质量，精准地实现既定的安全目标，就尤为关键，也是本章思考的核心。

在考虑解决问题的方式时，首先必须了解到以下三个特点：

其一，研发人员是系统的关键，如果没办法让研发人员自身发生转变，那么就需要在其他地方投入更多的成本以达到补救的目的。

其二，知识体系存在差异。对于研发人员而言，首要的任务是完成业务功能的实现，是编码开发的技术和技巧而非安全，几乎不大可能强制要求研发人员进行迅速且巨大的转变以配合安全的需要。

其三，安全需求的跨团队特点。安全需求具有高度重复性，对于同一类应用而言，几乎完全相同，最好作为共享的组件提供安全能力输出。

6.1.1　研发人员是系统的关键

在任何团队里推进安全开发活动，都需要考虑如何处理与研发人员的关系。有相关报告称研发团队的人数、运维团队的人数以及安全团队的人数的比例大约为 100:10:1，人员对比示意图如图 6-1 所示。研发团队与安全团队在团队规模上的差异是悬殊的，如果不考虑从研发人员入手或者说辅助研发人员尽可能简单地完成安全事项，那么可以预想到在推进时，在如此之大的阻力之下，解决异常紧张的资源问题是多么困难的一项事情，甚至可以断言在绝大多数的情况下所有的机制和措施只会成为一纸空谈。

从另一个方面来看，软件系统运行时所包含的代码以及相关配置，都是由研发人员设计和编写的，同时如今的软件系统都包含了极其复杂且数量极多的业务、框架，在系统成型后，除了极为熟悉的人以外，没有谁敢对一个复杂系统进行安全调整，更何况企业的生命线与软件系统的正常运行息息相关。安全人员几乎不可能在脱离研发人员的情况下解决软件系统的安全问题，准确地说，安全人员需要依赖研发人员完成安全加固的工作。

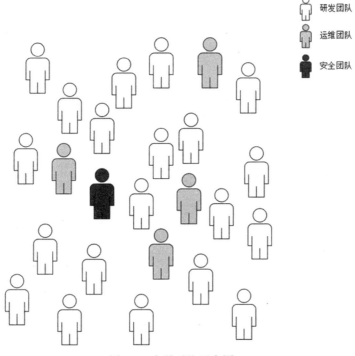

图 6-1　人员对比示意图

研发人员是在软件系统研发过程中安全落地的关键,但是同时研发人员具有体量大的特点。只要有一定数量的基础,人员能力良莠不齐的情况就无法避免,也很难要求这么多人投入大量的时间去学习某一项或者某一些知识,这需要安全团队提供更加容易消化和吸收的知识,最好的情况是不需要学习,可直接使用的成品,这便是需要考虑和设计安全实现的能力的原因之一。

6.1.2　安全知识体系与研发业务工作存在明显差距

对于如今绝大多数的企业研发团队而言,仅需要有一小部分人对于软件的框架、底层原理、技术有所认识即可,能够解决一些关键性的技术问题。绝大多数的人员都是基于已有的框架和工具,实现业务功能,通俗地讲就是完成对于数据的增删改查的操作,安全知识体系对于他们来说实在是太过于遥远。

另外安全知识体系涵盖面较广,一方面是从技术的底层原理和技术实现出发,了解相关技术可能存在的安全风险,设计安全风险的缓解措施,另一方面是从外部业务出发,了解国家以及相关部门对于从事相关业务的要求,进而转换成相关的技术要求。无论哪一个方面对于大量的研发人员来说,都是存在较高的技术和知识壁垒的。

另外在解决技术问题的思想上也存在分歧。安全知识体系更多的是关注技术和业务本身,是否存在相应的安全风险,它不关注于解决技术问题的方式,而对于研发人员的日常工作而言,更多的是关注如何解决技术问题,只要能解决技术问题,大多数的时候不会去关注解决技术问题而选择的技术和相关的业务。这个问题上的分歧，从某种意义上也决定了绝大多数的研发人员不可能真正掌握过于完整的安全知识体系。

6.1.3　安全需求的跨团队特性

安全需求不是凭空出现的，需要与具体的技术和业务关联，甚至可以说安全是技术和业务的一项属性。以防范 SQL 注入漏洞的安全需求为例，从原理上我们得知 SQL 注入漏洞主要是由于在拼接和组装 SQL 语句的过程中被攻击者嵌入了恶意的内容，导致解析 SQL 语句的过程被操纵，访问了其他的数据。那么如果没有使用 SQL 数据库，没有使用到 SQL 语句，应该就不存在相关的注入风险了。从业务的角度也是一样，对于大多数公司而言，从事的业务大多数相似，那么安全需求也是近似的。

安全需求是通用的，也是相似的，在企业内的不同团队对于同一个技术和业务大概率上有相同的需求，那么如何推进和保持跨团队之间的统一，形成统一可靠的防线，是实践过程中需要考虑的问题。

6.2　安全实现能力概述

研发团队是系统研发的核心力量，但研发团队很难具备丰富的安全知识和安全经验，因此需要依靠安全实现能力来提升软件系统的安全质量。

6.2.1　能力定位

安全实现能力是帮助研发团队及其他的团队在实践安全需求的过程中提供尽可能多的帮助，尽可能准确地实现和达到既定安全目标的能力。在能力定位上，更多是辅助研发团队的人员，但是由于研发团队的特点，需要提供更加精准、易用的帮助。

就辅助研发业务而言，至少可以从知识、工具、流程三个角度提供辅助。在知识方面，尽可能提供通俗易懂的知识，甚至可以说是信息，即需求 A 对应实现方法 a，而不是依据需求 A 通过条件 1、2、3 导向实现方法 a1、a2、a3，尽可能地减少基于经验和知识的判断和识别，形成简单的规则。只有足够简单，才可能推广给团队规模巨大的研发团队，同时也提供专业的知识库，引导有兴趣有想法的人，深入了解安全，形成榜样效应，带动团队变革。在工具方面，则需要尽可能贴合研发团队的日常工作，能有效且直接地提升工作效率。在流程方面，则更需要考虑的是如何让这么大的团队按照预期正常地运转，避免对少量的安全以及其他资源的挤兑和资源的浪费。同时对于新融入团队的人通过流程的引导也能快速适应新的环境。

所以在构建安全实现能力过程中，知识、工具、流程可作为关键项，进一步展示分析和介绍，到底需要提供哪些具体的能力输出。

6.2.2 安全实现能力关键项

6.2.2.1 安全实现知识

安全实现知识的展示形式需要尽可能简单，简单到可以通过记忆和记录即可（通过查阅文档的方式掌握和了解）的信息，而非像是一般的知识和算法一样，需要通过一系列的判断和计算，来适用一些获得通用性，以满足未知的情况下（未遇到过的经历）的使用需要。

当然，将知识的通用性削减，也会产生诸如需要记忆的信息量迅速增加的问题。以判断偶数问题为例，从知识的角度仅需要记忆能被 2 整除即可，但是从实际案例去记忆，则需要记忆 2、4、6、8、10…都是偶数，甚至包括无法数完的情况。但是幸运的是安全里面的知识几乎不会涉及无穷的情况，因为它跟具体的技术是挂钩的，在技术不改变的前提下，很少会有大的变化。这也是能够将安全知识拆解形成信息的重要原因。

至于安全实现知识的内容方面，从研发团队的日常工作中可以了解到知识内容主要包括如何安全地使用研发工具类处理业务，如何正确实现安全规划与设计能力输出安全要求，以及如何正确地修复发现的安全风险项。其中修复安全风险项的知识，可能会有所重叠。

安全使用研发工具类处理业务可以简单理解为研发团队人员对于功能实现细节的安全要求，例如文件上传的要求、异常处理的要求、特定文件解析、表达式[1]应用、动态代码执行等。通过简单的规则和样例，指导研发人员编写安全的代码。

在实现规划与设计中，安全涉及的内容就比较多了，例如在规划与设计中提及的安全策略、图形验证码、短信验证码、防重放等如何选择、如何实现的问题。以图形验证码为例，在具体执行实现的时候，为了在一定程度对 OCR[2]技术进行对抗（图形验证码是图灵测试[3]的一类技术，目的是区分机器是否具有智能，可理解为用于区分人类，但是 OCR 技术的出现使得机器也能够很容易地认识字符，从而通过图灵测试），就需要采用对字符变形、添加干扰线等方式。这些都是需要掌握的知识。

通过结合知识内容和知识展示形式，输出相应的简化后的知识，帮助研发团队实现安全实现的目标。

---

[1] 表达式：编写代码中很多时候为了方便地处理变量，提供了一些简单的计算方法和对象访问方法，这类可叫为表达式。在软件中常见的表达式有 OGNL、EL。

[2] OCR：Optical Character Recognition（光学文字识别）的缩写，通过检查纸上打印的字符（或者图片中的字符），然后用字符识别方法将形状翻译成计算机文字的过程。

[3] 图灵测试：图灵测试（Turing Test）是英国电脑科学家图灵于 1950 年提出的思想实验，目的在于测试机器能否表现出与人等价或无法区分的智能。

6.2.2.2 安全实现工具

研发团队人员在使用工具解决问题的方面一定非常熟练。绝大多数的程序员都会尝试通过搜索引擎找到解决问题的工具或方法，少数的程序员会将自己解决问题的方法制作成工具发布出来，以便在以后的相同场景下解决问题。另外，程序员在设计一个个函数和方法时，也将函数和方法作为解决子问题的工具。无论是何种情况，似乎程序员天生就是应用已有工具解决问题的能手。为了更好地帮助程序员在符合安全要求的前提下解决问题，应该提供安全相关的工具和方法。这类安全实现工具，从程序员或者说研发团队人员的使用习惯上，可以大致构想出 4 类工具：

（1）提供许多安全实现的解决方案样例且支持搜索或者准确推送的工具，表现为安全知识/样例的搜索引擎等工具。

（2）提供已经实现好的代码或者工具类，满足研发团队直接使用的需要，在理想情况下能够与安全规划和设计对照，表现为 SDK[①]等工具。

（3）提供误实现的检测工具支持，满足研发团队对于错误、安全知识要求、规范等的检测需要，表现为规范检测工具等。

（4）提供研发流程上的安全事务支持，满足辅助研发团队达到目标的需要。

可结合图 6-2，适当补充说明下各类工具的应用场景。

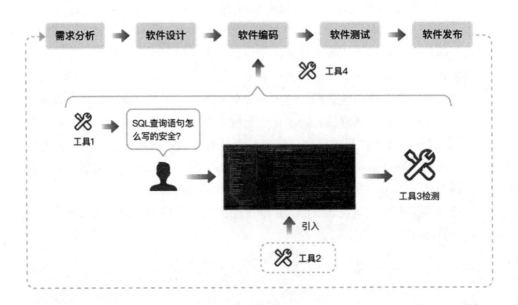

图 6-2 安全实现工具

[①] SDK：软件开发工具包（Software Development Kit）可以简单地为某个程序设计语言提供应用程序接口 API 的一些文件，但也可能包括能与某种嵌入式系统通信的复杂的硬件。

6.2.2.3　安全实现流程

在前面两节的介绍中已经构建起来安全实现能力的知识和工具两个核心方面，但是仅仅有这些内容还不够，还需要考虑怎么转换成实际的效果，即如何让研发团队人员了解、应用知识和工具，能够自行运转，融入研发团队的日常工作和业务规范，形成安全实现的流程。

在实践的过程中，流程不是一成不变的，需要依据研发团队对于自身的业务、安全资源、安全能力等综合情况，选择相应的活动纳入目前的流程中，逐步优化和调整，以适应团队的变化和发展的需要。一般流程会包括使用 SDK 对通用新的安全需求进行实现、依据规范进行研发工作并对代码进行检查、依据推荐的方式编写代码和使用组件等。

6.3　知识实践：安全编码及数据处理规范

在安全实现能力中的知识部分，在实践过程中往往会以编码指导规范的形式进行推进。在项目研发的初期，研发团队集体参与编码规范培训，以简单的规则描述推荐代码如何写，或者禁止如何写，并以此作为依据去管控研发人员编写的代码质量，纳入整体的团队管理工作之中。

在具体的编码规范方面，可以从业务和技术两个方面分别进行整理，一般情况下在与技术性（例如如何编码命名、使用安全方法函数等）紧密关联的部分会形成安全编码规范，在与业务性紧密关联的部分会形成一些处理规范。例如在 2021 年发布的《数据安全法以及个人信息保护法》，对于使用、处理、存储数据提出了要求，这部分内容也会逐渐形成数据处理的规范。本书也会以数据处理规范为例，介绍业务性相关的规范。

6.3.1　安全编码规范概述

编码规范实际上是团队内或公司内研发团队对于代码编写达成的共识，提升软件代码的可读性，有效地降低因团队变更等因素对于软件维护成本的影响。但是安全编码规范与研发团队通常使用编码规范上有许多明显的不同。后者更多关注在编写本身上，内容也是以变量命名、文件组织、缩进、方法命名、注释等为主，更丰富一些的规范会包括一些异常处理、日志打印的使用规范。但是安全编码规范更侧重于对于采取的技术或使用方法的描述，如图 6-3 和图 6-4 所示。

在规范的描述风格方面，我们在很多企业的安全编码规范中发现，很多时候每一条安全编码的规则在描述上是通过反面教材的例子说明如何编写代码会出现问题，然后给出建议的形式。这类先提供错误情况，再提供正确情况，与一般性的编码规范还是有比较大的差距的，一般性的编码规范在大多数的情况下只会说明你应该怎么写，可能只有仅仅一句话，为了更方便理解，还设置了专用名词，例如驼峰命名法[①]，达到方便理解和记忆的目的。另外在规范条目的命名方式上也能体现出不同，一般性的编码规范在描述上偏向于一些约定或者强制性措施，而安全编码规范在描述上则更偏向于漏洞和威胁，例如防护某攻击，避免某漏洞。

1. 【强制】大括号的使用约定。如果是大括号内为空，则简洁地写成{}即可，不需要换行；如果是非空代码块则：
   1） 左大括号前不换行。
   2） 左大括号后换行。
   3） 右大括号前换行。
   4） 右大括号后还有 else 等代码则不换行；表示终止的右大括号后必须换行。
2. 【强制】 左小括号和字符之间不出现空格；同样，右小括号和字符之间也不出现空格。详见第 5 条下方正例提示。
   反例：if (空格a == b空格)
3. 【强制】if/for/while/switch/do 等保留字与括号之间都必须加空格。
4. 【强制】任何二目、三目运算符的左右两边都需要加一个空格。
   说明：运算符包括赋值运算符=、逻辑运算符&&、加减乘除符号等。
5. 【强制】采用 4 个空格缩进，禁止使用 tab 字符。
   说明：如果使用 tab 缩进，必须设置 1 个 tab 为 4 个空格。IDEA 设置 tab 为 4 个空格时，请勿勾选 Use tab character；而在 eclipse 中，必须勾选 insert spaces for tabs。
   正例：（涉及 1-5 点）

```
public static void main(String[] args) {
    // 缩进 4 个空格
    String say = "hello";
    // 运算符的左右必须有一个空格
    int flag = 0;
```

图 6-3　一般性编码规范样例图

2.6.2 → 防护危险的文件包含

◆ → **风险概述**

如果允许未经验证的用户控制动态包含在 JSP 中的文件，会导致恶意代码的执行。

许多现代网络编写语言都能够在一个封装的文件内包含附加的源文件，从而使代码可以重用和模块化。这种能力经常用于表示应用程序标准外观（应用模板），所以，开发人员可以共享各种功能而不需要借助编译的代码，或将代码分解成较小的更好管理的文件。各个包含文件都会作为主文件的一部分进行解析，并采用相同的方式来执行。当未验证的用户控制了所包含文件的路径时，就会发生 File inclusion 漏洞。

◆ → **缺陷编码示例**

以下代码采用了用户指定的模板名称，并将该名称包含在要呈现的 JSP 页面中。

```
...
<jsp:include page="<%= (String)request.getParameter(\"template\")%>">
...
```

在上例中，攻击者通过提供给 template 一个恶意数值，导致程序包含来自外部站点的文件，从而可以完全控制动态 include 指令。

如果攻击者为动态 include 指令指定一个特定文件，则该文件的内容会传送给 JSP 解释器。对于一个纯文本文件来说，如 /etc/shadow，该文件可能会成为 HTML 输出的一部分。更严重的是，如果攻击者能够指定内容为被自己控制的远程站点上某文件，那么 include 指令就会执行定的任意恶意代码。

◆ → **合规解决方案**

尽量不要使用动态包含，可以在需要包含的页面固定写好，如下面的代码示例。

```
...
<jsp:include page="header.html">
...
```

对于 Java 文件包含的问题，针对内部文件，可以限制传入的路径，限制被包含的文件只能在某一文件夹内，一定要禁止目录跳转字符，如："../"；

图 6-4　安全编码规范样例图

[①] 驼峰命名法：骆驼式命名法（Camel-Case）又称驼峰命名法，是电脑程式编写时的一套命名规则（惯例）。正如它的名称 Camel-Case 所表示的那样，是指混合使用大小写字母来构成变量和函数的名字。

在规范内容的描述方面，安全编码规范的内容更加丰富，包括关联的安全风险和风险描述、误用的情况，和恶意攻击者可能容易利用风险、推荐的代码编写方法以及原因的说明。好处在于对于安全规范细致的描述，提供了足够的安全知识去覆盖一些规范之外的场景，坏处则是显得过于复杂。应用编码规范是需要研发人员在编码过程中时时刻刻遵守的，而安全编码规范是只有当研发人员涉及相关技术时，才可能去使用。如此大量的知识又在缺乏频繁实践的前提下，可能并不适合研发人员在短时间掌握，更关键的是研发人员不清楚在使用的技术是否涉及安全编码规范。这些难点从某种程度上来说，都是由于安全与技术本身关联，而研发人员关注的是解决问题而产生的。

安全编码规范在规范的分类上较为相似，一般都会包括输入输出、身份认证、访问控制、会话管理、异常处理等。

虽然都是针对编码的规则形成的规范，但是两者之间的差异还是相当明显的。这些差异其实也造成了我们安全从业人员在推进实践上的困难，不过随着企业对于自身安全的重视程度提高，这些安全相关的规范和条例也逐渐被接受，成功地被应用到了研发团队的日常工作之中。

6.3.2　数据处理规范概述

数据处理规范是针对研发团队在研发系统的过程中，对于部分特定数据的搜集、存储、使用、加工、传输、提供、公开、删除等事务操作的要求。在研发团队内部推动数据处理规范是为了更方便地满足业务性（主要是《中华人民共和国网络安全法》《中华人民共和国数据安全法》《中华人民共和国个人信息保护法》以及相关条例）的需要。

不过数据处理相关的规范与一般的技术性规范在对象识别上存在明显差异。像是技术性中处理文件的技术，它无论在什么软件系统里都几乎可以说是完全相同的。但是数据不行，在不同的软件系统中可能有不同的处理要求，不同的数据应用场景不同也可能有不同的要求。所以在考虑数据处理规范时，优先考虑数据类别和数据处理或管理的要求。

6.3.2.1　数据类别识别

在数据类别方面，需要明确系统里涉及的数据类型，针对不同类型或者级别的数据进行处理。在制定规范时，大致上可简单地划分为 A 类公开数据（非敏感的业务信息）、B 类非公开数据（敏感业务信息）、C 类个人数据类信息、D 类身份认证信息、E 类秘密类信息，或其他可能涉及国家和社会安全的信息（对于一些关键企业而言，数据安全工作极为复杂，需要进行体系化的分类分级进而开展相关工作，本文以简单的方式进行介绍方面读者理解其中的价值），如表 6-1 所示。

表 6-1　简易数据分类表

类　别	类别名称	说　明
A 类数据	公开数据	公开的数据或者要求公开的数据，例如公告等以及其他非敏感的业务信息
B 类数据	非公开数据（敏感业务信息）	除了 C、D、E 类以外的敏感信息或者非公开数据，例如安全漏洞信息、内部文件等
C 类数据	个人数据类信息	个人相关的信息，可参考《个人信息安全规范》（GBT35273-2020）
D 类数据	身份认证信息	包括人的账号、密码以及其他信息
E 类数据	秘密类信息	跟国家、社会安全稳定挂钩的信息，一般仅相关单位会有相关处理，依据相关单位的标准和规范进行处理。绝大多数企业无该类信息

　　其实对于企业而言，需要注意的主要是 C 类个人数据类信息以及 D 类身份认证信息，像是 B 类业务相关的敏感信息，一般会在做软件系统规划的过程就会定义好相关的信息的措施，采用的措施也相对比较单一，以提供二次验证[①]方式为主，不再展开说明。

　　像是个人数据，往往会与个人验证信息（PII，Personally Identifiable Information）有所关联。不过编者并没有找到比较官方的，对于两者区别的描述，编者个人认为前者是与个人有关的数据及在日常工作和生活中与人身和财产安全相关的数据，强调的是个人的数据；后者更多是强调这些数据如何能与明确的人关联上，像是生物指纹这些数据等。所以编者理解，个人数据应当包括了个人验证信息的数据。依据《个人信息安全规范》附录 A 的内容（如表 6-2 所示），表格左列的类别信息就可以作为数据处理规范中识别数据的内容同步给研发人员。

表 6-2　个人信息举例

个人基本资料	个人姓名、生日、性别、民族、国籍、家庭关系、住址、个人电话号码、电子邮件地址等
个人身份信息	身份证、军官证、护照、驾驶证、工作证、出入证、社保卡、居住证等
个人生物识别信息	个人基因、指纹、声纹、掌纹、耳廓、虹膜、面部识别特征等
网络身份标识信息	个人信息主体账号、IP 地址、个人数字证书等
个人健康生理信息	个人因生病医治等产生的相关记录，如病症、住院志、医嘱单、检验报告、手术及麻醉记录、护理记录、用药记录、药物食物过敏信息、生育信息、以往病史、诊治情况、家族病史、现病史、传染病史等，以及与个人身体健康状况相关的信息，如体重、身高、肺活量等

[①] 二次验证：一般是指再次（第二次）对操作业务的对象索取身份信息进行验证。第一次一般指的是验证当前操作者是否登录系统且有权限访问。

（续表）

个人教育工作信息	个人职业、职位、工作单位、学历、学位、教育经历、工作经历、培训记录、成绩单等
个人财产信息	银行账户、鉴别信息（口令）、存款信息（包括资金数量、支付收款记录等）、房产信息、信贷记录、征信信息、交易和消费记录、流水记录等，以及虚拟货币、虚拟交易、游戏类兑换码等虚拟财产信息
个人通信信息	通信记录和内容、短信、彩信、电子邮件，以及描述个人通信的数据（通常称为元数据）等
联系人信息	通讯录、好友列表、群列表、电子邮件地址列表等
个人上网记录	指通过日志储存的个人信息主体操作记录，包括网站浏览记录、软件使用记录、点击记录、收藏列表等
个人常用设备信息	指包括硬件序列号、设备 MAC 地址、软件列表、唯一设备识别码（如 IMEI/Android ID/IDFA/OpenUDID/GUID/SIM 卡 IMSI 信息等）等在内的描述个人常用设备基本情况的信息
个人位置信息	包括行踪轨迹、精准定位信息、住宿信息、经纬度等
其他信息	婚史、宗教信仰、性取向、未公开的违法犯罪记录等

身份认证信息比较容易理解，主要是用于验证身份的信息，例如密码、用于验证身份的指纹信息（与指纹信息可能不同，与具体的采集技术相关）、短语、密码问题等，不需要在具体的业务操作里使用原来数据，只要能够满足比较的需要即可。

6.3.2.2 数据处理

在识别完数据的类型之后，围绕数据的采集、存储、传输、使用四个阶段设计措施编写规范。不过在针对各个阶段编写规范之前，也需要了解一些常见的数据处理的需求。以目前编者实际接触和了解的情况，主要有数据的机密性要求（例如提供加密解密的支持）、数据的访问控制的要求，以及保证数据使用的合法性（例如获取数据拥有者的授权）。

在采集数据时，更多关注数据的合法性要求，如果包括个人数据信息的应当让客户知悉相关数据的使用范围、使用目的并同意相关的协议，需要满足最小必要的原则。在大多数的情况下，这部分的要求会在之前的需求分析阶段进行引入，但是研发人员最好也需要有相关的意识。

在存储数据时，更多关注数据的机密性要求，像是身份类数据应该使用哈希等算法进行不可逆的转化，仅保留验证功能，避免泄露明文的数据。而个人数据类需要满足相关的法律法规要求，例如支持清空或者匿名化的操作。

在传输数据时，更多关注数据的机密性要求，应该使用 HTTPS 或其他加密协议对通信的数据进行保护，一般来说不需要做额外的区分，但是像是密码等身份类数据可再额外添加加密或者其他保护措施进行传输。

在使用数据时，更多关注数据的访问控制以及机密性要求，对于身份类数据仅使用验证，而不允许提供查看等功能。而个人数据信息，应避免直接使用原始的完整数据，需要使用模糊化的处理，对于一些需要明文的业务或用户需要获取自己的存储在系统里的个人信息时应该进行二次验证等方式，再次验证身份。

但是要说明的是，对于一些企业而言，数据处理需要伴随着许多复杂的产品和机制运行，以确保企业在相关方面是符合业务规范要求的，仅仅采取如此简易的方式，可能无法完全满足需要。

6.3.3　编码规范参考

编码规范制定基本上都需要满足企业的业务开展情况，很难有一份"放之四海皆准"的规范。尽管如此，还是有一些企业、组织和单位做了一些工作且对公众开放，能够拿来作为一个参考。

6.3.3.1　OWASP 安全编码规范快速参考指南

OWASP 安全编码规范快速参考指南是由 OWASP（The Open Web Application Security Project）项目组的部分成员在 2010 年编制的一份公开材料。其中涵盖了输入验证、输出编码、身份验证和密码管理、会话管理、访问控制、加密规范、错误处理和日志、数据保护、通信安全、系统配置、数据库安全、文件管理、内存管理、通用编码规范共 14 部分的安全编码规范。

本文截取了文件管理的一节内容（如图 6-5 所示）作为说明样例。从图中可以发现规范在内容的书写风格上较为简练，但是可能正是为了强调这种简练，在编写过程中没有放入一些详细的样例，导致研发人员在参考规范进行编码时会出现不知道如何做的情况。这其中部分的规范内容在今天看来可能已经有一些过时了，但是其中蕴含的一些安全技术以及安全的思考在今天仍然有很大的参考价值，这也是为什么我选择在书中进行介绍的原因之一。

文件管理：
- 不要把用户提交的数据直接传送给任何动态调用功能。
- 在允许上传一个文档以前进行身份验证。
- 只允许上传满足业务需要的相关文档类型。
- 通过检查文件报头信息，验证上传文档是否是所期待的类型。只验证文件类型扩展是不够的。
- 不要把文件保存在与应用程序相同的 Web 环境中。文件应当保存在内容服务器或者数据库中。
- 防止或限制上传任意可能被 Web 服务器解析的文件。
- 关闭在文件上传目录的运行权限。
- 通过装上目标文件路径作为使用了相关路径或者已变更根目录环境的逻辑盘，在 UNIX 中实现安全的文件上传服务。
- 当引用已有文件时，使用一个白名单记录允许的文件名和类型。验证传递的参数值，如果与预期的值不匹配，则拒绝使用，或者使用默认的硬编码文件值代替。
- 不要将用户提交的数据传到动态重定向中。如果必须允许使用，那么重定向应当只接受通过验证的相对路径 URL。
- 不要传递目录或文件路径，使用预先设置路径列表中的匹配索引值。
- 绝对不要将绝对文件路径传给客户。
- 确保应用程序文件和资源是只读的。
- 对用户上传的文件扫描进行病毒和恶意软件。

内存管理：
- 对不可信数据进行输入和输出控制。
- 重复确认缓存空间的大小是否和指定的大小一样。
- 当使用允许多字节拷贝的函数时，比如 strncpy()，如果目的缓存容量和源缓存容量相等时，需要留意字符串有没有 NULL 终止。

图 6-5　OWASP 安全编码规范快速参考指南-文件管理

6.3.3.2 代码安全指南

代码安全指南（Secguide）项目[①]面向开发人员梳理的代码安全指南，旨在梳理 API 层面的风险点并提供翔实可行的安全编码方案，通过开发者更易懂的方式进行阐述。目前指南已经涵盖了包括 C/C++、Javascript、Node、Go、Java、Python 在内的 6 种语言的安全编码指南。指南使用了较少的规则对安全要求进行描述，提供了较为准确详细的编码意见，同时对规范的强制性给出了参考建议（必须、建议两种类别），如图 6-6 所示。它在安全开发项目初期作为初始的输入知识，是一个不错的选择。

1.2.1 【必须】文件类型限制

须在服务器端采用白名单方式对上传或下载的文件类型、大小进行严格的限制。仅允许业务所需文件类型上传，避免上传.jsp、.jspx、.class、.java等可执行文件。参考示例：

```
String file_name = file.getOriginalFilename();
 String[] parts = file_name.split("\\.");
 String suffix = parts[parts.length - 1];
 switch (suffix){
     case "jpeg":
         suffix = ".jpeg";
         break;
     case "jpg":
         suffix = ".jpg";
         break;
     case "bmp":
         suffix = ".bmp";
         break;
     case "png":
         suffix = ".png";
         break;
     default:
         //handle error
         return "error";
 }
```

1.2.2 【必须】禁止外部文件存储于可执行目录

禁止外部文件存储于WEB容器的可执行目录（appBase）。建议保存在专门的文件服务器中。

1.2.3 【建议】避免路径拼接

文件目录避免外部参数拼接。保存文件目录建议后台写死并对文件名进行校验（字符类型、长度）。建议文件保存时，将文件名替换为随机字符串。

1.2.4 【必须】避免路径穿越

如因业务需要不能满足1.2.3的要求，文件路径、文件命中拼接了不可行数据，需判断请求文件名和文件路径参数中是否存在../或..\(仅windows)，如存在应判定路径非法并拒绝请求。

图 6-6 代码安全指南样例

6.3.4 常见高风险项样例

在研发团队之中，安全编码规范往往会随着团队、业务以及技术的发展和变更进行更新。而编写一条清晰、准确且研发人员容易理解和记忆的规范，并不容易。本节以 SQL 注入漏洞、XXE 漏洞、文件上传/读取三个高危漏洞为例，以安全人员视角深入了解技术以及相关知识充分理解和认识风险，以研发人员的视角输出规范。编写规范对前者的要求是拥有大量安全及相关技术的知识，而在从后者的视角输出时，考虑到清晰、容易理解、低门槛、易操作等要求，对后者的要求最好是仅仅了解研发业务知识，从而得到

[①] 代码安全指南（Secguide）项目：此处特指腾讯公司在 GitHub 上开放的一个软件编码安全指南的项目。

高质量的规范。编写规范流程如图 6-7 所示。

图 6-7 编写规范流程

6.3.4.2 SQL 注入漏洞风险防范

1．了解技术本身

SQL 注入漏洞是与数据库技术紧密相关的一项风险。对于数据库而言，为了更方便地访问数据库中的数据，支持通过 SQL 语言编写语句，提取相应的数据。由查询的需求方编写和构造 SQL 语句，提交到数据库系统的 DBMS[①]，由 DBMS 对 SQL 语句进行翻译解析，了解需求方需要访问的数据，对相应的数据进行操作。需求方一般是软件应用系统或者数据库管理者。

2．了解漏洞以及相关的风险

SQL 注入漏洞的实际风险在于如果对能控制需求方的 SQL 语句编写和构造，就能控制 DBMS 系统去访问攻击者想要的数据，从而造成数据泄露。一些数据库软件系统为了提升工作效率等指标，扩展了标准的 SQL 语句，在某些条件下攻击者可通过 DBMS 系统控制服务器。从另一个角度考虑主要原因还是需求方在构造 SQL 语句时，其实并不理解 SQL 语句代表的真实语义，只是预置的流程进行操作处理。怎么防止被篡改语义和防止攻击者编写恶意的语句是降低风险的重点工作。

3．回归技术

SQL 语句的构造一般需要按照语句的规范进行执行，攻击者想要在原来的语句里嵌入一些恶意的查询，一般来说需要较长的字符长度才能获取到相应的数据。另外 SQL 作为一类语言，也是支持对数据和代码的隔离的。像是被单引号闭合的字符，在解析语句之时只会被当成语句的数据，但是也要注意这类具有特殊含义的字符，也往往支持转义[②]以防止在正常的数据中无法使用该字符。所以除了单引号这类具有特殊含义的字符以外，用于转义的字符也是需要注意的。当然在这个话题上，相关的预编译技术已经比较成熟。

---

① DBMS：数据库管理系统（Database Management System）是一种操纵和管理数据库的大型软件。它对数据库进行统一的管理和控制，以保证数据库的安全性和完整性，提供同时或不同时刻去建立，修改和询问数据库的服务。

② 转义：转义是电脑编程术语，用于将其他含有特殊含义的字符展示为普通的字符。

4. 来到实际的研发场景

以 Java 项目的研发为例,目前研发人员大量采用 Mybatis[①]框架处理数据库相关业务。其支持通过编写 xml 文件和注解的方式,构造 SQL 语句,如图 6-8 和图 6-9 所示。查阅 Mybatis 文档,可知其参数支持两类方式,一类是简单的参数形式,例如#{param},MyBatis 会创建 PreparedStatement 参数占位符,并通过占位符安全地设置参数(即使用了预编译的技术),另一类是字符串替代的形式,例如${param},MyBatis 就不会修改或转义该字符串,仅作替换拼接 SQL 语句,用于 ORDER BY 语句构造等。

```
<select id="selectUsers" resultType="User">
  select id, username, password
  from users
  where id = #{id}
</select>
```

图 6-8　SQL 语言编写

```
@Select("select * from user where id = #{id}")
User findById(@Param("id") long id);

@Select("select * from user where name = #{name}")
User findByName(@Param("name") String name);

@Select("select * from user where email = #{email}")
User findByEmail(@Param("email") String email);

// 其它的 "findByXxx" 方法
```

图 6-9　SQL 语言编写注解方式

在充分了解 SQL 注入漏洞的风险和相关技术以后,可以从研发人员的角度着手编写 SQL 语句的使用规范(注意:为了更好地贴合实际研发业务,规范使用有一定局限性)。研发人员在研发使用 Java 语言的系统时,使用 Mybatis 框架作为持久层框架,可制定以下规范:

【必须】使用 Mybatis 框架 SQL 语句,在构造 SQL 语句时仅使用#{param}处理,例如:
select id, username, password from users where id = #{id}

[①] Mybatis:Mybatis 是一款优秀的持久层框架,它支持定制化 SQL、存储过程以及高级映射。Mybatis 避免了几乎所有的 JDBC 代码和手动设置参数以及获取结果集。Mybatis 可以使用简单的 XML 或注解来配置和映射原生信息,将接口和 Java 的 POJOs(Plain Ordinary Java Object,普通的 Java 对象)映射成数据库中的记录。

误用情况：

```
select id, username, password from users where id = ${id}
[例外]Order By 和 Limit 子句，可使用${param}，但是需要使用约定的 escape 函数在查询
前对参数进行安全检测
```

6.3.4.3　XXE漏洞风险防范

1．了解技术本身

XXE 漏洞是基于 XML（Extensible Markup Language）的漏洞，而 XML 作为一门标记语言[2]，主要实现文档内容的结构化存储，形成了统一的方式来描述数据，也支持对存储的文档内容进行搜索、分析。对于 XML 内容的解析，一般由软件系统自行实现或者调用第三方软件包完成，例如在使用 Java 或者 Python 语言开发时，在绝大多数的情况下会使用第三方软件包。

2．了解漏洞以及相关风险

XXE 漏洞主要是跟 XML 支持外部引用有关。而外部引用的关键就是 XML 的文档类型定义（DTD，the Document Type Definition），其中有一类 DTD 是外部 DTD，用于获取文档外部的资源到当前文档，为攻击者提供了获取非法数据的可能性。另外外部DTD 实体是支持 URI[3]的，也就是说攻击者可控制 URI 地址，使得 XML 在解析外部实体的过程中，获取到服务器所在的所有互联网资源。XML 解析器是否会正确地解析外部DTD 实体是攻击者利用漏洞的关键。

3．回到技术本身

XML 解析器是由软件系统研发自行配置或实现的，也支持了关闭外部 DTD 实体解析的方式（如图 6-10 和图 6-11 所示），但是对于大多数的 XML 解析器而言，在默认情况下是支持 DTD 实体解析的。

---

[1] XXE 漏洞：XXE 漏洞（XML External Entity Injection vulnerability）是一种针对解析 XML 格式应用程序的攻击类型。

[2] 标记语言：标记语言可以将文本以及文本相关的其他信息结合起来，展现出关于文档结构和数据处理细节的电脑文字编码。

[3] URI：统一资源标志符（Uniform Resource Identifier, URI），用于标识某一互联网资源名称的字符串，可访问文件对象、Web 服务，比 URL（仅限 Web 服务地址）更加广泛。

图 6-10　JAPX XML 解析器说明

http://apache.org/xml/features/disallow-doctype-decl	
True:	A fatal error is thrown if the incoming document contains a DOCTYPE declaration.
False:	DOCTYPE declaration is allowed.
Default:	false
Since:	Xerces-J 2.3.0

图 6-11　关闭 DTD 解析

4．回归业务研发场景

在如今的研发过程中很难想象需要依赖 XML 提供的 DTD 实体从外部的资源获取信息，组装到 XML 文档中使用的情况。甚至对于使用 XML 作为主要文档标记化技术的 Office 文档（Word、Excel 等）中，也没有需要直接使用外部的实体情况，对于这项解析配置的支持可以关闭，若遇到有例外的情况，再进行考虑。

【必须】解析 XML 文档时（xml、word 文档、office 文档），关闭对 DTD 的解析以及外部实体的解析，例如：

SAXReader reader = new SAXReader();

reader.setFeature("http://javax.xml.XMLConstants/feature/secure-processing"，true);

reader.setFeature("http://apache.org/xml/features/disallow-doctype-decl"，true);

reader.setFeature("http://xml.org/sax/features/external-parameter-entities"，false);

```
reader.setFeature("http://xml.org/sax/features/external-general-entities", false);
reader.setFeature("http://apache.org/xml/features/nonvalidating/load-external-dtd", false);
reader.read(xml);
```

误用：

```
SAXReader reader = new SAXReader();
Reader.read(xml);
```

6.4 工具实践：安全开发 SDK

对于安全实现能力而言，在实践过程对于工具的应用必不可少。工具具有标准化以及低知识门槛的特性，能够快速推广给整个团队使用，而不需要像知识和经验一样，既需要团队成员的天分，又需要时间来沉淀，在短时间内收获一定的成效。但是工具的局限性也很明显，它只能解决特定场景下的特定问题。

本章节针对 6.2.2.2 安全实现工具提及的第二类工具——SDK 进行介绍和实践。

6.4.1　SDK 概述

现在的软件系统早已不是一个孤立的计算工具，它与许许多多的组件、系统以极其复杂的方式连接在一起，从而提供了超乎预期的能力，无论是远程操控家中的扫地机器人、智能空调、厨房用品，还是在线上完成支付、购物，都依赖这些链接。但是这些系统、组件往往都不是同一个研发团队，甚至都不是同一个研发厂商研发的，如何方便地对接和使用这些系统和组件就成了难题。基于这样的情况，各个厂商开始提供自身产品、系统、组件的标准化对接和开放接口的形式方便其他系统和厂商进行使用。像是 mysql jdbc drive、JDK、android SDK、windows SDK 等都在 SDK 涵盖的范围内，其核心思想可以说是重新包装知识或者工具，使得这些工具和知识变得更加易用。

为了更好理解 SDK 的概念，以求解一元二次方程为例，我们往往会在求解过程使用求根公式获得结果，但是我们从来不需要关注求根公式的具体证明过程，只要直接使用即可。SDK 便相当于一元二次方程里的求根公式。

安全开发 SDK，则是用于辅助研发解决安全相关的问题的 SDK。

6.4.2　不同能力和定位的 SDK

安全开发 SDK，需要解决不同类型、不同颗粒度的安全问题，甚至往往需要使用不同的解决方法和技术，这也导致了安全开发 SDK 在形态和能力上的多样性。尽管如此，依据我们实际使用经验以及了解过的相关技术和产品，单独划出了全局性封装、安全功能、深入代码提供安全方法三类安全开发 SDK，围绕他们各自的特点和核心能力进行介绍,方便读者对于安全开发 SDK 有更深入的了解。当然,您如果有了解相关的安全产品和技术,可能会发现许多产品中的代理终端(Agent),在定位上好像也属于安全开发 SDK。这也是本文的局限性,安全开发 SDK 就像生活中的水一样,装在什么样的容器里就呈现什么样的形状,我们很难准确描述水到底是什么形状的,尽管我们知道水是 H_2O[①]。

6.4.2.1　全局性封装

全局性封装型的安全开发 SDK 像是给软件应用包上了一层外衣,由 SDK 暂时接管与外部系统和组件的交互或者某类组件的交互,常用于解决系统层面对于关于对抗或者监控的安全需求,例如对软件系统源代码的保护、对应用系统访问调用的监控、对于进程注入以及动态调试等逆向分析技术的对抗,以技术手段保护软件版权。

6.4.2.2　安全功能

安全功能型的安全开发 SDK 则是对软件应用功能的补充,以弥补研发团队人员在某些技术领域的技术积累、安全对抗经验和投入的不足,常用于解决合规性需求或者某些敏感业务对于安全的需求。这些安全需求能够在行业内形成市场,企业能够持续投入资源进行研究,必然具备了一定的普适性,例如图灵测试的相关技术(这里没有使用验证码进行举例,主要是出于目前的一些验证技术已经很难跟验证码关联起来的考虑,尽管许多人仍然使用验证码称呼这些新技术)、安全键盘技术、安全加密技术、业务安全风险控制技术。

6.4.2.3　深入代码提供安全方法

深入代码提供安全方法型的安全开发 SDK 则是对软件应用内容的工具类的补充,以弥补研发团队人员在相关安全知识和对抗经验的不足。在描述方面与安全功能型的 SDK 会比较接近,其主要区别在于跟颗粒度以及与业务流程的结合程度。安全功能型 SDK 几乎不会嵌入到业务的数据处理流程中,但是安全方法型 SDK 需要嵌入到业务的数据处理流程进行工作,所以在呈现的形态上也更轻量化,以函数的形式满足研发团队对于业务功能研发过程中的安全需求,例如对 SQL 注入漏洞检测和过滤、对文件内容的检测和过滤、对敏感数据的脱敏和去标签化等。

随着某些安全方法逐渐变得复杂,对抗的难度增加以及依赖的内部和外部的资源变多,这些安全方法往往会形成单独的安全功能。

6.4.3　不同应用场景的 SDK

在实践安全开发 SDK 之前,我们需要了解一些常见的使用场景,在不同的场景下可能会有完全不同的需求,也就是需要不同的安全能力进行补充。但是,不得不说的是

[①] H_2O:水的化学式。

安全开发 SDK 是一个开放性的话题，它所涉及的场景很难描述完整，更何况还会涉及细分的小场景，所以本文以服务端应用、移动客户端应用、用户交互终端页面三个简单的应用场景进行介绍。

6.4.3.1　服务端应用

服务端应用沿用了 B/S 架构[①]和 C/S 架构[②]中服务端的概念，提供数据管理、事务逻辑等，一般是软件系统对外提供能力的核心组件。对于现代应用而言，服务端几乎承载了所有的功能业务，也拥有着对攻击者所关注的个人隐私信息、秘密信息、业务信息等敏感数据的访问权，其安全需求也是最复杂的。对于软件系统的安全风险以及业务风险管控的要求，在绝大多数的情况下都需要在服务端应用中进行实现，不过也正是由于软件应用运行在可控的服务器环境内，所以对于代码的保护需求是最少的。

6.4.3.2　移动客户端应用

移动客户端应用是随着移动互联网发展而兴起的一类新的客户端应用程序，为使用者推送一些针对性的信息和服务，涵盖了金融、医疗、支付、社交、娱乐等生活的方方面面。虽然它作为客户端应用，仅仅只是承担了与服务端通信和信息交换的角色，但是在实际客户端应用设计过程中，它并没有像浏览器一样将功能限制在信息交换和展示上，而是充分考虑了用户的体验，引入了许多扩展功能，例如对于账号长时间自动登录的支持、敏感数据存储、敏感信息搜集、VPN 隧道等。

在移动客户端的场景下，除了针对移动客户端的合规需求（通信加密、独立键盘等）外，还有两个安全需求，一个是保证移动客户端代码的安全，另一个是保证移动客户端运行环境的可信或者具备在不可信的环境中运行的能力。

6.4.3.3　Web 应用

Web 应用在此处仅仅只是指运行在浏览器中的页面，是 B/S 架构中客户端的部分。尽管现代的软件应用可能会使用 H5[③]技术，通过使用内嵌浏览器进行加载的方式，实现近似 C/S 架构本地化的效果，例如小程序、订阅服务等，但是我们还是引用 B/S 架构对它进行解释。在这类应用场景下，其对于安全开发的 SDK 的需要，也是能够提供对于代码的保护能力，但是又不能过于影响性能，许多代码都是需要能够随时加载和运行的。另一方面便是对服务端应用的全局性机制的对接，例如加密算法。

[①] B/S 架构：浏览器-服务器，即 Browser/Server（B/S）结构。用户工作界面是通过 WWW 浏览器来实现的，极少部分事务逻辑在前端（Browser）实现，但是主要事务逻辑在服务器端（Server）实现，形成所谓三层结构。

[②] C/S 架构：服务器-客户机，即 Client-Server（C/S）结构。C/S 结构通常采取两层结构，服务器负责数据的管理，客户机负责完成与用户的交互任务。

[③] H5 技术：即 HTML5 标准相关的技术。HTML5 将 Web 带入一个成熟的应用平台，在这个平台上，视频、音频、图像、动画以及与设备的交互都进行了规范。

6.4.4 常见产品和工具

6.4.4.1 移动 App/桌面加固产品

移动 App 加固类产品是在移动客户端应用研发过程中比较常见的 SDK，尤其是 Android 应用[①]的研发，以全局封装的方式对应用进行加固。产品能够对软件的可执行程序部分使用加壳技术[②]、虚拟化技术封装应用，在运行时通过动态加载的技术加载软件真正的可执行程序，以防止恶意攻击者进行反编译，一般情况下也会支持对反调试技术[③]支持。以 Android 为例，Android 在桌面应用中相关技术则更为成熟，在加壳方面，目前主要以 VMP 技术[④]为主，也有很多技术厂商可能会使用 UPX[⑤]作为保护技术。某品牌移动应用安全加固产品如图 6-12 所示。

App自身安全保护服务	App运行环境保护服务	App业务场景保护服务
JAVA源代码动态加密保护 • Dex文件加壳保护 • Dex函数抽取加密保护 **HTML开发框架保护** • 数据透明加密技术 • 资源加密及IO拦截技术 • java代码、html、javascript脚本文件加密 **SO库加密保护** • SO文件加壳保护 • 汇编代码压缩及加密 • ELF数据隐藏 • 高级深度混淆保护 • SO文件设备绑定	**App完整性保护** • 开发者签名校验 • 代码、资源文件、配置文件等交叉校验 • 校验异常，终止App运行 **内存防调试保护** • 双向ptrace保护技术 • 进程调试状态实时监测 • Linux信号异常监控机制 • proc文件系统接口实时监测 • SO等重要数据动态清除保护 **数据加密保护** • 视频、音频、图像等文件加密 • 数据透明加密及设备绑定 • 配置文件、数据库文件加密	**知识产权保护** • 防止反编译获取源代码 • 资源加密保护，防泄漏 **防盗版保护** • 防钓鱼欺诈 • 防病毒、木马添加 • 防恶意代码植入 • 防广告私自添加、删除 • 防内购破解 **防篡改保护** • 防二次打包 • 防ptrace调试攻击 • 防dump调试分析 • 防数据破解分析 • 防交易数据劫持 • 防账号、密码泄露

图 6-12　某品牌移动应用安全加固产品

[①] Android 应用：运行在 Android 系统上的应用。移动 App 基本上只支持两大操作系统，分别是 Android 和 IOS。
[②] 加壳技术：其实是利用特殊的算法，对可执行文件里的资源进行压缩，只不过这个压缩之后的文件可以独立运行，解压过程完全隐蔽，都在内存中完成。既是保护软件版权的技术，又是病毒用于隐藏自身的技术。
[③] 反调试技术：软件应用一般都支持通过调试的方式，了解系统的工作方式和细节，方便定位和修复软件的 Bug。反调试技术则是为了防止攻击者对软件应用进行调试，避免泄露真正的软件应用程序信息。
[④] VMP 技术：VMP 技术（Virtual Machine Project），将保护后的代码放到虚拟机中运行，这使得被保护的程序很难被分析与破解。
[⑤] UPX：UPX（the Ultimate Packer for executables）是一款先进的可执行程序文件压缩器，通过压缩的技术隐藏可执行代码，同时缩小应用的体积。

6.4.4.2 页面安全套件

在 Web 应用中也同样需要对自身源码进行保护。Web 应用在实际的使用过程中也需要将源代码（HTML 和 Javascript 文件）发送到使用者的浏览器中进行解析和呈现，这些源代码中可能包含一些了隐藏的 Web 接口、与服务端通信的密钥、签名的算法和证书等等信息。页面安全套件提供了代码混淆（例如 uglify-js[①]）、通信加密算法支持（例如 crypto-js[②]）等，也有一些专门的技术公司提供整套的解决方案包括代码保护混淆、代码加密、通信加密、防重复、CSRF 防护等。

6.4.4.3 OWASP ESAPI

OWASP ESAPI（OWASP Enterprise Security API）是一个免费的、开源的 Web 应用程序安全方法库，它使程序员可以更轻松地编写风险较低的应用程序。它提供了一组安全接口以及该安全接口的一组参考实现，企业也可通过实现安全接口的方式，定义自己的安全函数。目前安全功能函数包括访问控制器、编码器、加密器、文件过滤器、安全过滤器等。

6.4.4.4 安恒安全开发 SDK

安恒安全开发 SDK 是由安恒信息设计的一款 SDK，为从事 B/S 架构或者移动 App 应用研发场景提供安全能力的支撑，目前已经涵盖了自定义键盘、水印技术、密码算法（包括 AES、DESede、RSA、SHA1、SM2、SM3、SM4 等标准密码算法）、数据模糊化技术、随机化技术、短信验证码、图形验证码、密码强度检测技术、账号风险控制措施、通用安全防护函数（SQL 语句过滤、文件安全检测、XSS 检测、XXE 安全检测等）等技术方向，包括了几十个安全方法，如图 6-13 和图 6-14 所示。

图 6-13 安恒安全开发 SDK-前端部分

[①] Uglify-js：Uglify-js 是一个 JavaScript 解析器、压缩器、代码混淆工具包。

[②] Crypto-js：Crypto-js 是 javascript 的工具包，提供了常见的加密算法的支持，包括 AES、3DES、RSA、SHA1 等。

安恒安全开发SDK 使用手册——后端部分

SDK的包结构

文件名：secure_sdk-x.x.x.jar

- 包结构

```
\---com
    \---dbapp
        \---sdk
            +---blur                    // 模糊化相关
            +---captchaTechnique        // 验证码技术
            +---crypto                  // 密码学算法
            +---escape                  // 安全防护相关转义类
            +---filter                  // 安全相关过滤类
            +---flowController          // 流量控制
            +---identityAuthentication  // 认证相关的技术
            +---Information             // 设备hash
            +---passwordGenerator       // 密码生成器
            +---repeatedLogin           // 重复登录
            +---riskLogin               // 风险登录
            \---util                    // 工具类和相关的配置类
```

图 6-14　安恒安全开发 SDK-后端部分

6.4.5　协同安全需求规划与设计

安全实现能力本身是对安全规划和设计的内容进行实现的能力。在实践安全开发 SDK 之前很重要的一点，便是工具化实现的安全需求应该与安全需求规划和设计在某种程度上一致，而不是一个个孤立的过程，每个环节只有真正地衔接起来，才能保证在其中流动的产品能够有真正的安全质量保障。

安全开发 SDK 协同安全需求规划和设计的工作，从某种程度上来说极大地简化了安全需求的分析和实现，而降低了安全知识的门槛要求，让研发团队回归到如何使用工具的思考上面。在面对针对软件自身的安全性、加密等安全需求时，安全设计仅需要体现如何使用这些安全开发 SDK，不需要再去强调每个机制其中的设计细节。从人的直观感受上来说，越是复杂的东西，越容易出错，也越不容易进行推广。

6.5　工具实践：研发辅助工具

现在应该已经看不到仅仅使用文本编辑器进行代码编辑的研发人员了，功能丰富的 IDE[①]已经极大地改善了代码编辑的体验，提升了代码编写的效率和质量。被集成或者以插件方式接入到 IDE 中的 Lint[②]工具能够在研发人员编写代码的时候，对代码的规范进行检查例如注释的使用、换行分隔符使用、对齐问题，也能对出现的代码编写错误进行

[①] IDE：集成开发环境（IDE，Integrated Development Environment）是用于提供程序开发环境的应用程序，一般包括代码编辑器、编译器、调试器和图形用户界面等工具，例如 Visual Studio、Visual Code、IDEA、Eclipse。

[②] Lint：Lint 是著名的 C 语言工具之一，是由贝尔实验室 SteveJohnson 于 1979 在 PCC（PortableC Compiler）基础上开发的静态代码分析。在此处指代用于检查正在编写的代码中的潜在错误的工具。

检查，例如函数使用的错误、未处理的空指针等。不仅如此，IDE 本身通过对代码全文的索引的构建等方式实现了对代码智能补全，达到了提示甚至帮助研发人员编写代码的程度。

但是安全相关的要求还没有渗透到这些场景中，来帮助更多的研发人员编写安全的代码，实现安全的业务。本章节针对 6.2.2.2 安全实现工具提及的还处于探索中的第四类工具——研发辅助工具进行介绍和实践。

6.5.1　辅助工具概述

尽管很多厂商已经开始探索和实现安全的研发辅助工具了，但是研发辅助工具同之前介绍的安全开发 SDK 一样是一个开放性话题，很难去把它指定成某个产品，或者用某个产品来指代它。它的定位是为研发人员的业务工作提供安全事务的支持，帮助研发人员更容易地编写安全代码、实现安全且合规的软件功能。想要了解它，需要清楚地了解到研发人员或者整个研发团队的日常工作是哪些，又是如何与安全管理制度、技术措施关联到一起的。而它的意义在帮助这些过程更好地实现，例如提供知识建议、提供工具、提升效率、提升专注度等。

目前的安全辅助工具一般是围绕研发人员的 IDE 工具进行设计的，在研发人员的编码、代码提交、代码编译、调试等过程中提供帮助。

6.5.1.1　编码过程

在研发人员的编码过程中，与 Lint 类相似的安全辅助工具帮助研发人员检查正在编写的代码，或者已经完成编写的代码是否有相关的安全风险，以及与安全风险对应的修复方式或安全规范要求，在日常工作过程中帮忙研发人员逐渐了解安全知识，提升安全质量，达到安全实现业务的目的。

另外，安全辅助工具是否能够协助研发人员了解安全需求规划与设计所计划的内容的完成情况。

6.5.1.2　代码提交

在研发人员的代码提交前，能否与后续的安全检测的要求对接，提前获知代码中可能不符合安全质量管理要求或者存在安全隐患的代码位置进行修复。例如调用 SAST、SCA、DAST 工具对目前编写完成的应用系统代码以及本地环境进行检测。

6.5.1.3　Bug/漏洞修复

在研发人员对问题整改时，能否对整改过程提供帮忙，例如整改的建议，复测的支持以及待办的清单展示等。

6.5.2 常见产品和工具

6.5.2.1 MoMo Code Sec Inspector

MoMo Code Sec Inspector 是由陌陌安全团队在对外开源的 Java 项目静态代码安全审计工具，其工具定位是在研发人员的编码过程中发现项目中潜在的安全风险，并提供一键修复的能力，与 IDE 工具内置的语法纠错和提示的功能比较接近。研发人员如果在代码编写的过程引入了安全风险，触发了相关的代码安全检测规则，那么就会触发提示（相关代码出现红色的波浪线），当鼠标移动到波浪线位置时，显示具体的安全提示内容，如图 6-15 所示。

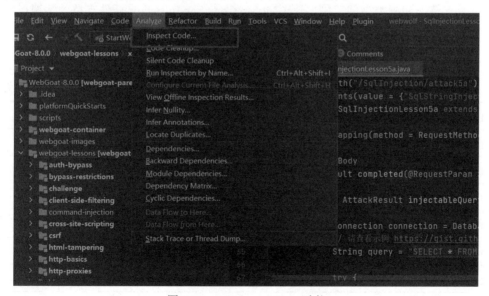

图 6-15　MoMo Code Sec Inspector 安全风险提示

另外，该插件通过 IDE 的 Inspect Code 功能（如图 6-16 所示）也支持主动对整个项目或指定范围的文件进行安全检测，如图 6-17 和图 6-18 所示。

图 6-16　IDE Inspect Code 功能

图 6-17　安全检测范围和规则配置

图 6-18　安全检测结果

但是这类提供安全检测的辅助工具，在实际的检测效果方面，严重依赖规则的编写质量以及支持的漏洞类型的范围。不过 MoMo Code Sec Inspector 插件支持的情况已经公开在其项目说明，如表 6-3 所示。

表 6-3　插件规则表

编　　号	规则名称	修复建议	一键修复
1001	多项式拼接型 SQL 注入漏洞	T	
1002	占位符拼接型 SQL 注入漏洞	T	
1003	Mybatis 注解 SQL 注入漏洞	T	T
1004	Mybatis XML SQL 注入漏洞	T	T
1005	RegexDos 风险	T	
1006	Jackson 反序列化风险	T	
1007	Fastjson 反序列化风险	T	T
1008	Netty 响应拆分攻击	T	T
1009	固定的随机数种子风险	T	T

（续表）

编 号	规则名称	修复建议	一键修复
1010	XXE 漏洞	T	T
1011	XStream 反序列化风险	T	T
1014	脆弱的消息摘要算法	T	
1015	过时的加密标准	T	
1016	XMLDecoder 反序列化风险	T	
1017	LDAP 反序列化风险	T	T
1018	宽泛的 CORS Allowed Origin 设置	T	
1019	SpringSecurity 关闭 Debug 模式	T	T
1020	硬编码凭证风险	T	
1021	"@RequestMapping" 方法应当为 "public"	T	T
1022	Spring 会话固定攻击风险	T	T
1023	不安全的伪随机数生成器	T	T
1024	OpenSAML2 认证绕过风险	T	T
1025	IP 地址硬编码	T	

6.5.2.2 Findbugs/SpotBugs 插件

SpotBugs 开源项目是在 Findbugs 开源项目（已不再维护）的基础上的新的开始，主要用于对 Java 字节码[1]提供代码检测的能力，用于代码质量管理。SpotBugs 项目提供了丰富的第三方集成的支持能力，例如 IDE 插件（IDEA、Eclipse[2]）、Maven[3]插件、Gradle[4]、Ant[5]，这些第三方集成和支持的能力，是我们在本章节关注的重点。

以 IDEA 插件为例，通过 IDEA 的插件市场获取 SpotBugs 插件安装成功后，选择在项目右键选择相应的文件或者文件夹，移动到 SpotBugs 菜单，选择要进行的分析方式即可对项目完成检测（由于是对 Java 字节码的检测，当前检测项目应当能顺利完成编译工作），如图 6-19 和图 6-20 所示。

---

[1] Java 字节码：Java 项目编译后生成的文件，用于被 JVM 加载，翻译成机器可理解运行的机器码。

[2] Eclipse：一款较为常用的免费的 Java 编程 IDE 工具。

[3] Maven：软件项目管理工具，主要用于管理 Java 项目的第三方依赖。

[4] Gradle：Gradle 是一个开源构建自动化工具，专注于灵活性和性能。

[5] Ant：Ant 是一个 Java 库和命令行工具，其任务是驱动构建文件中描述的进程作为相互依赖的目标和扩展点，常常用于实现自动化构建。

图 6-19　SpotBug 插件检测分析

图 6-20　SpotBug 插件检测结果

与 MoMo Code Sec Inspector 一节所述一致，在安全检测的效果方面，SpotBugs 的规则数量较少，无法完成对很多的安全漏洞的检测，不过这方面也有一些项目对 SpotBugs 的安全规则进行扩展，例如 FindSecBugs[①]项目和 Reshift-Security[②]插件。FindSecBugs 支持 141 项不同的安全风险类型（其中部分如图 6-21 所示），囊括了 800 多条安全规则和指纹。

[①] FindSecBugs：Find Security Bugs 是 Spotbug 工具的插件，用于对 SpotBugs 工具在安全规则方面的补充。

[②] Reshift-Security：是 IntelliJ 的轻量级安全插件，可快速查找安全漏洞，提供多个代码修复片段，以及涵盖检测、修复和测试每个漏洞的文档，需要依赖 Jetbrains 的 SpotBugs IntelliJ 插件。

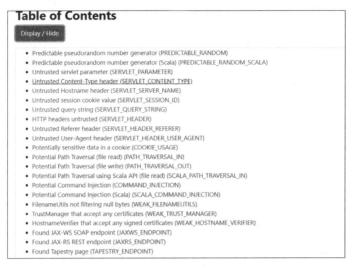

Table of Contents

Display / Hide

- Predictable pseudorandom number generator (PREDICTABLE_RANDOM)
- Predictable pseudorandom number generator (Scala) (PREDICTABLE_RANDOM_SCALA)
- Untrusted servlet parameter (SERVLET_PARAMETER)
- Untrusted Content-Type header (SERVLET_CONTENT_TYPE)
- Untrusted Hostname header (SERVLET_SERVER_NAME)
- Untrusted session cookie value (SERVLET_SESSION_ID)
- Untrusted query string (SERVLET_QUERY_STRING)
- HTTP headers untrusted (SERVLET_HEADER)
- Untrusted Referer header (SERVLET_HEADER_REFERER)
- Untrusted User-Agent header (SERVLET_HEADER_USER_AGENT)
- Potentially sensitive data in a cookie (COOKIE_USAGE)
- Potential Path Traversal (file read) (PATH_TRAVERSAL_IN)
- Potential Path Traversal (file write) (PATH_TRAVERSAL_OUT)
- Potential Path Traversal using Scala API (file read) (SCALA_PATH_TRAVERSAL_IN)
- Potential Command Injection (COMMAND_INJECTION)
- Potential Command Injection (Scala) (SCALA_COMMAND_INJECTION)
- FilenameUtils not filtering null bytes (WEAK_FILENAMEUTILS)
- TrustManager that accept any certificates (WEAK_TRUST_MANAGER)
- HostnameVerifier that accept any signed certificates (WEAK_HOSTNAME_VERIFIER)
- Found JAX-WS SOAP endpoint (JAXWS_ENDPOINT)
- Found JAX-RS REST endpoint (JAXRS_ENDPOINT)
- Found Tapestry page (TAPESTRY_ENDPOINT)

图 6-21　FindSecBugs 支持的安全风险类型样例

6.5.2.3　安恒安全开发 IDE 插件

安恒安全开发 IDE 插件①是由安恒信息安全开发团队研发的，为了将安全开发一体化平台的安全能力融入研发人员日常工作的一款 IDE 插件。该类插件的定位是辅助研发人员更好地接入到安全开发工作流程，目前已经实现了与安全开发一体化平台的连接，连接配置如图 6-22 所示，从远程平台获取当前项目中的漏洞信息，按照漏洞位置修复相应的漏洞，如图 6-23 和图 6-24 所示。

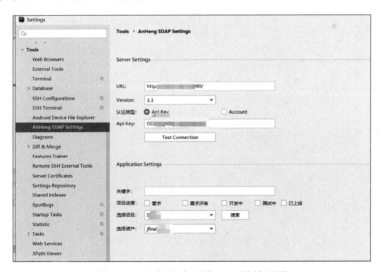

图 6-22　安恒安全开发 IDE 插件配置

---

① 安恒安全开发 IDE 插件：其定位是解决安全业务工作融入研发工作的问题。目前展示的版本为项目组研发的 V0.1 版本，为了成书内容的完整，提前进行说明。若需采购相应工具，联系安恒信息了解最新的版本情况。

图 6-23　安恒安全开发 IDE 插件漏洞视图

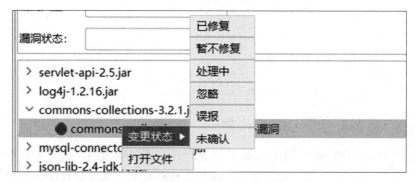

图 6-24　安恒安全开发 IDE 插件漏洞状态变更

第 7 章　安全开发：安全验证能力

7.1　安全验证能力概述

7.1.1　安全验证能力背景

为了发现软件的漏洞和缺陷，确保应用程序在交付之前和交付之后都是安全的，就需要利用应用安全验证技术识别应用程序中架构的薄弱点和漏洞，并且必须在网络黑客找到和利用它们之前发现并修复它们。

如果我们根据安全规划和设计进行了安全实现，并且开发人员已经进行了安全编码、使用了安全开发 SDK，这时候我们需要一些机制和措施来确保真正达到了我们的安全目标。

无论是在新理念 DevSecOps 的建设中还是软件安全开发生命周期中，想要大幅度降低安全风险，提升安全质量，核心都是构建和利用好应用安全工具进行自动化的安全验证，而工具的自动化程度、误报率、漏报率都影响着整体流程的效率甚至是可行性。在工具的设计与实现中，我们应该充分考虑流程嵌入的场景，如果误报率高或者自动化效率不足，则应考虑从旁路接入，防止中间的流程掉链子。确保安全验证的时机准确、及时，并且不会影响研发效率。

我们进行安全实现的执行对象都是人，只要是人都有自己的主观能动性，同样的一份标准、一份规划，大家的理解也会有所不同，真正落实到开发过程中的效果也会有所不同。这时候我们就需要使用一系列的安全验证工具进行针对性的安全验证，再通过人工服务的形式去发现一些工具无法发现的问题，比如说当双十一有多个活动时，哪个活动先进行计算、哪个几个活动可以进行叠加这种逻辑型的问题，自动化的工具是很难去发现的。

同时，我们做的所有事情都不是完美的，需要我们一次一次去调整和完善。这时候就需要使用安全验证能力进行针对性的安全检查，和我们预期的规划进行比较，展示我们执行结果和预计结果的差距，并提出修改方案，包括执行后的改善和计划的完善，让我们的规划的可执行性提高。

7.1.2　安全验证能力

安全验证能力，顾名思义就是对安全规划的执行结果进行验证的能力，它既包含一些自动化工具的验证，还包含了一些人工的安全服务验证。对于我们软件的安全开发来说，主要涉及代码层面、应用与环境层面，我们会针对这两部分进行验证，判断执行结果和安全规划之间的差距。

在安全验证的过程中，我们既希望提高效率又希望能保证安全质量，一般都会采用工具化标准服务集合人工服务的形式，抽取工具标准化服务能够自动化实现既定任务的特点与人工服务能发现任何非常规的风险特点进行组合。通过工具标准化服务构建安全质量的基准线，结合人工安全服务将基准线进行拔高，两者互相作用最终在成本可控的情况下，尽可能同时提高安全质量和效率。

在整个安全开发过程中，需要进行安全验证的包括自研的源代码、引入的开源组件、最后集成的应用，根据这些对象，选择了 7 项技术和能力。主要包含以下几点：

（1）SAST 静态应用程序安全测试。

（2）SCA 软件成分分析。

（3）DAST 动态应用程序安全测试。

（4）IAST 交互式应用程序安全测试。

（5）渗透测试。

（6）代码审计。

（7）众测。

7.2 SAST

7.2.1 SAST 简介

SAST（Static Application Security Testing，静态应用程序安全测试），也叫作白盒扫描测试，主要从程序内部（源代码）进行测试，分析应用程序的源代码或二进制文件的语法、结构、过程、接口等，了解应用程序的内部的运行情况，对内部代码运行的跟踪分析，可以在编译代码之前发现软件系统中存在的缺陷和漏洞，评估代码的安全性，从而帮助我们在软件开发生命周期的早期阶段修复这些漏洞。

SAST 工具能够分析源代码，即在软件编译和运行之前检查软件是否存在错误。为了做到这一点，我们的工作已经超越了编程语言的语法范围。它不仅仅要检查源代码的语法和拼写，还要检查系统语义以及系统中的数据流。通过将编译器技术应用于其中，我们模拟数据在软件中的流动方式，并检测在运行期间可能出现的问题，而不是在运行时再去检测它。回归到本质，在二进制代码[①]之前，我们进一步向下执行从抽象语法树

[①] 二进制代码使用两个符号系统表示文本，计算机处理器指令或任何其他数据。使用的两个符号系统通常是二进制数系统中的 "0" 和 "1"。二进制代码为每个字符，指令等分配二进制数字（也称为位）的模式。

（AST）[1]到中间表示（IR）级别[2]的编译器步骤，因此我们可以看到仅在编程语言代码中看不到的流程和动作。

更重要的是，SAST 可以自动化并透明地集成到项目的工作流程中。这减少了通常与安全性测试应用程序相关的一些麻烦，因为 SAST 被集成到软件开发生命周期（SDLC）的早期阶段，并能够分析 100%的代码库，而不需要我们去运行程序才能使用，它们比人工执行的安全代码审查要快得多，可以在几分钟内扫描数万行代码。

通过静态代码检测可以更快速、更容易地发现存在的安全漏洞和风险，开发人员可以及时找到易受攻击的代码，同时在不破坏任何构建的情况下，进行任何相应的修改以修复缺陷代码。同时 SAST 工具可以发现很多人工测试很难发现的一些和安全有关的错误，像是内存泄漏、索引偏差等问题。

由于 SAST 工具是基于源代码进行扫描、不依赖运行环境的，我们在使用的时候必须选择支持我们开发语言的扫描工具，现阶段大部分主流的编程语言都有对应的扫描器进行支持。

7.2.2 SAST 基本原理

前面我们说道，SAST 主要针对源代码进行扫描，首先会先对源代码进行分析生成语法树，再对源代码的语义、数据流、控制流、配置和结构等进行分析，最后结合漏洞库的匹配生成扫描结果。

7.2.2.1 前置知识：AST

在我们计算机的世界里，抽象语法树（Abstract Syntax Tree，AST）或语法树（Syntax tree），就是我们源代码语法结构的一种抽象表示，他可以抽丝剥茧，把一行行代码之间的逻辑抽象起来。就如同一棵参天大树，树上的每个节点都表示我们源代码中的一种结构。

在我们源代码的翻译和编译过程中，语法分析器会创建出分析树，然后从分析树生成 AST，在之后的处理过程中，比如语法分析阶段，会有一些信息添加到我们的语法树中。

下面我们来看一个简单的 Python 实例，如图 7-1 所示。

num1 = 1.5

num2 = 6.3

计算两个数值的和

sum = num1 + num2

---

[1] 抽象语法树：简称语法树（Syntax tree），是源代码语法结构的一种抽象表示。它以树状的形式表现编程语言的语法结构，树上的每个节点都表示源代码中的一种结构。

[2] 中间表示（IR）：在计算机科学中，指一种应用于抽象机器的编程语言，它设计的目的是帮助我们分析计算机程序。

```
- Program {
    type: "Program"
  + loc: {start, end}
  + range: [2 elements]
  - body: [
    - VariableDeclaration {
        type: "VariableDeclaration"
      + loc: {start, end}
      + range: [2 elements]
        kind: "var"
      - declarations: [
          + VariableDeclarator {type, loc, range, id, init}
        ]
      }
    + VariableDeclaration {type, loc, range, kind, declarations}
    + VariableDeclaration {type, loc, range, kind, declarations}
  ]
}
```

图 7-1　实例的抽象语法树

树结构的名词解释：

（1）type：表示当前节点的类型。

（2）start：表示当前节点的起始位。

（3）end：表示当前节点的末尾。

（4）loc：表示当前节点所在的行列位置，里面也有 start 与 end 节点，这里的 start 与上面的 start 是不同的，这里的 start 是表示节点所在起始的行列位置，而 end 表示的是节点所在末尾的行列位置。

（5）program：包含整个源代码，不包含注释节点。

我们可以看到，生成的语法树包含了一个代码块的类型、位置等信息，还有内部的一些逻辑信息，当拿到这样一个语法树之后，我们就可以根据它的格式去编写相应的规则来进行漏洞的匹配。

7.2.2.2　前置知识：漏洞模型

漏洞模型也可以说是对漏洞的一个具体的概括，在 SAST 中主要以正则表达式、工具支持的逻辑代码的形式存在。

一个例子：SQL 注入就是将恶意的 SQL 查询或添加语句插入到应用的输入参数中，再在后台 SQL 服务器上解析执行进行的攻击。

转换成漏洞模型：一个外部、本地的输入会插入到 SQL 语句的参数中，最终在 SQL 服务器上成功执行敏感操作。最终我们会用工具支持的语言编写成对应的规则，来进行漏洞模型的建立。

7.2.2.3　前置知识：污点分析技术

污点分析主要包含三部分：sources、sinks、sanitizers。

sources 即污点源，代表直接引入不受信任的数据或者机密数据到系统中。

sinks 即污点汇聚点，代表直接产生安全敏感操作（违反数据完整性）或者泄露隐私数据到外界（违反数据保密性）

sanitizers 即无害处理代表通过数据加密或者移除危害操作等手段使数据传播不再对软件系统的信息安全产生危害。

污点分析就是分析程序中由污点源引入的数据是否能够不经无害处理，而直接传播到污点汇聚点，如果不能，说明系统是信息流安全的；否则，说明系统产生了隐私数据泄露或危险数据操作等安全问题。污点分析技术如图 7-2 所示。

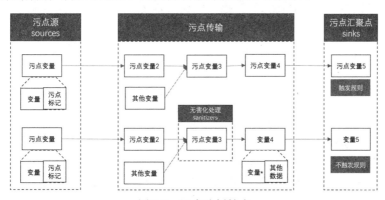

图 7-2　污点分析技术

简单来说，污点分析就是默认本地/外部输入都是不被信任的，将输入之后到最终处理的过程进行分析，如果没有进行无害化处理（或者说是过滤、转义等操作），就认为存在漏洞，在和漏洞模型匹配正确的漏洞类型。

7.2.2.4　静态扫描

当我们理解了静态扫描中需要用到的一些技术后（如图 7-3 所示），接下来我们就来看一看，在这个过程中主要经历了哪些操作。

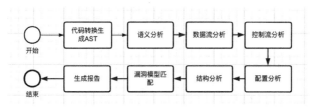

图 7-3　静态扫描步骤

现阶段的静态扫描主要包含以下步骤。

（1）代码转换生成 AST：SAST 工具会调用该语言的编译器或解释器把前端的代码（如 JAVA，C/C++源代码）转换成中间代码（IR，Intermediate Representation），并生成对应的 AST 语法树。

（2）语义分析：分析程序中不安全的函数，方法使用的安全问题。

（3）数据流分析：跟踪、记录并分析程序中的数据传递过程所产生的安全问题。

（4）控制流分析：分析程序特定时间、状态下执行操作指令的安全问题。

（5）配置分析：分析项目配置文件中的敏感信息和配置缺失的安全问题。

（6）结构分析：分析程序上下文环境、结构中的安全问题。

（7）漏洞模型匹配：结合（2）~（6）步的结果，匹配所有规则库中的漏洞模型特征，一旦发现漏洞就存储到数据库中；

（8）生成报告：最后形成包含详细漏洞信息的漏洞检测报告，包括漏洞的具体代码行数以及漏洞修复的建议。

通过上述的步骤，一个 SAST 扫描工具就可以把一份源代码抽丝剥茧，进行漏洞的匹配和筛选，最终帮助我们找到一些可能存在的安全问题。

7.2.3　SAST 优缺点分析

任何一个工具都不是十全十美的，都有其针对性和适应性，接下来我们来看一下 SAST 的一些优势和缺点的分析。

7.2.3.1　SAST 的优势

1. 只依赖于代码语言编译器，不依赖于软件可运行环境，可随时进行

SAST 需要从语义上理解程序的代码、依赖关系、配置文件，只依赖于代码语言编译器，不需要用户界面就可以进行扫描，可以在各个阶段随时进行。也可以通过 IDE 插件形式与集成开发环境（如 Eclipse、IntelliJ IDEA）结合，实时检测代码漏洞问题。

2. 检测代码全面，问题多样

SAST 是针对代码层面的检测，对代码高度可见，可以检测到更丰富的问题，包含漏洞和代码安全规范的问题，漏洞发现更及时、更全面。

3. 精准定位漏洞，开发人员友好

从代码层面来讲，SAST 可精准定位安全漏洞发生在哪一行代码，比较容易被开发人员接受，修复成本更低。

7.2.3.2　SAST 的不足

1. 区分不同语言、框架

SAST 不仅需要区分不同的开发语言（Java、Python、Go、C 等），还需要支持使用的 Web 程序框架，如果 SAST 工具不支持某个应用程序的开发语言或者是框架，那么测试时就会遇到问题。如果程序使用了复杂的框架，当 SAST 扫描时如果缺乏对框架的支持，就会造成大量的误报和漏报。

2．扫描速度慢

传统的 SAST 扫描时间很慢，扫描时间随着代码量的增多显著增长，如果是用 SAST 去扫描代码仓库，需要数小时甚至数天才能完成，这在日益自动化的持续集成和持续交付（CI/CD）环境中效果不佳。

3．误报率高

还有一点是 SAST 的误报，业界商业级的 SAST 工具误报率普遍在 30%以上，误报会降低工具的实用性，耗费的人工成本高，可能需要花费更多的时间来清除误报而不是修复漏洞。

7.2.4 SAST 的技术实践

7.2.4.1 实践中落地 SAST 的一些问题

在安全开发阶段，与程序员对话的源码安全审计主要基于 SAST 技术打造，SAST 工具对用户的困扰主要来自误报，通过数据流调用分析、变量关联分析、机器学习等多重手段极大地降低了误报率，减少工具对安全测试工作的困扰，改善用户体验，降低工具的使用成本。

对于甲方公司来说，完全可以根据安全开发规范来定制 SAST 工具。它的核心思想是：不是直接检查代码是不是安全的，而是去检查开发人员有没有遵守安全开发规范。

为了高效地实施 SAST，应执行以下步骤：

（1）选择合适的 SAST 工具：该工具支持所使用的编程语言并可以对应用程序执行代码审查。

（2）创建基础设施并部署工具：选择工具后，下一步骤包括处理许可要求、设置身份验证和授权，以及设置部署工具所需的基础设施。

（3）定制工具：此步骤涉及根据组织的需要定制工具。例如配置工具以找出误检，将工具集成到构建或 CI/CD 环境中，创建用于跟踪扫描结果的指示板并生成自定义报告。

（4）优先级和加载应用程序：扫描所有应用程序，如果有一个很长的应用程序列表，应该首先扫描高风险的应用程序，应用程序扫描应该每天或每月与发布周期同步。

（5）分析扫描结果：对结果进行分类以消除假阳性，将已确定的问题集发送给开发人员并修补缺陷。

SAST 工具重要的选择标准：

（1）是否支持所使用的编程语言及操作系统。

（2）可以检测到的漏洞类型（在 OWASP 前十名中）。

（3）准确率、误报率。

（4）是否满足使用的库/框架。

（5）是否支持跨类、跨函数的缺陷/漏洞检测。

（6）是否具备深度检测能力。

（7）是否可以集成到开发者的 IDE 中。

（8）设置/使用是否困难。

（9）是否可以连续自动运行。

（10）是否可以根据实际情况进行定制化功能（每个企业所需要的检测重点不同）。

7.2.4.2 常见的 SAST 工具

以下是一些常用的 SAST 软件，大家可以参考：

1. Checkmarx（商用—以色列）

Checkmarx 提供了一个全面的白盒代码安全审计解决方案，帮助企业在软件开发过程中查找、识别、追踪绝大部分主流编码中的技术漏洞和逻辑漏洞，帮助企业以低成本控制应用程序安全风险。

2. Fortify（商用—美国）

Fortify 是一款企业级源代码静态分析工具，功能比较全面，自动静态代码分析可帮助开发人员消除漏洞，并构建安全的软件。它支持 Java、PHP、C#、Python、Go 等 27 种编程语言，而且能够集成在 IDE、Jenkins、Git 等服务中。

3. SonarQube（开源或商用版本）

SonarQube 是一款企业级源代码静态分析工具，支持 Java、PHP、C#、Python、Go 等 27 种编程语言，而且能够集成在 IDE、Jenkins、Git 等服务中。

4. CodeQL（开源）

CodeQL 是一个免费开源的语义代码分析引擎和查询工具，它以一种非常新颖的方式组织代码与元数据，可以通过像 SQL 查询一样检索代码，并发现其中的安全问题。

5. Find Security Bugs（开源）

Find Security Bugs 是一个用于 Java Web 应用程序安全审计的 SpotBugs 插件，它支持在多种主流 IDE 环境进行安装，如 Eclipse、IntelliJ、Android Studio、Sonar Qube 等。

7.2.5 SAST 的发展

静态应用程序安全测试主要是通过工具分析目标代码，通过纯静态的手段进行分析处理，并测试相应的漏洞。静态应用程序安全测试工具经历了长期的发展与演变过程，从最初的关键词匹配到基于 AST 代码分析，再到基于 IR/CFG 代码分析的阶段。

7.2.5.1 关键词匹配阶段

当我们想要设计一个自动化的静态扫描工具时，我们第一反应肯定就是使用关键词匹配，或使用正则表达式的形式来进行设计，但紧接着你也会很快意识到关键词匹配的问题。

我们编写的规则都是基于代码的，但是我们作为安全工程师，永远没办法知道开发人员是怎么写代码的，在这种情况下我们只能追求更高的覆盖度，就会导致更高的误报率；或者更高的准确性，就会导致更高的漏报率。

但是这种情况并没有从根本上解决问题，随着时间的推移维护的成本会越来越高，漏报率、误报率也很难降下来。

7.2.5.2 基于 AST 代码分析阶段

关键词匹配最大的问题在于我们永远不知道开发人员是怎么写代码的，没有办法保证开发人员的习惯，也就没办法通过任何标准化的规则匹配来确认漏洞。由于这些原因，基于 AST 的代码扫描技术就产生了，毕竟开发人员是不同的，但是编译器总是相同的吧。

对于基于 AST 的代码分析来说，最大的挑战在于没人能保证自己完美地处理所有的 AST 结构，再加上基于单向流的分析方式，当我们的函数有多重调用的时候，我们的 SAST 就开始无能为力了，所以无法应对 100%的场景，这也正是这类工具面临的问题。

7.2.5.3 基于 IR/CFG 代码分析阶段

由于 AST 更接近分析代码，它们过滤掉了很多的控制流、逻辑流，会丢失掉很多的信息，这也是基于 AST 的代码分析的普遍解决方案。所以基于 IR/CFG 这类带有控制流的解决方案，是现在更主流的代码分析方案，但不是唯一的。

首先我们得知道什么是 IR/CFG。

IR 是一种类似于汇编语言的线性代码，其中各个指令按照顺序执行，其中现在主流的 IR 是三地址码（四元组）。

CFG（Control flow graph），控制流图，在程序中最简单的控制流单位是一个基本块。在 CFG 中，每一个节点代表一个基本块，每一个边代表一个可控的转移，整个 CFG 代表了整个代码的控制流图。

一般来说，我们需要遍历 IR 来生成 CFG，其中需要按照一定的规则。当然，我们也可以用 AST 来生成 CFG，毕竟 AST 的层级比较高。

而基于 CFG 的代码分析思路优势在于，对于一份代码来说，你首先有了一份控制流图（或者说是执行顺序），然后才到漏洞挖掘这一步。比起基于 AST 的代码分析来说，你只需要专注于从 Source 到 Sink 的过程即可。

建立在控制流图的基础上，后续的分析流程与 AST 其实别无太大的差别，挑战的核心仍然维持在如何控制流，维持作用域，处理程序逻辑的分支过程，确认 Source 与 Sink。

理所当然的是，既然存在基于 AST 的代码分析，又存在基于 CFG 的代码分析，自然也存在其他的种类。就像是现在市场上主流的 fortify、Checkmarx 都使用了自己构造语言的某一个中间部分，比如 fortify 就需要对源码编译的某一个中间语言进行分析。前段时间被阿里收购的源伞甚至实现了多种语言生成统一的 IR，这样一来对于新语言的扫描支持难度就大大减少了。

事实上，无论是基于 AST、CFG 或是某个自制的中间语言，静态代码扫描分析思路都开始变得清晰起来，都是针对统一的数据结构进行分析。

7.2.6　脚本开发实战：CodeQL 检测规则开发实战

和现在流行的 SAST 工具来说，CodeQL 更像是一个基础平台，让你不需要再操心底层逻辑，你可以将自动化代码分析简化为我们需要用怎么样的规则来找到满足某个漏洞的特征。

而借助 CodeQL 官方提供的在线演示平台，我们可以来进行一些规则的学习和使用。

7.2.6.1　在线平台

通过浏览器访问：https://lgtm.com/query 即可使用在线平台，如图 7-4 所示。

图 7-4　在线平台

我们可以在在线平台进行 CodeQL 的练习使用，这里我们选择了 Python 语言，项目选择 pallets/flask。

7.2.6.2　如何通过 QL 判断 flask 项目中哪里使用了 redirect 函数

CodeQL 的查询语句如下，

import python

select "hello world"

进行代码查询，首先要导入对应的编程语言包，不同的语言要导入的代码包不同，需要查询官网，导入 Python 的编程语言包如下：

import python

CodeQL 的 Python 库把对象分为了几种类型：

（1）Scope 作用域，比如函数或者类。

（2）Expr 表达式，比如 1+1。

（3）Stmt 语句，例如 if(xxx)。

（4）Variable 变量。

作为代码审计的开始 让我们先看看这个库调用的危险函数，在这里查了 flask 的重定向函数 redirect。

```
import python
from Call c，Name n where c.getFunc()= n and n.getId()= "redirect"
select c，"redirect"
```

在这段代码中有三个最基本的操作符，和我们使用 SQL 语句时比较像。

（1）使用 from 定义变量。

（2）使用 where 声明我们的筛选条件。

（3）使用 select 选择我们最终要输出的数据。

接下来我们在在线编辑器中输入，单击"View results"按钮，我们可以看到筛选出了 7 个包含 redirect()函数的内容，如图 7-5 所示。

图 7-5　命中代码

之后我们单击对应的函数，可以进入到相关的代码页，查看详细的代码，如图 7-6 所示。

图 7-6　代码详情

在上面的过程中，我们选择了 call 和 name 变量，call 是一个函数调用赋值给了 c，之后调用 c.getFunc() 来获取调用的函数，这个函数被命名为 n，最后我们要求 n.getId() 获得的名字是 redirect。

后续我们可以不断添加限制条件，在代码审计中可以找到自己想要看到的函数调用，CodeQL 不仅如此，还可以通过结合判断条件来寻找自己目标中的代码。

例如我们希望找到一个函数：有获取请求数据并赋值的语句，同时进行了重定向。我们的代码如下：

```
# 导入 Python 编程语言包
```

```
import python
```

```
# 对变量进行赋值
```

```
from Attribute a, Attribute b, Call c, Function f, Assign assign, Name n,
Call redirectCall, Name n1
```

```
# 定义过滤的条件
```

```
where a.getName()= "get" and a.getObject()=b
and(b.getName()= "GET" or b.getName()= "post")
and f.getAStmt()=  assign
and c.getFunc()= a
and assign.getValue()= c
and redirectCall.getFunc()= n1  and n1.getId()= "redirect"
and(assign.getScope()= f and  redirectCall.getScope()=f)
```

```
# 选择最终输出的结果
```

```
select f
```

7.3 SCA

今天的软件应用程序对于第三方开源组件依赖已经十分严重，如图 7-7 所示（引自《2020 开源风险分析报告》报告）。

据统计，75%的应用程序包含漏洞，确定的开源漏洞平均年龄为 1894 天。为了节省时间和效率，我们在项目中大量使用开源的第三方组件，这些组件由开源社区的程序员来开发，但是这些程序员对安全方面的了解几乎为零。结果可想而知，当我们在使用这些开源软件的时候，面临着多大的风险。但是 SCA[①]可以帮助我们有效地解决这些问题。

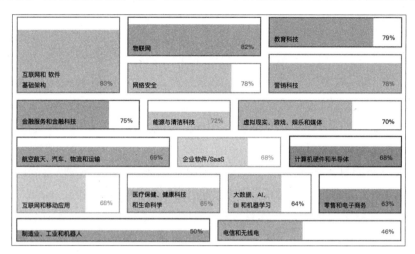

图 7-7　百分比反映了该行业代码库中的开源代码数量

7.3.1　SCA 简介

7.3.1.1　技术定位

软件组成分析（SCA）是自动查看开源软件（OSS）使用的过程，以实现风险管理、安全性和许可合规性。SCA 有助于确保开发人员嵌入其应用程序中的开源组件符合基本安全标准，并且不会给组织带来风险。软件成分分析工具不仅可以识别第三方组件的开源安全风险和漏洞，还可以提供每个组件的许可和漏洞信息。更先进的工具能够自动化开源选择、批准和跟踪的整个过程，为开发人员节省宝贵的时间并显著提高他们的准确性。SCA 工具正日益成为应用程序安全组合的重要组成部分。

7.3.1.2　重要性

SCA 的价值在于它所提供的安全性、速度和可靠性。仅靠手动跟踪的方式已经没有办法满足目前数量庞大的第三方代码和项目了。云原生应用和更复杂的应用日益普及，使得采用稳定可靠的 SCA 工具成为必然。采用 DevOps 理念之后，开发速度飞速提升，各组织都需要不影响开发速度的安全解决方案，自动化 SCA 工具应运而生。

7.3.1.3　优点

对于开发和安全而言，自动化开源代码分析具有以下诸多优点：全面显示代码库和应用中的涉及的第三方组件信息、全面展示安全风险、全面展示合规风险、精简构建到软件开发生命周期（SDLC）中的安全与合规功能。

---

① SCA：软件组成分析（SCA）自动查看开源软件（OSS）使用的过程，以实现风险管理、安全性和许可合规性。

7.3.2　SCA 原理

SCA 理论上来说是一种通用的分析方法，通过分析软件包含的一些信息和特征，比如通过建立一种语言的第三方漏洞库，然后通过一些特定的方法（这些提取方法在下文中会详细介绍）来提取出一个项目中引入的第三方组件库，然后来实现对该软件的识别、管理、追踪的技术。可以对任何开发语言对象进行分析，Java、C/C++、Golang、Python、JavaScript 等，它对对象是从文件层面的文件内容、文件与文件之间的关联关系以及彼此组合成目标的过程细节进行关注的。

从 SCA 分析的目标程序形式上分，既可以是源代码也可以是编译出来的各种类型的二进制文件，分析的数据对象对程序架构、编译方式都是不敏感的，比如：类名称、方法/函数名称、常量字符串等，不管目标程序运行在 x86 平台还是 ARM 平台；不管是 Windows 程序还是 Linux 程序，都是一样的，简而言之 SCA 是一种跨开发语言的应用程序分析技术。

SCA 分析过程：首先对目标源代码或二进制文件进行解压，并从文件中提取特征，再对特征进行识别和分析，获得各个部分的关系，从而获得应用程序的画像——组件名称+版本号，进而关联出存在的已知漏洞清单。

我们可以针对每一种语言，构建一个数据表，这个数据表包含两个字段——包名和cpe。然后我们可以针对性地去提取出一个项目引入的第三方组件，关于如何提取的，将在接下来的每个小节中详细展开。

7.3.2.1　Java

我们应该先构建 Java 的组件漏洞表信息，我们可以从 Snyk 上去爬取，如图 7-8 所示。

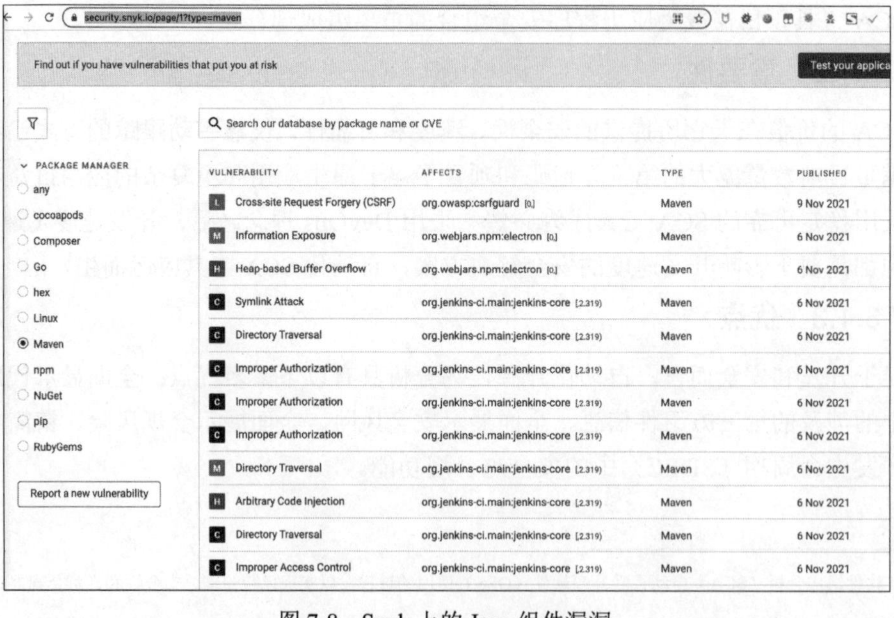

图 7-8　Snyk 上的 Java 组件漏洞

如果已经全量爬取了，那么我们就可以进行增量式的更新（Snyk 每周都会进行漏洞更新，更新时间视漏洞情况而定，如果一周都没有漏洞，那么就不更新）。接下来我们就可以考虑去爬取 NVD 上的 cpe 信息了。比如我们搜索 fastjson[①]的 cpe 信息（这里的 cpe 都是指 cpe2.3，后续不再重复赘述），如图 7-9 所示。所以我们需要去搜索 Java 所有的组件库，进而组建一个更庞大的 Java 组件漏洞库。当然了，如果在条件允许的情况下，在公司内部也可以开展 0day 的挖掘工作，来扩充这个 Java 组件漏洞库。

Q Search Results (Refine Search)

Search Parameters:
- Keyword: fastjson
- CPE Status: FINAL
- CPE Naming Format: 2.3

There are **78** matching records.
Displaying matches **1** through **20**.

Vendor	Product		Version	Update	Edit
cpe:2.3:a:alibaba:fastjson:1.1.20:*:*:*:*:*:*:*	View CVEs				
alibaba	fastjson		1.1.20		
cpe:2.3:a:alibaba:fastjson:1.1.21:*:*:*:*:*:*:*	View CVEs				
alibaba	fastjson		1.1.21		
cpe:2.3:a:alibaba:fastjson:1.1.22:*:*:*:*:*:*:*	View CVEs				
alibaba	fastjson		1.1.22		
cpe:2.3:a:alibaba:fastjson:1.1.23:*:*:*:*:*:*:*	View CVEs				
alibaba	fastjson		1.1.23		
cpe:2.3:a:alibaba:fastjson:1.1.25:*:*:*:*:*:*:*	View CVEs				
alibaba	fastjson		1.1.25		
cpe:2.3:a:alibaba:fastjson:1.1.26:*:*:*:*:*:*:*	View CVEs				
alibaba	fastjson		1.1.26		
cpe:2.3:a:alibaba:fastjson:1.1.27:*:*:*:*:*:*:*	View CVEs				
alibaba	fastjson		1.1.27		
cpe:2.3:a:alibaba:fastjson:1.1.31:*:*:*:*:*:*:*	View CVEs				
alibaba	fastjson		1.1.31		
cpe:2.3:a:alibaba:fastjson:1.1.32:*:*:*:*:*:*:*	View CVEs				
alibaba	fastjson		1.1.32		

图 7-9　fastjson 的 cpe 信息

接下来我们来讲讲如何去获取全量的 Java 组件库，因为有了全量的 Java 组建库，我们才可以去匹配对应组建的 cpe。我们可以在 mvnrepository 上获取，mvnrepository 是一个存有 Java 全量组件的网站。我们可以获取到 Java 组件名和版本，这时候你需要准备一块大容量的机械硬盘，因为存储量特别大（12TB 左右），机械硬盘在这个场景性价比就很高。

对于 Maven 的项目，我们先来了解一下 Maven 项目的结构，如图 7-10 所示。

---

① fastjson：fastjson 是一个用 Java 语言编写的高性能功能完善的 JSON 库。它采用一种"假定有序快速匹配"的算法，提升了 JSON Parse 的性能，是目前 Java 语言中最快的 JSON 库。fastjson 接口简单易用，已经被广泛使用在缓存序列化、协议交互、Web 输出、Android 客户端等多种应用场景。

```
a-maven-project
├── pom.xml
├── src
│   ├── main
│   │   ├── java
│   │   └── resources
│   └── test
│       ├── java
│       └── resources
└── target
```

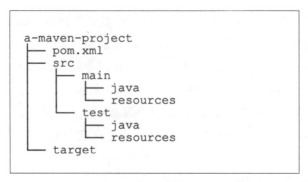

图 7-10 Maven 项目结构

项目的根目录 a-maven-project 是项目名，它有一个项目描述文件 pom.xml，存放 Java 源码的目录是 src/main/java，存放资源文件的目录是 src/main/resources，存放测试源码的目录是 src/test/java，存放测试资源的目录是 src/test/resources。最后，所有编译、打包生成的文件都放在 target 目录里。这些就是一个 Maven 项目的标准目录结构。所有的目录结构都是约定好的标准结构，我们千万不要随意修改目录结构。使用标准结构不需要做任何配置，Maven 就可以正常使用。我们再来看最关键的一个项目描述文件 pom.xml，POM 是项目对象模型（Project Object Model）的简称，它是 Maven 项目中的文件，使用 XML 表示，名称是 pom.xml。该文件用于管理：源代码、配置文件、开发者的信息和角色、问题追踪系统、组织信息、项目授权、项目的 URL、项目的依赖关系等。事实上，在 Maven 世界中，project 可以什么都没有，甚至没有代码，但是必须包含 pom.xml 文件。pom.xml 内容如图 7-11 所示。

```
<project ...>
    <modelVersion>4.0.0</modelVersion>
    <groupId>com.itranswarp.learnjava</groupId>
    <artifactId>hello</artifactId>
    <version>1.0</version>
    <packaging>jar</packaging>
    <properties>
        ...
    </properties>
    <dependencies>
        <dependency>
            <groupId>commons-logging</groupId>
            <artifactId>commons-logging</artifactId>
            <version>1.2</version>
        </dependency>
    </dependencies>
</project>
```

图 7-11 pom.xml 内容

其中，groupId 类似于 Java 的包名，通常是公司或组织名称，artifactId 类似于 Java 的类名，通常是项目名称，再加上 version，一个 Maven 工程就是由 groupId、artifactId 和 version 作为唯一标识的。我们在引用其他第三方库的时候，也是通过这三个变量确定的。例如，依赖 commons-logging，如图 7-12 所示。

```xml
<dependency>
    <groupId>commons-logging</groupId>
    <artifactId>commons-logging</artifactId>
    <version>1.2</version>
</dependency>
```

图 7-12   依赖 commons-logging 在 pom.xml 中的结构

所以我们只需要去解析 pom.xml。由于是 xml 格式，比较规范，所以解析和识别起来的效率就很高，所以我们能够非常快速地去判断出这个应用使用的一些组件信息，前提是开发者需要遵守开发规范，比如开发者如果又从其他 jar 中引入组件的话，那么其实我们从 pom.xml 中识别的也不是全部的第三方组件了。

对于 gradle 的项目，识别起来就没有 Maven 项目那么轻松了。gradle 项目结构如图 7-13 所示。

图 7-13   gradle 项目结构

build.gradle 文件包含项目构建所使用的脚本。settings.grdle 文件将包含必要的一些设置，例如，任务或项目之间的依赖

关系等。gradlew、gradlew.bat，这两个是 gradle 环境的脚本，双击脚本可以自动完成构建。wrapper 文件可以利用它进行安装项目默认的 gradle。src 文件夹主要是存放项目的代码文件和项目配置文件，跟 Maven 一样，存在 main 文件和 test 文件，在 main 文件夹下存在着 Java 文件夹和 resources 文件夹，大家应该会比较熟悉了，就不多说明了。在了解了 gradle 项目结构后，我们就可以着手去提取其中的组件信息了。我们可以从一个项目中的所有.gradle 后缀的配置文件中，提取 lib、dependencies、$等关键字，因为这些都与依赖有关系，部分代码如图 7-14、图 7-15 所示。

```
                    // console.log(dependencies[i][j]['name'])
                    //带有$的依赖
                    dicts.push({
                        key:   "unnormal_dollar",
                        value: dependencies[i][j]['name']
                    })
                    resolve(dicts);
                }else if (!forbidRegex1.test(dependencies[i][j]['name']) &&
                    !forbidRegex2.test(dependencies[i][j]['name']) &&
                    !forbidRegex3.test(dependencies[i][j]['name']) &&
                    !forbidRegex4.test(dependencies[i][j]['name'])
                ){
                    //带有lib的依赖
                    dicts.push({
                        key:   "unnormal_lib",
                        value: dependencies[i][j]['name']
                    })
                    resolve(dicts);
                }
            } else{
                // console.log(dependencies[i][j]['name'])
                //正常依赖
                dicts.push({
                    key:   "normal",
```

图 7-14　解析 gradle 的部分代码（1）

```
        if (stats.size !== 0){
            //判断文件名是否为build.gradle
            if (path.basename(abspath) === "build.gradle"){
                let file = fs.readFileSync(abspath, "utf8");
                // console.log(file)
                //判断build文件里是否有关键字
                if (reg_build.test(file)){
                    build_files.push(abspath);
                }
            }

            //判断文件名是否为dependencies.gradle等
            if (path.basename(abspath) === "dependencies.gradle" ||
                path.basename(abspath) === "gradle.properties" ||
                path.basename(abspath) === "version.properties" ||
                path.basename(abspath) === "settings.gradle"
            ){
                let file = fs.readFileSync(abspath, "utf8");
                //判断version文件里是否有关键字
                if (reg_version.test(file)){
                    version_files.push(abspath);
                }
```

图 7-15　解析 gradle 的部分代码（2）

7.3.2.2　C/C++

C/C++的漏洞信息库我们可以从 Snyk 上去搜集，如图 7-16 所示。搜集过程与 Java 小节类似，这里不再赘述。

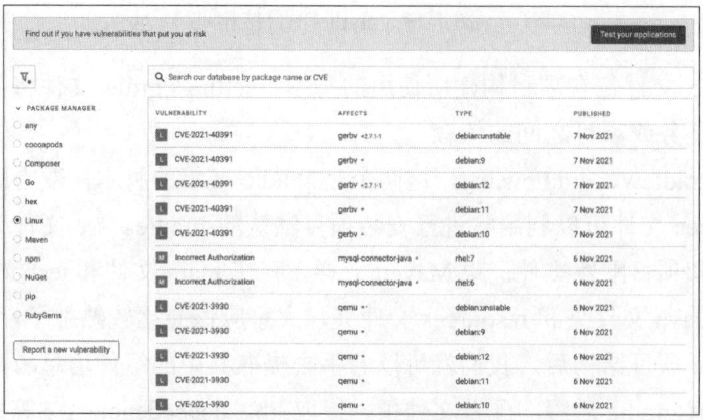

图 7-16　Snyk 上 C/C++的漏洞库

我们也可以去 JFrog 上进行搜集，如图 7-17 所示。

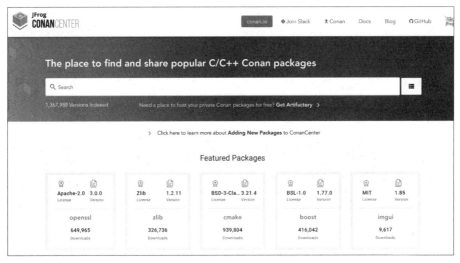

图 7-17　JFrog 的 C/C++漏洞库

搜集完成漏洞库后，我们就可以进行提取程序中的第三方库了。C/C++其实有非常多的"坑"，没有一套统一的、完整的包管理工具，所以对于我们的检测来说也是比较困难的。C++由于其复杂的历史原因，造成了复杂的依赖项，有的依赖 perl，有的依赖于 Python。这些项目的历史悠久，有无数数不清的"坑"。想要做到 Modern，不是不想，而是实在是做不到。比如 LLVM 和 Clang，已经算是这些项目中非常优秀的项目了，历史包袱也不是非常多，代码非常优秀，可是做了不知道多久还没有彻底从 Autotools 迁移到 CMake。这些复杂的依赖项是没有办法直接使用的，因为他们的目录位置并没有遵循一个统一的标准，如果有一个统一的标准，那么 C++的包管理器会好做很多。同样的问题，出现在同样历史悠久的 PHP 身上。PHP 本身有非常多的"坑"，这个就不细说了，而 Composer 花费了近 10 年时间才逐渐将 PHP 变成了现在这个 Modern 的样子（当然还有 PHP 自己的努力），这个我们会在下一小节的 PHP 中进行细说。C/C++这种太过于平台和编译器相关的语言其实很难出现语言级别的包管理器这种东西，但是正因为如此在各个平台上都会有相应的二进制包管理器（也有非二进制程序），比如 Linux 的 apt-get、deb、yum、Windows 10 上的 package manager 等。像 NPM、pip 这些都是与平台无关的，它们的基础其实是相应语言的虚拟机/解释器/运行时等机制，而这些是跨平台的。所以我们只能从项目导入的 include .h 头文件进行提取，当然这样的提取是非常低效的，提取的第三方引用包其实也是不完整的。我们只能去针对性地优化，针对每一个系统去写提取的方案，然后根据提取的结果进行不断改进优化。

7.3.2.3　PHP

PHP 的漏洞信息库我们可以从 Snyk 上去搜集，如图 7-18 所示。搜集过程与 Java 小节类似，这里不再赘述。

Vulnerability DB
Detailed information and remediation guidance for known vulnerabilities.

Find out if you have vulnerabilities that put you at risk · Test your applications

Search our database by package name or CVE

✓ PACKAGE MANAGER

- any
- cocoapods
- ● Composer
- Go
- hex
- Linux
- Maven
- npm
- NuGet
- pip
- RubyGems

VULNERABILITY		AFFECTS	TYPE	PUBLISHED
H	SQL Injection	pomm/pomm <1.1.0 >=1.2-RC1, <1.2.0	Composer	13 Nov 2021
M	Information Exposure	hov/jobfair >=0.0	Composer	12 Nov 2021
C	Cross-site Scripting (XSS)	dolibarr/dolibarr <14.0.0	Composer	12 Nov 2021
C	Arbitrary Code Injection	dolibarr/dolibarr <14.0.0	Composer	12 Nov 2021
M	Insecure Inherited Permissions	neoan3-apps/template <1.1.1	Composer	10 Nov 2021
H	Directory Traversal	getgrav/grav >=0.0.0	Composer	6 Nov 2021
C	Cross-site Scripting (XSS)	librenms/librenms >=0.0	Composer	5 Nov 2021
M	Cross-site Scripting (XSS)	tinymce/tinymce <5.10.0	Composer	4 Nov 2021

图 7-18   Snyk 上 PHP 漏洞库

建立好 PHP 漏洞库后，我们就可以开始去提取项目中引用的第三方组件了。首先我们来详细说一下 PHP 的包管理方式。拓展和包是两个非常相近的概念。在 PHP 世界里，一般可以这样理解和区分两者：拓展（extension）和模块（module）等价，是用 C 语言写的功能合集；包（package）和库（library）等价，主要是用 PHP 实现的功能合集；拓展以动态链接库（dll 或 so）的形式加载，包则通过 require/include 方式加载。绝大部分时候，两者混用不会造成理解上的困难。常见的拓展包括 GD、ZIP、XML、MySQLi、OPCache 等，常见的包包括 PHPMailer、PHPOffice、HTMLPurifier 等。在 Composer 流行之前，PEAR 和 PECL 是更为 PHP 开发者所知的两个工具（社区）。PEAR 是 PHP 拓展和应用仓库（PHP Extension and Application Repository）的缩写；PECL 是 PHP 拓展社区库（PHP Extension Community Library）的缩写。两者的区别可用拓展和包来区分：PECL 托管拓展，源代码多为 C 文件，例如 APC、AMPQ 等；PEAR 托管包，功能用 PHP 实现，如 PHP CodeSniffer、HTTP Request 等；PEAR 对应 pear 命令，PECL 对应 pecl 命令，可用这两个命令安装和管理拓展和包（pear 的 build/pickle 子命令也可以编译 PECL 中的拓展）。两者互为补充，官网以姐妹形容两者的关系。PECL 是官方拓展的补充，目前仍处于活跃状态，一些优秀的拓展有成为官方拓展的潜质。韩天峰的 Swoole 拓展也托管在 PECL 中，国内名气非常高。相比之下 PEAR 已是明日黄花。PEAR2 和 Pyrus（下一代的 PEAR 包安装工具，基于 PHP5.3+构建）。PEAR 的没落伴随着本文主角 Composer 的兴起。PEAR 的定位是"提供可复用的 PHP 组件"，以中心化的方式为开发者提供功能包。中心化发布的方式保证了代码的质量，同时带来维护上的不便：通过评审的包才能发布，包过时现象严重。PEAR 安装的包是全局的，不能为单独项目安装依赖包，非特权用户不能自行安装依赖包，其他缺点还包括糟糕的依赖管理等。随着 GitHub 的流行和 Composer 的出现，包管理进入 Composer 时代。Composer 严格来说是定位是依赖管理工具而非包管理器。Composer 中文网对 Composer 工作介绍如下：

（1）你有一个项目依赖于若干个库。

（2）其中一些库依赖于其他库。

（3）你声明你所依赖的东西。

（4）Composer 会找出哪个版本的包需要安装，并安装它们（将它们下载到你的项目中）。

PEAR 能做的事情，Composer 都能做（包括安装 PECL 拓展），部分还能做得更好。Composer 默认把包安装在项目目录下，普通用户就能正常使用（Composer 官方建议不要以 root 身份执行 composer 命令）；鼓励遵循最佳实践，极大地推动了 PHP 社区编码风格的规范化；Composer 是去中心化的平台，任何人均可发布代码包；发布包无须评审，包的质量由用户投票决定。作为 PEAR 的继任者，Composer 的表现经受住了社区的考验，并成为事实上的依赖管理标准工具。Composer 目前已经形成庞大的生态，在数量上，Composer 的包远超 PEAR。由于任何人均可自由发布包且无须评审，Composer 生态中的包可能存在代码质量参差不齐、代码风格各异、后门漏洞等隐忧。另外 Composer 的依赖管理以项目为单位，一台机器上可能多次安装同一个包。但瑕不掩瑜，总体而言，Composer 极大地改变了 PHP 的开发生态，促进了代码交流和社区发展。composer.json 示例如图 7-19 所示。

```
1  {
2      "name": "tlanyan/foo",
3      "version": "1.0.0",
4      ....
5      "require": {
6          "php": ">=5.4.0",
7          "yiisoft/yii2": ">=2.0.6",
8          "yiisoft/yii2-swiftmailer": "*",
9          "yiisoft/yii2-redis": ">=2.0.0",
10         "smarty/smarty": "&lt;=3.1.25",
11         "yiisoft/yii2-smarty": ">=2.0.0",
12         "phpoffice/phpexcel": ">=1.8.0",
13         "tecnickcom/tcpdf": "~6.2.0"
14     },
15     ....
16 }
```

图 7-19 composer.json 示例

composer.json 与 NPM 的 package.json 非常类似，我们将在 package.json 中详细描述介绍。对于 composer.json 我们只需要提取出 require 中的内容即可，然后去我们的漏洞库中进行比对。

7.3.2.4 Python

首先我们来讲一下 PyPI 的概念。PyPI 是 Python 包索引（PyPI）是 Python 编程语言的一个软件存储库。你需要的包（Package）基本上都可以从这里面找到。作为开源软件，你也希望能够贡献你的 Package 到这里供其他用户使用。我们举个例子，如果你希望使用请求库，但是 Python 自带的请求库很烦琐，那么就可以使用 requests 作为一个第三方网络请求库。但是这个代码在远程，没有在本地，你就需要将需要的内容从 PyPI 上下载下来。这个时候你只需要一个命令：pip install requests。当然如果你有你自己的 Package 也可以发布上去。如果你使用的是 Java 项目的话，你就将 PyPI 理解成 Maven 就行了。

全量的组件信息，我们就直接去 PyPI 上爬取就行了，如图 7-20、图 7-21 所示。

图 7-20　搜索 requests 库

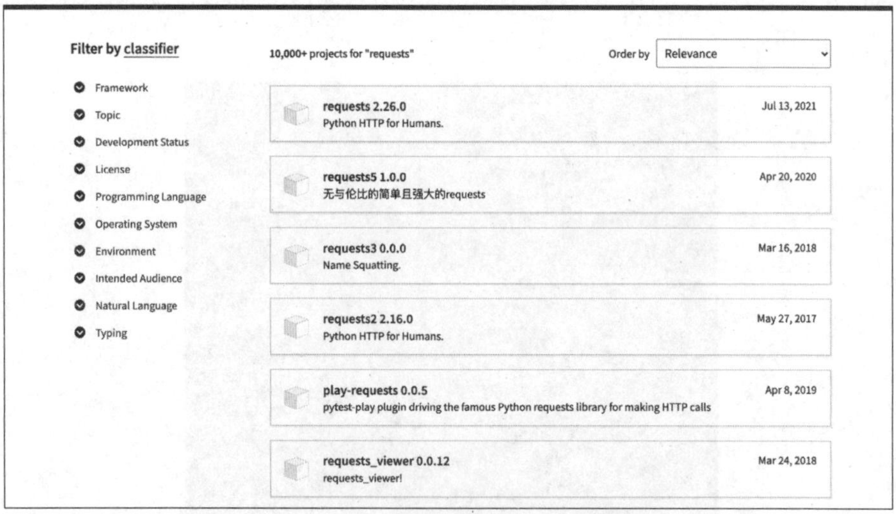

图 7-21　requests 搜索返回结果

关于 Python 组件漏洞的信息，我们就直接去 Snyk 上爬取，方法与 Java 组件漏洞爬取类似，这里就不再赘述了。我们有了这个全量 Python 组件库后，就可以去 NVD 上进行搜索 cpe，进而去扩充我们的 Python 组件漏洞库信息了。

构建好 Python 组件漏洞库后，我们就去从 Python 代码中提取项目所使用的第三方组件信息。按照规范标准写的 Python 项目，都会有一个 requirements.txt，requirements.txt 是 Python 维护项目相关的依赖包，里面的内容用于记录所有依赖包和它的确切版本号，如图 7-22 所示。

图 7-22　requirements.txt 内容

我们可以利用正则去提取出对应的依赖包名和依赖版本，这样就可以在构建好的 Python 组件漏洞库中查询该项目是否存在漏洞。但是对于没有遵循开发规范的项目，没有 requirements.txt，即使我们能从项目源码中提取包，但是也无法知晓包的版本，对于这样的项目，是无法进行检测的。

7.3.2.5　nodejs

NPM（Node Package Manager）是 nodejs 的包管理器，用于 node 插件管理（包括安装、卸载、管理依赖等），它是随同 NodeJS 一起安装的包管理工具，能解决 NodeJS 代码部署的很多问题。其常见的使用场景有以下几种：允许用户从 NPM 服务器下载别人编写的第三方包到本地使用、允许用户从 NPM 服务器下载并安装别人编写的命令行程序到本地使用、允许用户将自己编写的包或命令行程序上传到 NPM 服务器供别人使用。

接下来我们开始搜集 NPM 的组件库，从 NPM 官网进行搜集，如图 7-23 所示。

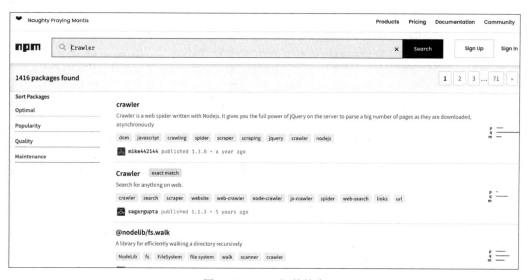

图 7-23　NPM 组件搜索

搜集完成 NPM 的组件库是为了可以转换 cpe。NPM 有自己维护的 npm-audit 平台，我们可以从这里获取 NPM 的漏洞库的信息。

建立好 NPM 的漏洞信息后，我们就可以开展识别工作了。同样，NPM 也有自己的依赖包格式，在 package.json，如图 7-24 所示。

```json
1  {
2      "name": "gradle_parse",
3      "version": "1.0.0",
4      "description": "",
5      "main": "index.js",
6      "scripts": {
7        "test": "echo \"Error: no test specified\" && exit 1"
8      },
9      "keywords": [],
10     "author": "",
11     "license": "ISC",
12     "dependencies": {
13       "body-parser": "^1.19.0",
14       "express": "^4.17.1",
15       "gradle-to-js": "^2.0.0"
16     }
17  }
18
```

图 7-24 package.json

上述字段的含义我们来一次讲解一下。

name 字段定义包的名称，在发布到 NPM 注册表时，这是软件包将在其中显示的名称，它不能超过 214 个字符，只能是小写字母，并且必须是 URL 安全的（允许连字符和下划线，但 URL 中不允许使用空格或其他字符）。

version 字段对于任何已发布的软件包都非常重要，并且在发布之前是必填的，用于 package.json 描述的软件的当前版本，这是非常重要但经常被忽略的属性。

description 字段用于发布的软件包，以在搜索结果中和 npmjs.com 网站上描述该软件包。

main 字段是 package.json 的功能属性。它定义了项目的入口点，通常用于启动项目的文件。

scripts 字段是 package.json 中的另一种元数据功能，scripts 属性接受一个对象，它的值为可以通过 NPM run 运行的脚本，其键为实际运行的命令。这些通常是终端命令，我们把它们放入 scripts 字段，可以既可以记录它们又可以轻松地重用。

keywords 字段是一个字符串数组，其作用与描述相似。NPM 注册表会为该字段建立索引，能够在有人搜索软件包时帮助找到它们。数组中的每个值都是与程序包关联的一个关键字。

author 字段是 people 字段，可以是 Name 格式的字符串，也可以是具有 name、E-mail、URL 字段的对象，E-mail 和 URL 都是可选的。

license 字段使我们可以定义适用于 package.json 所描述代码的许可证，在将项目发布到 NPM 注册表时这非常重要，因为许可证可能会限制某些开发人员或组织对软件的使用。拥有清晰的许可证有助于明确定义该软件可以使用的术语。

dependencies 是 package.json 中最重要的字段之一，它列出了项目使用的所有依赖项（项目所依赖的外部代码）。使用 NPM CLI 安装软件包时，它将下载到你的 node_modules/文件夹中，并将一个条目添加到你的依赖项属性中，注意软件包的名称和已安装的版本。

在 package.json 中，我们需要去提取出 name 和 version，我们暂且先不去管依赖的依赖，那样可能会导致递归"爆炸"，即使我们后续要去匹配，也只需要去匹配一层依赖即可，那也是指数级的工作量。我们得到了 name 和 version 后，就可以去漏洞库里匹配查询了，因为这是一个 json 文件，解析提取还是很方便的。

7.3.2.6 Docker image

在 Docker 的术语里，一个只读层被称为镜像，一个镜像是永久不会变的，所以镜像是无状态的。容器是在镜像层之上增加一个可写层，这个可写层有运行在 CPU 上的进程，而且有两个不同的状态：运行态和退出态。当启动容器时，Docker 容器就进入运行态；当停止容器时，它就进入退出态。当有一个正在运行的 Docker 容器时，从运行态到退出态，此时状态的变更会永久地写到容器的文件系统中。要切记，对容器的变更是写入到容器的文件系统的，而不是写入到 Docker 镜像中的，Docker 镜像是只读的，是永远不会变的。同一个镜像可以启动多个 Docker 容器，这些容器启动后都是活动的，彼此还是相互隔离的。对其中一个容器所做的变更只会局限于这个容器本身，如图 7-25 所示。

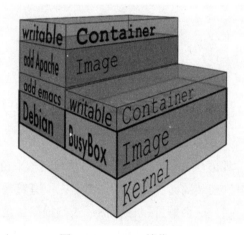

图 7-25 Docker 镜像

一个典型的 Linux 文件系统由 bootfs 和 rootfs 两部分组成。bootfs（boot file system）主要包含 bootloader 和 kernel，bootloader 主要用于引导加载 kernel，Linux 刚启动时会加载 bootfs 文件系统，当 bootfs 加载完成后，kernel 被加载到内存中后接管系统的控制权，bootfs 会被卸载。rootfs（root file system）包含的就是典型 Linux 系统中的/dev、/proc、/bin、/etc 等标准目录和文件，不同的 Linux 发行版（如 ubuntu 和 CentOS）主要在 rootfs

这一层会有所区别。一般的镜像通常都比较小，官方提供的 Ubuntu 镜像只有 60MB 左右，而 CentOS 基础镜像也只有 200MB 左右，一些其他版本的镜像甚至小于 10MB，比如：busybox 才 1.22MB，alpine 镜像也只有 5MB 左右。镜像直接调用宿主机的内核，镜像中只提供 Rootfs，也就是只需要包括最基本的命令，配置文件和程序库等相关文件就可以了，如图 7-26 所示，就是有两个不同的镜像在一个宿主机内核上实现不同的 Rootfs。

图 7-26　两个不同的镜像在一个宿主机内核上实现不同的 Rootfs

可以看到，新镜像是从 Base 镜像一层一层叠加生成的。每安装一个软件，就在现有镜像的基础上增加一层。这样最大的好处就是资源共享，如图 7-27 所示。

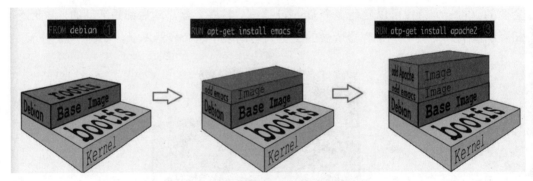

图 7-27　新镜像是在 Base 镜像上堆叠的

我们使用分析的工具是 Clair，其镜像识别的原理简单来说就像"剥洋葱"一样，一层一层地解开，我们每次安装的新的软件后，都是在原有镜像上进行堆叠的，我们现在是一个逆过程，我们一层一层地解开镜像，然后去扫描镜像是否存在 CVE 的历史漏洞，接着去匹配并且生成报告，如图 7-28 所示。

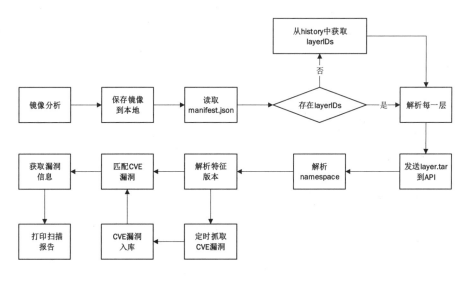

图 7-28　Docker 镜像扫描识别流程

7.3.2.7　二进制

虽然好多源代码中具有的信息在二进制文件中不存在，但是对于常量字符串、部分类名称、函数名称以及一些配置信息还是存在的。并且这些信息具备一定的不变性，即受 cpu 架构、不同编译优化选项的影响很小，因此二进制 SCA 主要从二进制文件中提取这些方面的不同特征，再运用匹配算法进行相似度计算，并根据相似度门限来检测出引用的开源软件名称和版本号。结合分析二进制代码中的 CFG 调用图、DFG 数据流图等信息进行更加精准的检测，但由于这些分析需要对二进制文件进行指令反汇编，导致分析时间非常长，分析效率低下，因此这种 SCA 检测方法不适合对大规模二进制文件进行扫描。

7.3.3　常见的 SCA 产品、开源软件

7.3.3.1　Fortify SCA

Fortify 是 MicroFocus 旗下 AST（应用程序安全测试）产品，其产品组合包括：Fortify Static Code Analyzer 提供静态代码分析器（SAST），Fortify WebInspect 是动态应用安全测试软件（DAST），Software Security Center 是软件安全中心（SSC）和 Application Defender 是实时应用程序自我保护（RASP）。

我们使用的是 Fortify SCA 产品下的 Scan Wizard。若为 Maven 项目，先在.../Fortify/Fortify_SCA_and_Apps_{version}/plugins/maven 文件夹下找到 maven-plugin-bin.zip 解压，然后单击 maven clean install 安装到本地仓库。然后在用 ScanWizard 的第二步时，勾选 Maven，再简单配置一下 Maven 即可，如图 7-29、图 7-30 所示。

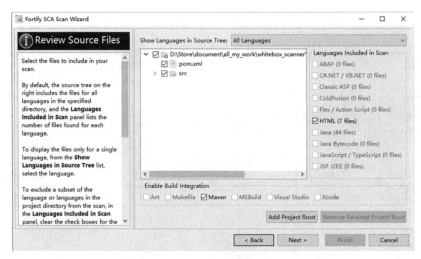

图 7-29　Maven 的 Scan Wizard

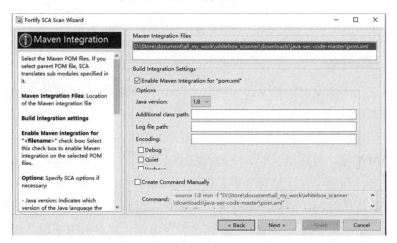

图 7-30　Maven 的 Scan Wizard

7.3.3.2　Black Duck SCA

Synopsys 的 Black Duck SCA 是一种综合性解决方案，可管理应用和容器中因使用开源而引起的安全、许可证合规性和代码质量风险。Black Duck 作为 SCA 领域的公认领导者，提供无与伦比的第三方代码可视性，让用户能够在整个软件供应链和整个应用生命周期中对其进行控制。

Black Duck SCA 的主要功能如下：

1．多因子扫描

Black Duck 具有依赖分析、二进制，以及代码片段和签名扫描功能，提供市场上唯一的多方位扫描方案，能够识别竞争对手的单一依赖关系解决方案无法识别的开源。

2．Black Duck 知识库

Black Duck 的专有知识库是安全行业最全面的开源、许可证和安全信息存储库，其

中涉及的信息远远超出 NVD 等免费订阅库中的普通信息。Black Duck 知识库由 Synopsys 网络安全研究中心（CyRC）专家编制，涵盖超过 2650 个独有的开源许可证、132000 个独有的漏洞和超过 390 万个开源项目。

3. Black Duck 加强安全解决方案

该解决方案可早于 NVD 三周提供经过编制和优先排序的安全通知。Black Duck 拥有 NVD 中未列出的数千个独有漏洞，能够最全面地概括用户的安全态势。Black Duck 加强安全解决方案由 CyRC 专家编制，是用户获取安全信息的可靠来源。它们通过及时提供详细描述、严重程度评分和先进的补救指导，不仅准确，而且可行。Black Duck 加强安全解决方案通过自定义优先排序，能够提供最深入的分析，并且结合了最强大的个性化功能。

4. 许可证识别

Black Duck 跟踪 2650 多个开源许可证，可以帮助用户避免许可证违规，以免导致代价高昂的诉讼或损害知识产权。

5. 策略设置

Black Duck 提供市场上最为个性化的精细策略配置，让用户能够精简安全活动。

6. 无摩擦集成

Black Duck 可无缝集成到现有的 SDLC 和 CI/CD 工具链中，从而最大限度地减少摩擦并有助于保持开发速度。

7. 用例

Black Duck 不仅对安全团队很有用，而且 DevOps 工程师、开发人员和法律团队都可以使用它提供的宝贵数据和信息，来强化整个组织的安全性、代码质量和法律风险防御态势。

7.3.3.3　npm-audit

自从 NPM 在执行 npm install 命令时自动开启安全审计（npm audit）之后，很多前端或 Node.js 项目都报出几个或者一堆安全缺陷问题，尤其对于庞大的旧项目，甚至有数百乃至上万个安全缺陷问题。

执行 npm audit 命令需要存在 package.json 和 package-lock.json 文件，否则会报错。执行 npm audit 之后，会输出安全报告表格以及不同严重级别的总数。

7.3.3.4　Dependency-Check

Dependency-Check 是 OWASP（Open Web Application Security Project）的一个实用开源程序，用于识别项目依赖项并检查是否存在任何已知的、公开披露的漏洞。目前，已支持 Java、.NET、Ruby、Node.js、Python 等语言编写的程序，并为 C/C++构建系统

（autoconf 和 cmake）提供了有限的支持。而且该工具还是 OWASP Top 10 的解决方案的一部分。Dependency-Check 支持面广（支持多种语言）、可集成性强，作为一款开源工具，在多年来的发展中已经支持和许多主流的软件进行集成，比如：命令行、Ant、Maven、Gradle、Jenkins、Sonar 等，具备使用方便、落地简单等优势。

Dependency-Check 的原理是依赖性检查可用于扫描应用程序（及其依赖库），执行检查时会将 Common Platform Enumeration（CPE）国家漏洞数据库及 NPM Public Advisories 库下载到本地，再通过核心引擎中的一系列分析器检查项目依赖性，搜集有关依赖项的信息，然后根据搜集的依赖项信息与本地的 CPE&NPM 库数据进行对比，如果检查发现扫描的组件存在已知的易受攻击的漏洞则标识，最后生成报告进行展示。

Dependency-Check 与 Maven 集成的工具 Dependency-check-maven 一样非常易于使用，可以作为独立插件使用，也可以作为 maven site 的一部分使用。该插件需要使用 Maven 3.1 或更高版本。第一次执行时，可能需要 20 分钟或更长时间，因为它会从 NIST 托管的国家漏洞数据库下载漏洞数据到本地备份库。第一次批量下载后，只要插件每七天至少执行一次，本地漏洞库就会自动更新，更新只需几秒钟。

集成很简单，只需要在项目的 pom 文件中增加 Maven 配置即可。

用法一：在 target 目录中创建 dependency-check-report.html。

```
<plugin>
    <groupId>org.owasp</groupId>
    <artifactId>dependency-check-maven</artifactId>
    <version>4.0.2</version>
    <configuration>
        <autoUpdate>true</autoUpdate>
    </configuration>
    <executions>
        <execution>
            <goals>
                <goal>check</goal>
            </goals>
        </execution>
    </executions>
</plugin>
```

用法二：在 maven site 中创建聚合性的报告。

```
<plugin>
    <groupId>org.owasp</groupId>
    <artifactId>dependency-check-maven</artifactId>
```

```
            <version>4.0.2</version>
            <reportSets>
                <reportSet>
                    <reports>
                        <report>aggregate</report>
                    </reports>
                </reportSet>
            </reportSets>
        </plugin>
```

用法三：设置当风险指数（CVSS）大于等于 8 时（CVSS 分数为 0～10）则项目编译失败。

```
        <plugin>
            <groupId>org.owasp</groupId>
            <artifactId>dependency-check-maven</artifactId>
            <version>4.0.2</version>
            <configuration>
                <failBuildOnCVSS>8</failBuildOnCVSS>
            </configuration>
            <executions>
                <execution>
                    <goals>
                        <goal>check</goal>
                    </goals>
                </execution>
            </executions>
        </plugin>
```

用法四：仅更新 NVD（漏洞库）数据，而不执行检查。

```
        <plugin>
            <groupId>org.owasp</groupId>
            <artifactId>dependency-check-maven</artifactId>
            <version>4.0.2</version>
            <executions>
                <execution>
                    <goals>
```

```
        <goal>update-only</goal>
    </goals>
  </execution>
 </executions>
</plugin>
```

7.3.4 SCA 未来发展

从识别准确率来说，SCA 其实是一个相对平衡的东西，对于不同的厂家，大家的需求点不一样。如果对于金融类的企业来说，希望 SCA 一个都不漏，也就是优先追求识别数量，在尽可能多识别的情况下，去降低误报率，提升识别准确率，这是 SCA 非常重要的一点。当提升准确率后，可能会去增加时间成本，所以如何去做到一个平衡点，这是开发者和企业需要去权衡思考的。

从识别速度来说，快速识别能够大大节约平时工作中的时间成本，可以帮助开发人员快速去定位到该漏洞，也为后续漏洞的修复、应急提供宝贵的时间。所以如何去提高识别速度，也是 SCA 发展的一个重要方向。

从识别范围来说，一款优秀的 SCA 产品应该具有依赖分析（包括子依赖和不识别重复依赖等）、二进制、代码片段、签名扫描、开源许可证识别等功能，提供市场上唯一的多方位扫描方案。强大的扫描功能，可以使其在市场中脱颖而出。

7.4 DAST

7.4.1 DAST 简介

DAST（Dynamic Application Security Testing，动态应用程序安全测试），也就是黑盒扫描，在测试或运行阶段分析应用程序的动态运行状态，通过模拟人的行为直接对系统发起动态请求，在请求过程中通过添加一些污染参数进行模拟黑客攻击的测试，然后通过分析系统的返回信息判断是否存在安全问题。

这种工具不区分测试对象的实现语言，采用攻击特征库来做漏洞发现与验证，能发现大部分的高风险问题，因此是业界 Web 安全测试使用非常普遍的一种安全测试方案。

动态应用程序安全测试从应用程序的外部测试其安全性，举个例子就像是通过去检查门窗有没有锁好、能不能从烟筒进去等来判断你家房子的安全性。这被称为黑盒测试，因为工具看不到隐喻性的盒子内部，它的目的是模拟真实的攻击，用来检测应用程序源代码之外的漏洞，它实现了对 XSS、SQL 注入等安全问题的检测，可以将恶意的请求提交给应用程序处理来检查其行为。

这种方法还可以评估服务器配置和身份验证问题，检查逻辑配置错误，检测第三者组件缺陷，尝试从外部破坏加密，等等。因此可以定制且灵活的安全测试工具可用于各种规模的应用程序的漏洞评估。

7.4.2 DAST 动态扫描基本原理

正如我们所知，DAST 背后的概念是，它模拟了黑客真正的攻击，而与此同时，DAST 一般分为主动扫描和被动扫描。

主动扫描一般用于黑盒测试，其形式为提供一个 URL 入口地址，然后由扫描器中的爬虫模块爬取所有链接，对 GET、POST 等请求进行参数变形和污染，进行重放测试，然后依据返回信息中的状态码、数据大小、数据内容关键字等去判断该请求是否含有相应的漏洞。

与主动扫描相比，被动扫描并不进行大规模的爬虫爬取行为，而是直接通过捕获测试人员的测试请求，进行参数变形和污染来测试服务端的漏洞，如果通过响应信息能够判断出漏洞存在，则进行记录管理，有人工再去进行漏洞的复现和确认。

所以我们可以发现，主动扫描与被动扫描最主要的区别为被动式扫描器不主动获取站点链接，而是通过流量、获取测试人员的访问请求等手段去采集数据源，然后进行类似的安全检测。

DAST 工具都是依赖扫描规则库进行对应的扫描测试的，这个库中包含了已知漏洞的验证代码，通过发送携带此代码的请求再判断返回结果，就可以判断是否存在对应规则的漏洞。从这个角度可以来说，一个 DAST 工具的扫描规则库的准确性、多样性是我们选择是否使用的重要评估标准。

针对 Web 应用程序的漏洞扫描其实就是每个扫描器读取自己的 Payload 进行探测。每个扫描器都有各自不同的 Payload 进行探测，探测结果也可能不尽相同。因此，做漏洞扫描的时候，可以选择使用多个扫描器一起扫描，获取最终较为准确的结果。

当 DAST 工具对所有的页面参数进行规则判断之后，就会将扫描的结果输出成一份安全测试报告，一般都会包含漏洞详情、修复方式等相关信息。

7.4.3 DAST 优缺点分析

7.4.3.1 DAST 的优势

DAST 相对于 SAST 而言，至少有三方面的优势：一是有一些代码逻辑较为复杂，通过代码审计难以发现所有问题，而通过安全测试可以将问题看得更清楚；二是有一些逻辑漏洞通过安全测试，可以更快地得到结果；三是 DAST 有着极低的误报率，且与代码语言无关，不需要针对代码做适配研发。

DAST 这种测试方法主要测试 Web 应用程序的功能点，测试人员无须具备编程能力，无须了解应用程序的内部逻辑结构，不区分测试对象的实现语言，采用攻击特征库来做漏洞发现与验证，能发现大部分的高风险问题，因此是业界 Web 安全测试使用非常普遍的一种安全测试方案。DAST 除了可以扫描应用程序本身之外，还可以扫描发现第三方开源组件、第三方框架的漏洞。

7.4.3.2 DAST 的不足

但 DAST 也有缺点，主要体现在它难以覆盖复杂的交互场景，且扫描过程会对业务造成较大干扰，产生大量的报错和脏数据，使得研发测试难以进行。因此 DAST 往往基于测试流量进行被动扫描，以覆盖所有逻辑，且扫描在低峰期进行，以减少对业务的干扰。

从工作原理也可以分析出，主动型 DAST 一方面需要爬虫尽可能地把应用程序的结构爬取完整，另一方面需要对被测应用程序发送漏洞攻击包。现在很多的应用程序含有 AJAX[①]页面、CSRF Token[②]页面、验证码页面、POST 表单请求或是设置了防重放攻击策略，这些页面无法被网络爬虫发现，因此 DAST 技术无法对这些页面进行安全测试。DAST 可能覆盖不到一些业务，假如我们登录要提交内容，如果是手机号则进入正常业务，如果是邮箱会进入管理员的业务，爬虫不知道这个逻辑，那管理员的业务永远不会被访问到。

DAST 发现漏洞后会定位漏洞的 URL，无法定位漏洞的具体代码行数和产生漏洞的原因，需要比较长的时间来进行漏洞定位和原因分析，这使得 DAST 不太适合在 DevSecOps 的开发阶段中使用，一般会在测试阶段和上线前后使用。

目前 Web 安全扫描器针对 XSS、SQL 注入、PHP 文件包含等漏洞的检测技术已经比较成熟。这是因为这些漏洞的检测方法主要是检测返回结果的字符串特征。而对于 CSRF、越权访问、文件上传等漏洞，却难以达到自动化检测的效果。这是因为这些漏洞涉及系统逻辑或业务逻辑，有时候还需要人机交互参与页面流程。因此这类漏洞的检测更多需要依靠手动测试完成。

7.4.4 DAST 的技术实践

7.4.4.1 实践中落地 DAST 的一些问题

前面我们提到 DAST 一般会在测试阶段和上线前后使用，因为测试阶段是产品发布前的最后一个阶段，在此阶段需要对产品进行充分的安全测试，验证安全设计阶段的安全功能是否符合预期，并验证在开发阶段发现的所有安全问题是否得到解决。

DAST 类产品的最大作用，第一是在很多场景下企业拿不到项目源码（比如第三方软件集成或者购买），此时安全问题的自动化发现方案还是 DAST 最佳；第二是在对大量目标扫描的时候，不分语言不分框架，无须在业务上部署东西，直接接入流量或者开启爬虫，开始扫描即可发现漏洞。

---

① AJAX：一种在无须重新加载整个网页的情况下能够更新部分网页的技术。

② CSRF Token：可保护 Web 应用程序免受跨站点请求伪造（CSRF）的侵害。

接下来我们来看一下，在使用或者选择 DAST 工具的时候需要注意一些什么。

（1）确认范围，需要确认扫描目标的网络情况，包括 ip、域名、内外网等信息，确保目标可达可进行扫描。

（2）确定规则，选择主要的扫描规则和想要发现的漏洞类型，进行针对性的扫描。

（3）定制扫描策略，确定是否要周期性扫描、防火墙是否开启等。

（4）在准备就绪之后，进行扫描任务的创建执行。

（5）在进行多次扫描之后，可以根据误报情况进行扫描规则的优化，定制适合自己的扫描规则。

7.4.4.2　常见的 DAST 工具

以下是一些安全工程师常用的 DAST 软件，大家可以参考。

1. AWVS

AWVS（Acunetix Web Vulnerability Scanner）是一款知名的网络漏洞扫描工具，它通过网络爬虫测试网站安全，检测流行安全漏洞。在漏洞扫描实战过程中，一般会首选 AWVS，因为这个能扫描出来的漏洞很多，而且使用比较简单。

2. AppScan

AppScan 是一款非常好用且功能强大的 Web 应用安全测试工具，曾以 Watchfire AppScan 的名称享誉业界，Rational AppScan 可自动化 Web 应用的安全漏洞评估工作，能扫描和检测所有常见的 Web 应用安全漏洞，例如 SQL 注入（SQL-injection）、跨站点脚本攻击（cross-site scripting）、缓冲区溢出（buffer overflow）及最新的 Flash/Flex 应用及 Web 2.0 应用暴露等方面安全漏洞的扫描。

3. OpenVAS

OpenVAS（开放式漏洞评估系统）是一个客户端/服务器架构，它常用来评估目标主机上的漏洞。OpenVAS 是 Nessus 开始收费后，独立出来的一个开源的扫描器。OpenVAS 默认安装在标准的 Kali Linux 上，具有强大的系统和设备扫描器，缺点是扫描速度慢，占用磁盘空间较大。

4. Xray

Xray 是一款功能强大的安全评估工具，检测速度快（发包速度快，漏洞检测算法高效）、支持范围广（大至 OWASP Top 10 通用漏洞检测，小至各种 CMS 框架 POC，均可以支持）、编写代码的人员素质高，通过 Code Review、单元测试、集成测试等多层验证来提高代码可靠性。

Xray 支持的漏洞检测类型包括 XSS 漏洞检测、SQL 注入检测、命令/代码注入检测、目录枚举、路径穿越检测、XML 实体注入检测、文件上传检测、弱口令检测、jsonp 检测、ssrf 检测、基线检查、任意跳转检测、CRLF 注入、Struts2 系列漏洞检测、Thinkphp

系列漏洞检测、POC 框架。

Xray 是一款基于 Go 语言开发的漏洞扫描器，支持导入 poc 扫描，不过团队对 poc 的质量要求很高，导致现在 poc 数量比较少。

7.4.5　DAST 的现状和未来发展趋势

由于 DAST 的历史悠久，技术路线相对简单，现在的 DAST 也主要是主动型和被动型两种，主要的区别还是对于流量的抓取方式。

被动型 DAST 产品从本质上来说还是属于 DAST，只是使用方式采用交互式，漏洞检出率、误报率、部署成本都属于中等级别，第三方组件检测效果较差。由于脏数据和扫挂服务的问题，导致维护成本较大，用户容易产生抵触心理，并且无法检测加密、签名和做了防重放的请求。

IAST 和 DAST 都属于测试阶段，IAST 的出现，冲击最大的是同属于测试阶段的 DAST 类产品，但仅限于通用漏洞。不过大家慢慢应该也感觉到一个趋势，通用漏洞越来越少，框架越来越成熟，在框架中就帮助解决了大部分通用漏洞，业务逻辑漏洞慢慢成为主流，DAST 类产品要不被 IAST 类产品取代，可以发力在业务逻辑漏洞上。

7.5　IAST

7.5.1　IAST 简介

近年来随着 DevSecOps 和安全左移的理念不断深入人心，国内很多头部企业都纷纷开始实践与落地。Gartner 在 2017 年和 2019 年分别发布了《DevSecOps 应当做好的十件事》和《DevSecOps 应当做好的十二件事》两篇研究报告，其中都对成功实施 DevSecOps 进行了研究。两篇研究报告一致认为实施 DevSecOps 的关键挑战和第一要素是安全测试工具和安全控制过程能够很好地适应开发人员，而不是背道而驰。要将安全测试、安全控制成功融入 DevOps 中的前提是，尽可能不要改变开发人员和测试人员的工作方式，也不要让他们增加额外的工作负担，所有的安全测试应实现自动化、透明化。否则可能会破坏 DevOps 的协作性和敏捷性，最终安全团队成为众矢之的，导致 DevSecOps 无法落地。而 IAST 可以在不破坏 DevOps 的协作性和敏捷性的前提下实现安全测试的左移，实现安全测试借助功能测试同步自动静默执行，最终在软件开发生命周期的早期进行漏洞修复，降低漏洞修复成本。这也是 2014 年 Gartner 将 IAST 纳入十大信息安全性技术之一的重要原因。

接下来让我们进一步了解 IAST 的来源与定义，IAST 是 Gartner 提出的技术概念，这里我们就引用 Gartner 对 IAST 的定义。其定义如下：交互式应用程序安全测试（IAST）结合了静态应用程序安全测试（SAST）和动态应用程序安全测试（DAST）技术。主要目标是通过SAST和DAST技术的交互来提高应用程序安全测试的准确性。IAST将SAST和DAST的优点整合到一个解决方案中，这种方法可以确认漏洞的可利用性或排除误报，并确定漏洞在应用程序代码中的位置。该技术使用了独特设计的关联机制，将静态应用程序安全测试（SAST）上下文与动态应用程序安全测试（DAST）上下文相结合。整合了SAST和DAST技术的优势，能够对运行时的Web应用程序进行动态安全分析，从中提取上下文内容、数据流和流控信息、配置信息、实际运行数据。因此，正是由于这些丰富的信息，可以比其他安全检测工具识别出更多的漏洞、更高的准确率。

7.5.2　技术原理

7.5.2.1　IAST 分类

IAST根据业内不同的技术实现，可以将IAST分为被动IAST（ACTIVE IAST）和主动IAST（PASSIVE IAST），Gartner将被动IAST视为"功能齐全"的IAST（FULL IAST），而主动IAST则被视为"轻量级"的IAST（PARTIAL IAST）。看到这里相信很多读者都会有疑惑，好像缺少了"流量型"IAST。因为无法获取Web应用程序运行时内部的关键信息，无法将SAST和DAST两者的技术优势进行整合，同样也无法定位到存在漏洞的代码位置，因此"流量型"IAST本质上仍是DAST。并不符合Gartner对IAST的定义，只是国内部分厂商偷换概念误导市场的一种宣传方式。无论是主动IAST还是被动IAST，均需要将具有安全检测能力的代码融入被检测对象中，这个过程中就需要采用程序插装。

7.5.2.2　程序插装

程序插装的概念最早是由J.C. Huang教授提出的，是在保证原有程序逻辑完整性的基础上，在程序中插入探针，通过探针采集代码中的信息，如：方法本身、方法参数值、返回值等，在特定的位置插入代码段，从而搜集程序运行时的动态上下文信息。程序插装可以适用于任何语言，但为了有更好的通用性，IAST产品中目前主要使用目标代码插装，IAST需要根据被测目标对象的开发语言采用不同的插装技术实现，以下是对主流Web应用开发语言的插装方法进行简要介绍。

1. Java 插装

Java语言本身提供了插装的接口。在JDK 1.5中引入了一个静态Instrument的概念，利用它可以构建一个独立于应用程序的代理程序（Agent），用来监测和增强运行在JVM上的程序，可以在程序启动前修改类的定义。在JDK 1.6之后Instrument支持了在运行时对类定义的修改这样的特性实际上提供了一种虚拟机级别支持的AOP实现方式，使得开发者无须对应用程序做任何升级和改动，就可以实现某些AOP的功能了。

2. PHP 插装

根据PHP解释器所处的环境不同，PHP有不同的工作模式，例如常驻CGI、命令行、

Web Server 模块、通用网关接口等多个模式。在不同的模式下，PHP 解释器以不同的方式运行，包括单线程、多线程、多进程等。为了满足不同的工作模式，PHP 开发者设计了 Server API 即 SAPI 来抹平这些差异，方便 PHP 内部与外部进行通信。

虽然 PHP 运行模式各不相同，但是 PHP 的任何扩展模块都会执行以下生命周期：

（1）MINIT 模块初始化。

（2）RINIT 请求初始化。

（3）RSHUTDOWN 请求结束。

（4）MSHUTDOWN 模块结束。

在 PHP 实例启动时，PHP 解释器会依次加载每个 PHP 扩展模块并进行初始化，之后在运行过程中处理请求，直到运行结束。

PHP 核心由两部分组成，一部分是 PHP core，主要负责请求管理、文件和网络操作；另一部分是 Zend 引擎，负责编译执行及内存资源的分配。Zend 引擎将 PHP 源代码进行词法分析和语法分析之后，生成抽象语法树，然后编译成 Zend 字节码，即 Zend opcode。即 PHP 源码→AST→opcode。opcode 就是 Zend 虚拟机中的指令。在 PHP 的内部实现中，每一个 opcode 都由一个函数具体实现，opcode 数据结构如下：

```
struct _zend_op
{
    opcode_handler_t handler;    // 执行该 opcode 时调用的处理函数
    znode_op op1;                // opcode 所操作的操作数
    znode_op op2;                // opcode 所操作的操作数
    znode_op result;
    ulong extended_value;
    uint lineno;
    zend_uchar opcode;           // opcode 代码
    zend_uchar op1_type;
    zend_uchar op2_type;
    zend_uchar result_type;
};
```

如结构体所示，具体实现函数的指针保存在类型为 opcode_handler 的 handler 中。

PHP 的插装主要添加一个 PHP 扩展模块，在 MINIT 阶段进行模块初始化并进行插装。PHP 的扩展模块可以从两个层面进行 hook 函数，一是通过修改 zend_internal_function 的 handler 来 hook PHP 中的内部函数；另一种即通过 zend 提供的 API zend_set_user_opcode_handler 来修改上述的 handler 来实现。

当进入请求初始化 RINIT 阶段时，请求执行过程中函数调用都已经过了 Agent 扩展模块的处理。

3．.NET 插装

.NET 与 Java 类似，作为相同的面向对象语言，其插装方式与 Java 也高度相似。.NET 使用了 .NET CLR 提供的 Profiling 接口，可以通过 C++实现一套类似 Java 中 Instrumentation API 的 IL 改写机构，以将基于 C#的安全漏洞检测逻辑注入关键方法之中。但该接口并不像 Java 的 ava.lang.instrument 包那样易于使用。

4．Python 插装

Python 语言的插装与 PHP 类似，主要方法为对 Python 的底层函数进行包装。在 PEP 302 中提供了 import hook 的方法，可以在被引用的模块加载之前，动态地对指定的函数进行添加装饰器，通过装饰器中加入的代码逻辑即可完成对特定函数的插装。

7.5.2.3 被动 IAST 技术原理

被动 IAST 利用动态污点分析技术检测漏洞，且需要利用程序插桩技术将 Agent 注入被测试应用程序的方式来部署 Agent。Agent 会运用应用程序的外部输入、数据内部传播处理方法，以及所有可能引起安全风险的方法或函数处进行"埋点"，工作原理如图 7-31 所示。在漏洞检测过程中始终保护静默监听，不会重放报文。

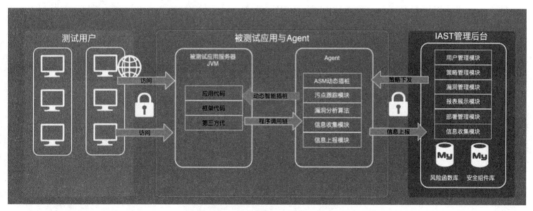

图 7-31　被动 IAST 工作原理图

被动 IAST 检测过程不需要篡改和重放数据报文，安全测试可与功能操作可同步完成。利用动态污点分析技术其本身天然支持具有加签、一次性 Token、短信验证等复杂应用场景。此外，被动 IAST 另外一个特色就是漏洞检测效率奇高，几乎是实时完成每个接口的安全检测。

因为 Agent 可以获取应用的所有中间代码、应用程序运行时控制流、应用程序数据流信息、环境配置信息、HTTP 请求和响应、使用的框架和其他组件、后端连接信息、数据库连接等信息，相较 SAST、DAST 而言，被动 IAST 能检测更多的通用漏洞。

被动 IAST 在漏洞检测分析过程主要利用了动态的污点分析技术，接下来对污点分析技术进行简述。污点分析是软件分析、安全漏洞分析、攻击方式检测的重要手段，并且广泛应用于漏洞分析、漏洞检测等工具。污点分析可以抽象成一个三元组

<sources,sinks,sanitizers>的形式，其中，sources 即污点源，代表直接引入不受信任的数据到系统中；sinks 即污点汇聚点，代表直接产生安全问题的敏感操作（违反数据完整性），或者泄露隐私数据到外界（违反数据保密性）；sanitizers 即无害处理，代表通过数据加密或者移除危害操作（如：数据过滤、数据验证）等手段使数据传播不再对软件系统的信息安全产生危害。

本质上污点分析就是分析程序中由污点源引入的数据是否能够不经无害处理而传播到污点汇聚点。如果不能，说明本条系统信息流是安全的。反之则说明系统产生了隐私数据泄露或危险数据操作等安全问题。

以 SQL 注入漏洞为例，应用程序在用户登录时，系统会要求输入用户名和密码，输入的用户名和密码会被认定为污染源，输入的用户名和密码这两个值没有经过程序的无害处理（如安全过滤）。当这两个值传播至最终执行的 SQL 语句中时，就会产生一个 SQL 注入漏洞。当然实际传输过程还会考虑是否有预编译等情况。

接下来我们通过简化了的 IAST 检测运行流程，简要说明被动 IAST 是如何利用程序插装和动态污点分析技术实现漏洞检测分析的。

被动 IAST 通过插装操作，在原有程序的一些函数，通常是 source、propagator、sink、sanitizer 四类节点中植入一段 IAST 的代码，从而可以在程序运行时获取到程序的上下文信息。以下以 Java 技术实现为例进行说明。

1. Source 节点插装过程

代码是 Servlet 中获取 HTTP 参数值的函数：

```
public String getParameter(String name){
    return this.request.getParameter(name);
}
```

对其进行插装后：

```
public String getParameter(String name){
    String var = this.request.getParameter(name);
    Caller.source(..., name, var, ...);
    return var;
}
```

我们在该函数入口处插入了一段函数调用：Caller.source(...,name,var,...)，在原有程序运行到此处时，通过插入的代码向 IAST 进行回调，IAST 可以记录为：某个 HTTP 请求进来后，调用了 getParameter 方法获取 HTTP 请求中的一个 name 的请求参数，参数值为 var，并将其返回值 var 标记为污染源。

2. Propagator 节点插装过程

污染源在程序各个函数之间不断传递，在经过某些传播函数时成为一个新的污染点（由外部污染源产生的），我们需要对这一类函数插入代码，保证能够持续进行污染点跟踪。

下方是一个字符串拼接函数：

```
public String concat(String str){
    if(str.isEmpty()){
        return this;
    }
    int len = value.length;
    int otherLen = str.length();
    char buf[] = Arrays.copyOf(value, len + otherLen);
    str.getChars(buf, len);
    return new String(buf, true);
}
```

对其进行插装后：

```
public String concat(String str){
    ...
    String var = new String(buf, true);
    Caller.propagator(..., var, ...);
    return var;
}
```

经过 contact 函数传播节点后，若调用 contact 函数的字符串自身是一个污染数据或则其参数 str 为污染数据，那么 IAST 将其返回值作为一个新的污染点继续进行跟踪。

3. Sanitizer 节点插装过程

我们可以将一些函数认定为无害处理函数，经过此函数的污染源将不再具备污染性（实际只是影响单个漏洞类型）。

下方是一个 Base64 encode 函数：

```
public String encode(String str){
    return encode0(str, "UTF-8");
}
```

对其进行插装后：

```
public String encode(String str){
    Caller.sanitizer(..., command, ...);
```

```
    return encode0(str, "UTF-8");
}
```

在污染源经过 sanitizer 点后在程序中继续传播时，将被标记为无污染性，不会对程序产生危害。

4. Sink 节点插装过程

如下是 Java 中调用系统命令的函数：

```
public Process exec(String command)throws IOException {
    return exec(command, null, null);
}
```

对其进行插装后：

```
public Process exec(String command)throws IOException {
    Caller.sink(..., command, ...);
    return exec(command, null, null);
}
```

当程序运行到 sink 点的一些函数时，IAST 会判断到达 sink 点的数据是否为污染源，若为污染源，则 IAST 会报告发现一个命令注入的漏洞。

我们可以发现经过 source→propagator→sink→sanitizer 四个节点后，即为一个污点跟踪的全过程，漏洞检测的过程随着应用程序正常执行同步完成。

7.5.2.4 主动 IAST 技术原理

主动 IAST 的优势是几乎不存在误报，同时针对已发现的漏洞可以定位到应用程序中源代码的位置，也可以识别存在已知漏洞的开源组件。在其他方面由于采用了 Web 扫描技术，同 Web 扫描器一样存在着检测速度慢、无法适用于应用程序使用了加密、加签、一次性 Token 等应用场景，同时还存在着检测过程中产生脏数据、脏操作，破坏功能测试结果的风险。因此主动 IAST 无法透明地融入 DevOps，实现安全测试的左移。

主动 IAST 将 Web 扫描器与部署在应用程序内工作的 Agent 代理程序相结合，以提供额外的分析详细信息，如应用程序漏洞代码的位置。主动 IAST 执行安全分析需要两个不同的组件，一个是使用 Web 扫描器的"攻击"组件，另一个是使用 Agent 代理程序的"检测"组件。"攻击"组件通过篡改 HTTP 报文发送攻击 Payload 来扫描应用程序，如图 7-32 所示。

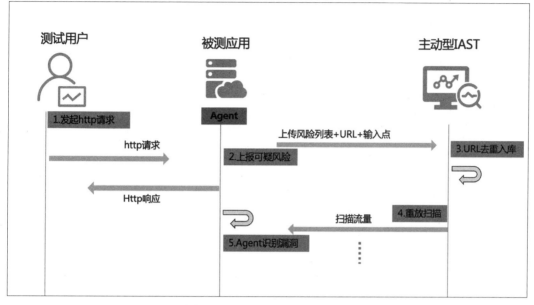

图 7-32　主动 IAST 工作原理图

主动 IAST 简要工作过程如下：

（1）agent 对应用程序 HTTP 相关的方法进行插装，以达到获取完整 HTTP 请求的数据的目的。

（2）对漏洞执行方法进行插装，插装后 agent 可以感知该方法被调用，并获得相应的执行数据。

如 Java 中调用系统命令的函数：

```
public Process exec(String command)throws IOException {
    return exec(command, null, null);
}
```

对其进行插装后：

```
public Process exec(String command)throws IOException {
    Caller.sink(..., command, ...);
    return exec(command, null, null);
}
```

（3）获取输入点（污染源）位置，通常有两种实现方式。一种是通过将漏洞执行数据和请求的数据进行对比，以确定该漏洞执行数据的来源位置，但是这个来源位置并不是准确的，存在一定的误判概率。另一种是利用污染点分析获取输入点（污染源）位置，这是一种较为准确的位置。在无法精确定位输入点位置时 Web 扫描器需要遍历 HTTP 的参数列表，大量地重放请求信息。

（4）agent 将获取的请求信息和危险函数执行相关信息发送到 Web 扫描器，Web 扫描器将原始请求参数的值篡改为一种带有探测性的 payload（例如 sql 漏洞的 payload 可以为 str、str，目录遍历漏洞的 payload 可以为../../../../etc）通过 payload 能有效探测应用程序对参数是否进行过无害处理，同时也能验证漏洞的可利用性。之后 Web 扫描器将组装完成的报文发送给被测试 Web 应用。

（5）如 agent 端监测到了 Web 扫描器发送的请求并触发了漏洞执行方法，则会比较是否收到了完整的 payload，如果 payload 被过滤，或者编码，例如 str 被修改成了%20%27%20str，../../../../etc 被修改成了 etc，则表明漏洞不可利用或者危害很低。

（6）如 agent 端没有检测到 Web 扫描器发送的请求触发漏洞执行方法。则说明该请求大概是被拦截了，说明该参数无法被外界控制，漏洞不存在。

7.5.2.5　被动与主动 IAST 对比分析

根据前面对两种 IAST 的技术实现原理的分析，我们可对比两项 IAST 技术，如表 7-1 所示。

表 7-1　被动与主动 IAST 对比分析表

项　　目	内　　容	主动 IAST 插桩+扫描器	被动 IAST 插桩+污点分析
检测能力	检测效率	极低	极高（实时检测）
	误报率	极低	较低（通过安全控制营运可以实现极低的误报率）
	测试覆盖率	低	高
	已知存漏洞开源组件检测	支持	支持
	支持检测的安全弱点类型	一般	最多
漏洞展示能力	漏洞定位到代码	支持	支持
	漏洞位置堆栈信息	支持	支持
	漏洞完整数据流和堆栈信息分析	不支持	支持
对被检测应用影响	脏数据	非常多	无
	脏操作	非常多	无
对被检测应用技术限制	应用采用数据加密传输	不支持	支持
	应用采用签名验签	不支持	支持
	应用采用防重放逻辑	不支持	支持

7.5.3　被动 IAST 与常见安全测试产品对比

在 DevSecOps 的实践工具链中，比较关键的工具是包括 DAST、SAST、IAST 在内的 AST（应用安全测试）。DAST 即动态应用测试，常见的 AWVS、AppScan 等漏扫技术就属于此类型。SAST 即静态应用测试，通常作为代码审计工具。IAST 则是介于上述两者之间，通常通过插桩的方式进行交互式应用安全测试的工具。既拥有同 SAST 定位具体问题代码位置的优势，拥有同 DAST 能定位到具体 CGI 的特点。

在 AST 技术（应用安全测试技术）的使用过程中，不同技术存在各自的问题，技术侧重点也不尽相同。通过对三种常用应用安全测试产品的各种检测能力进行对比（见表 7-2），可以发现 IAST 技术在三者之间具备一定的优势。

表 7-2　被动 IAST 与常见安全测试产品对比

项　目	内　容	DAST	SAST	IAST
检测能力	检测效率	低	低	极高（实时检测）
	误报率	低	高	较低（通过安全控制营运可以实现极低的误报率）
	测试覆盖率	低	高	与功能测试覆盖率一致
	开源组件漏洞检测	非常有限	不支持	支持
	支持检测的安全弱点类型	一般	较多	最多
漏洞展示能力	漏洞定位到代码	不支持	支持	支持
	漏洞位置堆栈信息	不支持	不支持	支持
	漏洞完整数据流和堆栈信息分析	不支持	不支持	支持
对被检测应用影响	脏数据	非常多	无	无
	脏操作	非常多	无	无
对被检测应用技术限制	应用采用数据加密传输	不支持	支持	支持
	应用采用签名验签	不支持	支持	支持
	应用采用防重放逻辑	不支持	支持	支持
漏洞类型	支持的漏洞类型	非常多	非常多	特定类型
其他	对订制化框架的支持	支持	不支持	支持
	安全弱点修复和测试效率	只有请求信息，开发人员需要额外时间查找对应的源码，修复的效率较低	只有源码信息，需要额外时间分析对应的请求，测试和验证效率较低	最快，既有源码信息便于研发修复，又有请求信息便于测试和验证

7.5.4　应用价值

IAST 不但可以应用于应用程序（Web 应用程序、API 接口、移动应用后台）上线前的安全检测，也可以应用于已经上线的应用程序（对性能敏感程度不高的应用）的持续安全检测。通过 IAST 的应用可以带来以下价值。

7.5.4.1　提升安全测试的覆盖率

如今在互联网上的交易类 Web/App 应用为了保证数据的保密性和完整性必须在传输过程中对数据采用加密、加签的方法，对于应用只有加签的这类场景，DAST 技术产品即使获取了有效的输入点，也无法篡改原始报文替换 Payload 重放数据报文。IAST 能有效覆盖应用具有加密、一次性资源、签名等场景的应用接口，还能有效检测 Web 通用漏洞、代码层漏洞，识别存在已知漏洞的开源组件。

7.5.4.2　提升软件供应链安全

软件开发团队往往专注于业务功能的实现，却忽视了对开源组件中已知漏洞的检查。从实践和溯源来看，由于开源组件的漏洞信息、漏洞利用方式都是公开的，所以风险往往会更大。而 IAST 可以能有效检测出应用程序引入的存在已知漏洞的开源组件，有助于研发人员提前修复开源组件安全问题。

7.5.4.3　提升项目人员研发效率

被动 IAST 可以在项目功能测试的同时，同步自动化完成安全漏洞的测试。IAST 能够基于漏洞检测过程，输出包含来源参数、传播途径、漏洞片段、漏洞代码位置及 HTTP 信息等内容的可视化详情结果，并给出修复建议与相关代码示例。有助于开发人员对系统检测出的漏洞进行手动重现，加深研发人员对漏洞的理解，帮助研发人员对应用系统漏洞代码进行定位及修复。

7.5.4.4　实现安全测试的左移

向左移（Shift Left）的目的与核心是希望能在软件开发过程的更早期获得尽可能多的安全状态信息。有研究表明，开展安全问题的早期检测工作可以减少 90% 的修复成本。而被动 IAST 因为检测过程不产生脏数据、脏操作，同时检测效率高的绝对优势，被认为是实现功能测试阶段同步进行安全测试的最佳选择。

7.5.4.5　与 DevOps 高效集成

随着 DevOps 理念的普及和落地，项目的开发、交付形成了快节奏的文化和发展原则。

持续集成（CI）和持续交付（CD）作为 DevOps 的最重要实践之一，旨在缩短开发周期、提高软件交付效率以及实现全流程的自动化。要将 IAST 植入 DevOps 理念，必然需要应对需要与 CI/CD 系统（持续集成、持续交付、持续部署）进行无缝集成的要求和挑战。而这一点，借助被动 IAST 在检测过程中对被检测应用不造成影响的特性完全能够做到。

7.5.5　IAST 复现 CVE 的实践

为了使大家能有一个更加直观的印象，我们演示了被动 IAST 简单使用过程，我们提前部署了一套杭州孝道科技有限公司的 IAST。另外需要准备一个漏洞环境，为了方便起见，我们直接采用 Apache Struts2 S2-045 漏洞给大家进行演示。Apache Struts2 是一个基于 MVC 设计模式的 Web 应用框架，会对某些标签属性（比如 id）的属性值进行二次表达式解析，因此在某些场景下将可能导致远程代码执行。IAST 能够进行污染数据跟踪并对 OGNL 注入漏洞进行检测。在 Struts2 场景中，IAST 能够根据正常的数据流，分析最终被解析的表达式数据，结合污点传播过程进行漏洞检测。同时，能够精确判断出存在漏洞的参数以及漏洞形成的原因，并对具体的漏洞代码进行定位。

操作的主要过程如下。

（1）使用 IAST 产品对靶场进行插桩，如图 7-33 所示。

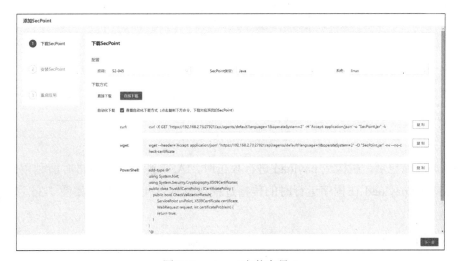

图 7-33　Agent 安装向导-1

在靶场启动参数中添加上-javaagent 等参数即可完成 Agent 插装，安装过程也有向导指引，非常简单方便，如图 7-34 所示。

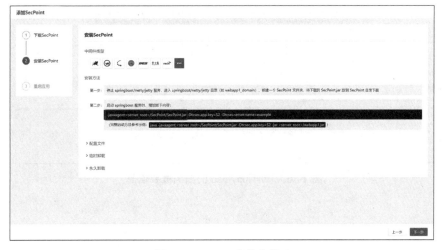

图 7-34　Agent 安装向导-2

（2）对靶场进行正常功能操作，使用 IAST 进行漏洞检测，在此过程中不需要发送攻击 Payload，IAST 即时发现表达式注入漏洞，如图 7-35 所示。

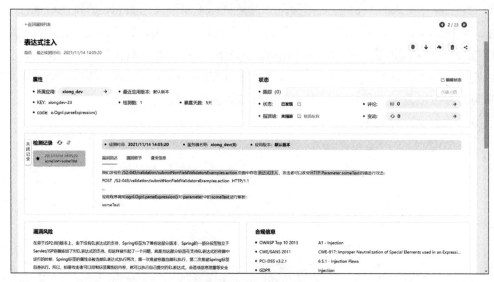

图 7-35　漏洞概要信息

（3）再次抓包后，在构造 payload 进行攻击时，IAST 能够捕获攻击时所利用的漏洞，并分析出攻击 payload 在程序运行时的传播过程以及具体代码位置，如图 7-36 和图 7-37 所示。

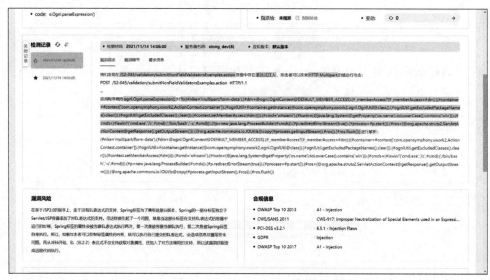

图 7-36　带有 payload 的漏洞概要信息

图 7-37　带有 payload 的漏洞详情信息

7.6　渗透测试

7.6.1　渗透测试简介

7.6.1.1　背景

当前市场上各种商用或开源漏洞扫描器一应俱全，均可扫描发现部分应用安全漏洞，但都无法覆盖全业务全应用的漏洞。且多数扫描器采用"宁可误报不可少报"的原则，扫描结果存在着不少误报的情况。

在这种情况下，需要专业安全人员的介入。渗透测试是对扫描结果进行验证的必要手段，确定漏洞是否真实可利用，对相关漏洞进行风险确认，同时也是对漏洞扫描器无法发现的漏洞进行能力补充。一位经验丰富的渗透测试工程师，是任何漏洞扫描器都无法完全替代的。

7.6.1.2　概念

渗透测试是一种模拟黑客攻击的行为，通过故意利用安全漏洞来展示恶意黑客如何破坏系统情况，这是一种了解网络安全弱点的方法。投入越大，了解的系统信息越多，模拟攻击的复杂性越高，也就越能了解相关系统的安全性。

7.6.2　标准流程

7.6.2.1　PTES 流程

PTES（Penetration Tseting Execution Standard）流程是 2009 年年初由一群网络安全

领域的专家聚集在一起，形成的渗透测试执行标准，它的核心理念是通过建立起进行渗透测试所要求的基本准则基线定义一次真正的渗透测试过程。

此标准将渗透测试分为七个阶段：参与前互动阶段、情报搜集、威胁建模、漏洞分析、渗透测试、后渗透、报告输出。

1. 参与前互动阶段

PTES 的第一部分规定了参与前互动的标准程序。在大多数情况下，这些交互从客户和渗透测试机构之间的第一次接触到渗透测试开始前的最终协商。

PTES 为这些会议中的一些参数指定了特定指南，如表 7-3 所示。

表 7-3　沟通会议考虑要素表

讨论事项	考虑要素
渗透测试的目标	主要目标应与安全相关，而非合规性
	次要目标应包括合规性和法律责任
测试的范围	确定要测试的范围
	确定测试程序的质量和数量
	持续时间，以及开始和结束时间确定
参与规则	是否有任何特定资源是"禁区"
	社会工程诈骗存在哪些界限

一旦这些初始会议完成，渗透测试人员就可以开始渗透测试工作的第一个关键阶段：情报搜集。

2. 情报搜集

在此阶段，渗透测试员将利用所有公开可用的信息并按照参与规则执行基本信息搜集。这个过程，也称为开源情报（OSINT），搜集所有可能在测试过程的有用信息。

情报搜集有三种形式：

（1）被动信息搜集。

被动信息搜集通常只有在非常明确要求目标永远不会检测到信息搜集活动时才有用。这种类型的分析在技术上很难执行，因为我们从不从我们的主机或互联网上的"匿名"主机或服务器向目标组织发送任何流量。这意味着我们只能使用和搜集存档或存储的信息。因此，这些信息可能已过时或不正确，因为我们仅限于从第三方搜集的结果。

（2）半被动信息搜集。

半被动信息搜集的目标是使用看起来像正常 Internet 流量和行为的方法来分析目标。我们只查询已发布的名称服务器以获取信息，我们不执行深入的反向查找或蛮力 DNS 请求，我们不搜索"未发布的"服务器或目录。我们没有运行网络级端口扫描或爬虫，我们只查看已发布文档和文件中的元数据，不主动寻找隐藏内容。这里的关键是不要引

起人们对我们活动的注意。事后分析目标可能能够返回并发现侦察活动，但他们不应将活动归咎于任何人。

（3）主动信息搜集。

目标和可疑或恶意行为应检测到主动信息搜集。在这个阶段，我们正在积极映射网络基础设施（如：全端口扫描 nmap –p1-65535），积极枚举和扫描开放服务的漏洞，我们正在积极搜索未发布的目录、文件和服务器。大多数此类活动属于标准渗透测试的典型"侦察"或"扫描"活动。

一旦搜集到信息，就可以开始构建威胁建模了。

3．威胁建模

威胁建模需要绘制出哪些特定资产最有可能成为黑客的目标，以及可以使用哪些资源（人力和其他资源）来定位这些资产。在这个阶段，渗透测试员将调动前一阶段发现的数据开始计划攻击。

PTES 为高级攻击的威胁建模指定了一个独特的四步过程，如图 7-38 所示。

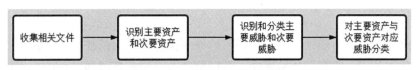

图 7-38　威胁建模过程图

渗透测试员将确定哪些资产最有价值，哪些最容易受到攻击。此步骤通过识别可能被利用的个体参与者和动机，以及可能被利用的任何软件或硬件，为下一个步骤奠定基础。

下一步是分析如何利用这些威胁。

4．漏洞分析

漏洞分析，即涉及进一步搜集信息，这一次与客户网络安全系统中的特定缺陷或弱点有关。

这个阶段使用前面步骤搜集到的所有情报来优先考虑特定的已知或可疑漏洞。

分析包括被动和主动两种主要模式。

（1）被动，自动化或以其他方式进行的分析几乎不需要黑客的任何活动，包括：

● 元数据分析。

● 流量监控。

（2）主动，更相关的分析，涉及攻击者的深入活动，包括：

● 基于端口的网络扫描。

● 应用缺陷扫描。

● 目录列表或"暴力破解"。

通过这些和其他方式，攻击者列出一个有针对性的漏洞列表，这些漏洞将在攻击期间优先考虑。规划阶段到此结束。

下一步攻击者准备好开始攻击了。

5. 渗透测试

攻击者将使用所有可用信息发起一次或多次有针对性的打击，这些攻击在性质上会有所不同，具体取决于参与前互动中确定的测试目标。但一般来说，攻击者的指导原则是：

（1）隐藏好自身攻击意图、IP地址，避免被发现。

（2）渗透速度快。

（3）穿透深度深。

（4）漏洞利用的广度大。

攻击者希望在整个进攻过程中，尽可能长时间不被发现。他们希望迅速采取行动，尽可能深入地了解客户的系统。他们将希望识别和利用尽可能多的分支访问路径。

通过坚持这些原则，攻击者将最大限度地利用攻击的发现。

漏洞利用成果并不是渗透测试的结束。

6. 后渗透

后渗透阶段的目的是确定受损机器的价值并保持对机器的控制以备后用。机器的价值取决于存储在其上的数据的敏感性以及机器在进一步破坏网络方面的有用性。本阶段描述的方法旨在帮助测试人员识别和记录敏感数据，识别配置设置、通信渠道及与可用于进一步访问网络的其他网络设备的关系，并设置一种或多种方法稍后访问机器。如果这些方法与商定的范围规则不同，则必须遵守协商规则。

在这个阶段，攻击者的目标将根据与客户商定的范围而有所不同。但是此阶段的主要功能总是包括以下几个方面的组合：

（1）确定受损资源的价值和功能。

（2）发现额外的漏洞为未来的重新利用做准备。

（3）保持对资源的持续控制。

（4）退出时避免被发现。

双方对这个阶段有明确的期望是至关重要的。如果渗透揭示了客户没有预料到的更深层次和更复杂的弱点，那么渗透后阶段可能会导致测试范围扩大和其他潜在冲突。

渗透测试主要流程执行完毕，下一步总结报告。

7. 报告输出

报告包括一个相对简单的过程，只要前几个阶段已经完成，达到必要的标准。

渗透测试人员将记录在整个计划和攻击阶段进行的所有过程，所有这些信息都被处理并包含在报告中。重要的是，该报告还将提出与以下相关的主要发现：

（1）安全态势和风险排名；

（2）未发现的风险明细；

（3）详细的整改计划。

报告输出是渗透测试流程的结束。

7.6.2.2 OWASP 测试指南

OWASP 是一个于 2021 年成立的致力于提高软件安全性的非营利基金会。测试指南是该基金会发布的一个完整的测试框架，该框架不是仅仅提供一个简单的漏洞检查列表或者问题的简单药方。人们可以根据需要建立自己的或符合其他进程的测试程序。测试指南详细介绍了一般测试框架以及实践中该框架的实施技术。

1．信息搜集

（1）搜索引擎信息发现和侦察。

（2）识别 Web 服务器。

（3）Web 服务器元文件信息发现。

（4）服务器应用枚举。

（5）评论信息发现。

（6）应用入口识别。

（7）识别应用工程流程。

（8）识别 Web 应用框架。

（9）识别 Web 应用程序。

（10）绘制应用框架图。

2．配置以及部署管理测试

（1）网络基础设施测试。

（2）应用平台配置测试。

（3）文件扩展名处理测试。

（4）枚举基础设施和应用程序管理接口测试。

（5）HTTP 方法测试。

（6）HTTP 严格传输安全测试。

（7）应用程序跨域策略测试。

3．身份鉴别管理测试

（1）角色定义测试。

（2）用户注册过程测试。

（3）账户权限变化测试。

（4）账户枚举测试。

（5）弱用户名策略测试。

4．认证测试

（1）口令信息加密传输测试。

（2）默认口令测试。

（3）账户锁定机制测试。

（4）认证绕过测试。

（5）记住密码功能测试。

（6）浏览器缓存弱点测试。

（7）密码策略测试。

（8）密码重置测试。

5．授权测试

（1）目录遍历/文件包含测试。

（2）授权绕过测试。

（3）权限提升测试。

6．会话管理测试

（1）会话管理绕过测试。

（2）会话固定测试。

（3）跨站点请求伪造（CSRF）测试。

（4）会话超时测试。

7．输入验证测试

（1）反射型跨站脚本测试。

（2）存储型跨站脚本测试。

（3）HTTP 参数污染测试。

（4）SQL 注入测试。

（5）LDAP 注入测试。

（6）ORM 注入测试。

（7）XML 注入测试。

（8）SSI 注入测试。

（9）XPath 注入测试。

（10）IMAP/SMTP 注入测试。

（11）代码注入测试。

（12）命令执行注入测试。

（13）缓冲区溢出测试。

（14）潜伏式漏洞测试。

（15）HTTP 分割/伪造测试。

8．错误处理测试

（1）错误码分析。

（2）栈追踪分析。

9．密码学测试

（1）Padding Oracle 测试。

（2）非加密信道传输敏感数据测试。

10．业务逻辑测试

（1）业务逻辑数据验证测试。

（2）请求伪造能力测试。

（3）完整性测试。

（4）过程时长测试。

（5）功能使用次数限制测试。

（6）工作流程绕过测试。

（7）应用误用防护测试。

（8）非预期文件类型上传测试。

（9）恶意文件上传测试。

11．客户端测试

（1）基于 DOM 跨站脚本测试。

（2）JavaScript 脚本执行测试。

（3）HTML 注入测试。

（4）客户端 URL 重定向测试。

（5）CSS 注入测试。

（6）客户端资源操纵测试。

（7）跨源资源分享测试。

（8）Flash 跨站测试。

（9）点击劫持测试。

（10）Web 消息测试。

（11）本地存储测试。

7.7 代码审计

7.7.1 代码审计简介

7.7.1.1 背景

应用上线后在渗透测试时发现的漏洞，在需要源码修复时，需要考虑到暂停应用修复过程中用户的使用感官、原开发人员是否在职、应用开发公司是否仍在维护等诸多因素，存在着极大的修复成本。如果应用上线前代码审计，可以节约大部分漏洞修复成本。

7.7.1.2 概念

代码审计（Code audit）是一种以发现程序错误、安全漏洞和违反程序规范为目标的源代码分析。软件代码审计是对编程项目中源代码的全面分析，旨在发现错误、安全漏洞或违反编程约定。它是防御性编程范例的一个组成部分，它试图在软件发布之前减少错误。

源代码安全审计按照实施方法不同，分为白盒代码审计与灰盒代码审计两种。

1. 白盒审计

实施人员使用自动化代码审计工具和人工检查的方法，通过阅读源代码，了解项目的结构和项目当中的类依赖，根据业务模块阅读对应的代码，发现程序中存在的安全缺陷。

2. 灰盒审计

实施人员通过白盒审计结合黑盒渗透测试的方法，一方面验证白盒审计的安全缺陷的存在；另一方面通过黑盒渗透测试的方法，发现应用中存在的安全风险，定位到相关代码。

7.7.2 标准流程

7.7.2.1 流程

审计过程包括四个阶段：审计准备、审计实施、审计报告、改进跟踪。审计准备阶段，主要开展基本情况调研、签署保密协议、制定检查列表等工作；审计实施阶段，主要开展审计、缺陷检测等工作；审计报告阶段包括代码审计的总结、陈述等工作，如有必要进行相关问题的澄清和相关资料说明；改进跟踪工作由代码开发团队进行，主要对审计出的问题进行修复。对于安全缺陷代码修改后，再次进行审计。代码安全审计流程如图 7-39 所示。

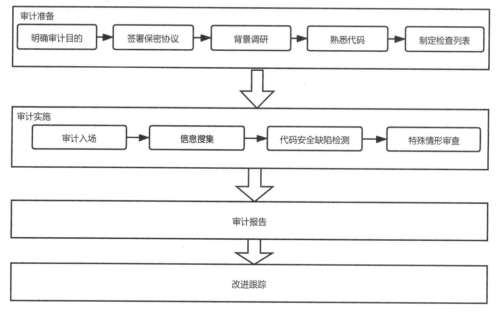

图 7-39　代码安全审计流程

1．审计准备

（1）明确审计目的。

代码安全审计的目的包括软件采购/外包测试、软件产品的认证测试、公司软件代码安全性自查等。

（2）签署保密协议。

为避免被审计单位的代码被审计方用于非代码审计用途，双方应签署代码审计保密协议，明确双方的权利和义务。

（3）背景调研。

了解代码的应用场景、目标客户、开发内容、开发者遵循的标准和流程等。

（4）熟悉代码。

通过阅读代码，了解程序代码结构、主要功能模块，以及采用的编程语言。

（5）制定检查列表。

通过明确审计目的、背景调研、熟悉代码等工作，形成代码安全审计要点，制定代码安全的检查列表。检查列表包括检查项和问题列表。

2．审计实施

（1）审计入场。

在入场实施环节中，审计人员和项目成员（关键代码开发人员等）均应参与。审计人员介绍审计的主要目标、访谈对象和检查的资料等。项目人员介绍项目进展、项目关键成员、项目背景、实现功能以及项目的当前状态等。

（2）信息搜集。

信息搜集环节通过访谈等方式获得代码以及相应需求分析文档、设计文档、测试文档等资料。通过文档资料了解代码的业务逻辑等信息。在了解代码基本信息的基础上，通过深入分析设计文档、访谈关键开发人员等方式，区分核心代码和一般性代码，其中核心代码一般为设计核心业务功能和核心软件功能的代码，一般性代码为非核心业务功能和非核心软件功能的代码。

（3）代码安全缺陷检测。

代码安全缺陷检测环节是根据指定的代码安全的检查项，采用工具审计、人工审计、人工结合工具审计方式检查是否存在安全缺陷，检测完成后进行安全性分析形成安全审计结果。

（4）特殊情形审查。

在有软件外包/采用开源软件/合作开发情形下，应对开源软件或外包部分进行代码安全审计。对于核心代码和一般性代码，在审计时，采取重点审计和一般性审计措施，其中重点审计主要针对核心代码进行审计，一般性审计主要针对一般性代码进行审计。

3．审计报告

审计实施完成后，组织召开评审会，将初始审计结果提供给被审计项目成员，并提供澄清误解的机会，允许项目成员提供其他需要补充的信息。

评审会结束后，根据评审意见，调整审计结果，形成审计报告。审计报告包括审计的总体描述、审计结论等内容，并对可能产生的安全风险进行高、中、低分类描述。审计结论给出每条审计条款的符合/不符合的描述。

4．改进跟踪

对审计中发现的问题进行整改，对未修改的应提供理由；对代码的有效变更进行记录存档。对于修复安全缺陷后的代码，可通过再次审计来确认问题是否解决。

7.7.2.2 标准

1．安全功能缺陷审计

1）数据清洗

（1）输入验证。

①关键状态数据外部可控。

审计人员应检查代码中是否将与用户信息或软件自身安全密切相关的状态信息，存储在非授权实体都可以访问的地方，如结果为肯定，则系统可能有关键状态数据能被外部访问或篡改的安全风险。

②数据真实性验证。

审计人员宜检查代码是否对数据的真实性进行验证，包括但不限于：

● 宜检查是否有数据源或通信源验证；

● 宜检查是否存在未验证或不正确验证数据的数字签名。

③绕过数据净化和验证。

审计人员宜检查字符串在查找、替换、比较等操作时，是否存在因大小写问题而被绕过的情况。

④在字符串验证前未进行过滤。

审计人员宜检查对字符串进行校验之前是否存在对该字符串进行过滤，来防止注入类攻击的发生。

⑤对 HTTP 头 Web 脚本特殊元素处理。

审计人员应检查代码是否对 HTTP 头中的 Web 脚本特殊元素进行过滤处理。因 HTTP 头中的 Web 脚本含有特殊元素，可能会导致浏览器执行恶意脚本。

⑥命令行注入。

审计人员应检查代码对利用外部输入来构造命令或部分命令时，是否对其中的特殊元素进行了处理，命令注入通常发生在以下但不限于：

● 数据从非可信源进入到应用程序中；

● 数据是字符串的一部分，该字符串被应用系统当作命令来执行的；

● 通过执行这个命令，应用程序为攻击者提供了攻击者不应拥有的权限或能力。

⑦数据结构控制域安全。

审计人员检查代码关于数据结构控制域的操作：

● 宜检查代码是否存在对数据结构控制域的删除而导致系统安全风险；

● 宜检查代码是否对数据结构控制域的意外增加而导致系统安全风险。

⑧忽略字符串结尾符。

审计人员应检查代码字符串的存储空间是否能容纳下结尾符，字符串不以结尾符结束会造成字符串越界访问。

⑨对环境变量长度做出的假设。

审计人员应检查代码在使用环境变量时是否对环境变量的长度做出特定值的假设，因环境变量可由用户进行设置修改，故对环境变量的长度做出假设可能会发生错误。

⑩条件比较不充分。

审计人员应检查比较条件是否充分，防止因不充分比较造成逻辑绕过的风险。

⑪结构体长度。

审计人员应检查代码是否将结构体的长度等同于其各成员长度之和，不应将结构体长度等同于各成员长度之和。结构对象可能存在无名的填充字符从而造成结构体长度与各个成员长度之和并不相等。

⑫数值赋值越界。

审计人员应检查代码是否存在数值赋值超出数值类型范围，应避免赋值越界。

⑬除零错误。

审计人员应检查代码是否存在除零操作，应避免除零错误。

⑭边界值检查缺失。

审计人员应检查代码在进行数值范围比较时，是否遗漏了最小值、最大值边界值检查。

⑮数据新人边界的违背。

审计人员应检查代码是否将来自可信源和非可信源的数据混合在同一数据结构体或同一结构化的消息体中，模糊了二者的边界。

⑯条件语句缺失默认情况。

审计人员应检查代码中条件语句是否存在缺失默认情况的情形。

⑰无法执行的死代码。

审计人员应检查代码是否存在无法执行的死代码。

⑱表达式永真或永假。

审计人员应检查代码是否存在表达式逻辑永真或永假代码的情况。

（2）输出编码。

①跨站脚本。

审计人员应检查代码中用户提交的数据被送到浏览器进行显示前，是否进行了验证或过滤。

②Web 应用重定向后执行额外代码。

审计人员应检查 Web 应用是否存在重定向后执行额外代码的情况，如果结果为肯定，则提示存在安全风险。

③URL 重定向。

审计人员应检查代码是否存在 URL 重定向到不可信站点的情况，因重定向到不可信站点，可能会发生访问安全风险。

2）数据加密与保护

（1）数据加密。

①密码安全。

审计人员应检查代码中使用的密码相关实现技术是否符合国家密码管理部门相关管理规定，若不符合，则提示存在安全风险。

②随机数安全。

审计人员应检查代码是否产生安全的随机数，具体审计要求包括但不限于：

● 应检查是否采用能产生充分信息熵的算法或方案。

● 应检查是否避免随机数的空间太小。

③使用安全相关的硬编码。

审计人员应检查代码中是否存在与安全相关的硬编码，如果代码泄露或被非法获取，这些硬编码的值可能会被攻击者利用。

（2）数据保护。

①敏感信息暴露。

审计人员应检查代码中是否有敏感信息暴露，重点检查暴露的途径包括但不限于：

● 通过发送数据导致的信息暴露；

● 通过数据查询导致的信息暴露；

● 通过错误信息导致的信息暴露。

②个人信息保护。

审计人员应检查代码中对个人信息保护是否符合国家相关法律法规的要求。若存在个人信息保护不当，可能造成个人信息泄露。

3）访问控制

（1）身份鉴别。

①身份鉴别过程中暴露多余信息。

审计人员应检查账号在注册或认证过程中，是否存在暴露多余信息的情况。攻击者可能会利用获取到的多余信息，进行认证暴力破解。

②身份鉴别被绕过。

审计人员应检查账号在注册或认证过程中，是否存在暴露多余信息的情况。攻击者可能会利用获取到的多余信息，进行认证暴力破解。

③身份鉴别尝试频率限制。

审计人员应检查代码中是否实现对身份鉴别多次登录失败的频率进行限制。如结果为否定，则系统存在身份认证被暴力破解的安全风险。

④多因素认证。

审计人员宜检查是否采用多因素认证，如果结果为否定，则提示存在安全风险。

（2）口令安全。

①登录口令。

审计人员应检查代码中是否实现在登录过程中口令是否明文显示。

②明文存储口令。

审计人员应检查代码中是否存在明文存储口令的情况。

③明文传递口令。

审计人员应检查代码中是否存在明文传递口令的情况。

（3）权限管理。

①权限访问控制。

审计人员应检查代码中的权限与访问控制功能相关部分，包括但不限于：

● 应检查是否缺失认证机制，如果结果为肯定，则提示存在安全风险。

● 应检查是否缺失授权机制，如果结果为肯定，则提示存在安全风险。

②未加限制的外部可访问锁

审计人员宜检查代码中的锁是否可被预期范围之外的实体控制或影响，如结果为肯定，则系统存在易受到拒绝服务攻击的安全风险。

4）日志安全

（1）对输出日志中特殊元素处理。

审计人员应检查代码是否对数据日志中的特殊元素做过滤和验证。因对特殊元素未做过滤，可能会造成信息泄露。

（2）信息丢失或遗漏。

审计人员宜检查代码是否未记录或不恰当记录安全相关信息，安全相关信息丢失或遗漏可能会给追溯攻击行为带来影响。信息丢失或遗漏形式包括但不限于：

①截断与安全有关信息的显示、记录或处理，掩盖攻击的来源或属性；

②不记录或不显示信息（如日志），而该信息对确定攻击来源、攻击性质、攻击行动是否安全具有重要意义。

2. 代码实现安全缺陷审计

1）面向对象程序安全

（1）泛型和非泛型数据类型。

审计人员应检查代码是否存在泛型和非泛型之间数据类型的混用现象，应避免泛型和非泛型数据类型的混用。

（2）包含敏感信息类的安全。

审计人员应检查代码中包含敏感信息类的相关行为是否安全，包括但不限于：

①应检查代码中包含敏感信息的类是否可复制，如 Java 语言中实现了 Clonable 接口，使类可复制，包含敏感信息的类不应被复制；

②应检查代码中包含敏感信息的类是否可实现了序列化接口，使类可序列化，包含敏感信息的类不应可序列化。

（3）类比较。

审计人员在检查代码中判定一个对象是否属于特定的类，或两个对象的类是否相同时，宜比较类对象，不能仅基于类名称进行判定。

（4）类私有可变成员的引用。

审计人员应检查代码中是否存在返回类私有可变成员的引用的情况，如结果为肯定，则可能存在内部状态被非预期修改的风险。

（5）存储不可序列化的对象到磁盘。

审计人员应检查代码是否试图将不可序列化的对象写到磁盘中。将不可序列化的对象存储到磁盘上，会导致对象反序列化失败，可能引起任意代码执行风险。

2）并发程序安全

（1）不同会话间信息泄露。

审计人员应检查代码在应用的不同会话之间是否会发生信息泄露，尤其是在多线程环境下。

（2）发布未完成初始化的对象。

审计人员应检查代码在多线程环境下，是否存在对象初始化尚未完成前，就可被其他线程引用的情况。

（3）共享资源的并发安全。

审计人员应检查代码中共享资源的使用及并发处理的过程，包括但不限于：

①应检查代码在多线程环境中对共享数据的访问是否为同步访问，如果结果为否定，则提示存在安全风险；

②应检查代码中线程间的共享对象是否声明正确的存储持续期，如果结果为否定，则提示存在安全风险。

（4）子进程访问父进程敏感资源。

审计人员应检查代码是否存在调用子进程之前有未关闭敏感文件描述符的情形。当一个新进程被创建或执行时，子进程继承任何打开的文件描述符，如不关闭则可能会造成未经授权的访问。

（5）释放线程专有对象。

审计人员应检查代码是否及时释放线程专有对象，防止内存信息泄露造成拒绝服务攻击。

3）函数调用安全

（1）格式化字符串。

审计人员应检查代码中是否存在函数接受格式化字符串作为参数的情况，格式化字符串是否来自外部，如果是，则可能引起注入类安全风险。

（2）对方法或函数参数验证。

审计人员应检查代码是否存在对方法或函数的参数进行合法性或安全性校验。

（3）参数指定错误。

审计人员应检查函数/方法调用时参数指定是否正确，是否存在如下情况：

①不正确数量的参数；

②参数顺序不正确；

③参数类型不正确；

④错误的值。

若以上检查项的任一结果为肯定，则提示存在安全风险。

（4）返回栈变量地址。

审计人员应检查代码中是否存在在函数中返回栈变量地址的情形。因栈变量在函数调用结束后就会被释放，在使用该变量地址时可能会发生意想不到的结果。

（5）实现不一致函数。

审计人员应检查代码是否存在使用了在不同版本具有不一致实现的函数或方法。因使用在不同操作系统或不同版本实现不一致的函数或方法，可能导致代码在被移植到不同环境时改变行为。

（6）暴露危险的方法或函数。

审计人员应检查代码中的 API 或其他与外部交互的接口是否暴露了危险方法或函数，暴露危险的方法或函数可能会带来非授权访问攻击。危险方法或函数暴露的形式主要包括方法/函数原本设计为非外部用户使用、原本设计为部分用户访问等。

4）函数调用安全

审计人员应检查代码中异常处理是否安全，包括但不限于：

（1）应检查是否对异常进行检查并处理；

（2）应检查是否采用标准化的、一致的异常处理机制来处理代码中的异常。

5）指针安全

（1）不兼容的指针类型。

审计人员应检查代码是否使用不兼容类型的指针来访问变量。通过不兼容类型的指针修改变量可能会导致不可预测的结果。

（2）利用指针减法确定内存大小。

审计人员应检查代码是否采用一个指针减去另一个指针的方式来确定内存大小。如果两个指针不是同一类型，那么使用指针的减法来确定内存大小的计算可能会不正确，导致不可预测的结果。

（3）将固定地址赋值给指针。

审计人员应检查代码是否将一个 NULL 或 0 以外的固定地址赋值给指针。将固定地址赋值给指针会降低代码的可移植性，并为攻击者进行注入代码攻击提供便利。

（4）视图访问非结构体类型指针的数据域。

审计人员应检查代码是否将指向非结构体类型的指针，强制转换为指向结构类型的指针并访问其字段，如果结果为肯定，则可能存在内存访问错误或数据损坏的风险。

（5）指针偏移越界。

审计人员应检查代码在使用指针时是否存在偏移越界的情况，因指针偏移越界可能会造成访问缓冲区溢出风险。

（6）无效指针使用。

审计人员应检查代码中是否存在使用无效指针的情况，因使用无效指针，可能会产生非预期行为。

6）代码生成安全

（1）编译环境安全。

审计人员应检查编译环境安全，包括但不限于：

①应检查编译器是否从官方或其他可靠渠道获取，并确保其安全可靠；

②应检查编译器是否存在不必要的编译功能。

（2）链接环境安全。

审计人员应检查链接环境安全，包括但不限于：

①应检查编译后的目标文件是否安全，确保链接后生成的可执行文件的安全；

②应检查链接依赖库是否安全，避免引入不安全的依赖库。

3．资源使用安全缺陷审计

1）资源管理

（1）重复释放资源。

审计人员应检查代码是否存在重复释放资源的情况，重复释放资源可能会造成系统崩溃。

（2）资源或变量不安全初始化。

审计人员应检查代码是否对资源或变量进行了安全的初始化，包括但不限于：

①应检查代码是否对关键变量进行初始化，未初始化关键变量易导致系统按非预期值执行，如果为否定，则提示存在安全风险；

②应检查代码是否采用了不安全或安全性较差的缺省值来初始化变量，缺省值通常和产品一起发布，容易被熟悉产品的潜在攻击者获取而带来系统安全风险，如结果为肯定，则提示存在安全风险；

③应检查代码中关键的内部变量或资源是否采用了可信边界外的外部输入值进行初始化，如结果为肯定，则提升存在安全风险。

（3）初始化失败后未安全退出。

审计人员应检查代码在初始化失败后能否安全退出。

（4）引用计数的更新不正确。

审计人员应检查代码中管理资源的引用计数是否正确更新，引用计数更新不正确，可能会导致资源在使用阶段就被过早释放，或虽已使用完毕但得不到释放的安全风险。

（5）资源不安全清理。

审计人员应检查代码中资源清理部分的相关功能，检查代码在使用资源后是否恰当地执行临时文件或辅助资源的清理，避免清理环节不完整。

（6）将资源暴露给非授权范围。

审计人员应检查代码是否将文件和目录等资源暴露给非授权的范围，如果存在，则提示代码存在代码暴露的风险。

（7）未经控制的递归。

审计人员应检查代码是否避免未经控制的递归，未经控制的递归可造成资源消耗过多的安全风险。

（8）无限循环。

审计人员应检查代码中软件执行迭代或循环，是否充分限制循环执行的次数，以避免无限循环的发生导致攻击者占用过多的资源。

（9）无限循环。

审计人员应检查代码中算法是否在最坏情况下非常低效、复杂度高，会严重降低系统性能，如果是，则攻击者就可以利用精心编制的操作来触发最坏情况的发生，从而引发算法复杂度攻击。

（10）无限循环。

审计人员应检查代码是否存在实体在授权或认证前执行代价高的操作的情况，不合理执行代码高的操作可能会造成早期放大攻击。

2）内存管理

（1）内存分配释放函数成对调用。

审计人员应检查代码中分配内存和释放内存函数是否成对调用，如 malloc/free 来分配或释放资源。当内存分配和释放函数不成对调用时，可能会引起程序崩溃的风险。

（2）堆内存释放。

审计人员应检查代码在释放堆内存前是否采用合适的方式进行信息清理。

（3）内存未释放。

审计人员应检查代码是否有动态分配的内存使用完毕后未释放，导致内存泄漏的情形。内存泄漏可能会导致资源耗尽从而带来拒绝服务的安全风险。

（4）访问已释放的内存。

审计人员应检查代码是否存在内存被释放后再次被访问的情况。内存被释放后再次访问会出现非预期行为。

（5）数据/内存布局。

审计人员应检查代码逻辑是否依赖于对协议数据或内存存在底层组织形式的无效假设。当平台或协议版本变动时，数据组织形式可能会发生变化从而带来非预期行为。

（6）内存缓冲区边界操作。

审计人员应检查代码在内存缓冲区边界操作时是否存在越界现象，因内存缓冲区访问越界可能会造成缓冲区溢出漏洞。

（7）缓冲区复制造成溢出。

审计人员应检查代码在进行缓冲区复制时，是否存在未对输入数据大小进行检查的现象，因未检查输入数据大小，可能会造成缓冲区溢出。

（8）使用错误长度访问缓冲区。

审计人员应检查代码在访问缓冲区时使用长度值是否正确，因使用错误的长度值来访问缓冲区可能会造成缓冲区溢出的风险。

（9）堆空间耗尽。

审计人员应检查代码是否有导致堆空间耗尽的情况，具体检查包括但不限于：

①是否存在内存泄漏；

②是否存在死循环；

③不受限制的反序列化。

3）数据库使用

（1）及时释放数据库资源。

审计人员应检查代码中使用数据库后是否及时释放数据库连接或采用数据库连接池，未及时释放数据库连接可能会造成数据库拒绝服务风险。

（2）SQL 注入。

审计人员应检查代码在利用用户可控的输入数据构造 SQL 命令时，是否对外部输入数据中的特殊元素进行处理，如果未处理，那么这些数据有可能被解释为 SQL 命令而非普通用户的输入数据。攻击者可对此加以利用来修改查询逻辑，从而绕过安全检查或插入可以修改后端数据库的额外语句。

4）文件管理

（1）过期的文件描述符。

审计人员应检查代码是否在文件描述符关闭后再次使用。特定文件或设备的文件描述符被释放后被重用，可能会引用其他的文件或设备。

（2）不安全的临时文件。

审计人员应检查代码中使用临时文件是否安全，因不安全使用临时文件造成敏感信息泄露，包括但不限于：

①应检查代码中是否创建或使用不安全的临时文件，如果结果为肯定，则提示存在安全风险；

②应检查代码中临时文件是否在程序终止前移出，如果结果为否定，则提示存在安全风险；

③应检查代码中是否具有不安全权限的目录中创建临时文件，如果结果为肯定，则提示存在安全风险。

（3）文件描述符穷尽。

审计人员应检查代码是否存在导致文件描述符穷尽情形，包括但不限于：

①是否对打开文件描述符未做关闭处理；

②是否到达关闭阶段之前，失去对文件描述符的所有引用；

③进程完成后是否未关闭文件描述符。

（4）路径遍历。

审计人员应检查代码是否存在由外部输入构造的标识文件或目录的路径名，路径遍历会造成非授权访问资源的风险。

（5）及时释放文件系统资源。

审计人员应检查代码是否及时释放不再使用的文件句柄，不及时释放文件句柄可能会引起文件资源占用过多，造成拒绝服务的风险。

5）网络传输

（1）端口多重绑定。

审计人员应检查代码是否有多个套接字绑定到相同端口，从而导致该端口上的服务有被盗用或被欺骗的风险。

（2）对网络消息容量的控制。

审计人员应检查代码是否控制网络传输流量不超过被允许的值。如果代码没有相应机制来跟踪流量传输，系统或应用程序会很容易被滥用于传输大流量，从而带来拒绝服务的安全风险。

（3）字节序使用。

审计人员应检查代码在跨平台或网络通信处理输入时是否考虑到字节顺序，避免字节序使用不一致。不能正确处理字节顺序问题，可能会导致不可预期的程序行为。

（4）通信安全。

审计人员应检查代码是否实现了对网络通信中敏感数据进行加密传输，特别是身份鉴别信息、重要信息等。

（5）会话过期机制缺失。

审计人员应检查代码中会话过程是否存在会话过期机制，如结果为否定，则提示代码存在保护机制被绕过的风险。

（6）会话标识符。

审计人员应检查代码中会话标识符是否具有随机性，防止会话标识符被穷举造成安全风险。

4．环境安全审计

（1）遗留调试代码。

审计人员应检查部署到应用环境的代码是否含有调试或测试功能的代码，该部分代码是否会造成意外的后门入口。

（2）第三方软件安全可靠。

审计人员应检查引入的第三方代码来源是否安全可靠，避免不安全的第三方软件引入安全风险。

（3）保护重要配置信息。

审计人员应检查代码中使用的重要配置信息是否进行了安全保护，因对重要配置信息保护不当，可能带来信息泄露安全风险。

7.7.3 审计示例

本章节对代码审计要求中部分代码审计条款提供代码不规范用法示例。

7.7.3.1 验证未经校验和完整性检查的 Cookie 代码示例

是否验证未经校验和完整性检查的 Cookie，以下给出了不规范用法（Java 语言）示例。
示例：

```
Cookie[] cookies = request.getCookies();
for(int 1=0;i<cookie.length;i++){
Cookie c = cookies[i];
If(c.getName().equals("role")){
userRole = c.getValue();
}
}
```

上述代码示例从浏览器 Cookie 读取一个值确定用户的角色，攻击者容易修改本地存储 Cookie 中的 role 值，可能造成特权升级。

7.7.3.2 以大小写混合的方式绕过净化和验证代码示例

对于防止以大小写混合的方式绕过净化和验证的情况，以下给出了不规范用法（Java 语言）示例。
示例：

```
Public String preventXSS(String input, String mask) {
Returninput.replaceAll("script",mask);
}
```

上述代码示例只有当输入为 script 时，代码才会执行，而当输入为 SCRIPT 或 ScRipt 时并不会通过该方法进行过滤，将造成 XSS 攻击。

7.8 众测

7.8.1 众测简介

7.8.1.1 背景

在传统的渗透测试模式中，全部是按照人/天进行计费的，安全公司虽然会派出资深的安全专家，但是由于受到人员的限制，测试的广度与全面程度必然受到限制，而如果用增加人数或天数的方式来提升效果，效果提升与人数或天数的增长很难成正比。而悬赏式、项目式的众测，企业往往能规定自己的测试范围，挑选自己的测试人员，专业的厂商和白帽子们会在奖励和竞争的驱动下，发挥出更大的功力。

7.8.1.2 概念

采用赏金激励的模式，发起一个漏洞奖励计划，通过相关平台的外部安全专家发现企业资产潜在的安全漏洞。

7.8.2 标准流程

安全众测实施过程包括众测准备、众测实施和报告编制三个过程。

7.8.2.1 众测准备

众测准备工作是开展安全众测工作的前提和基础，是整个安全众测过程有效性的保证。众测准备工作是否充分直接关系到后续工作能否顺利开展。其主要任务是确定安全测试对象、时间范围、众测实施方案与安全管理方案，完成测试人员的召集和认证审核、准备安全管控平台等众测基础环境，为众测实施做好准备。

众测准备的基本流程如图 7-40 所示。

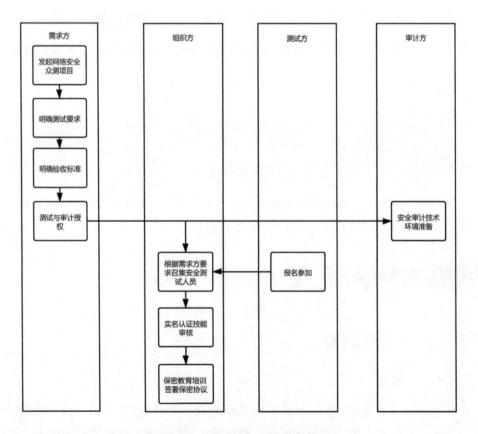

图 7-40　众测准备的基本流程

1. 发起网络安全众测项目

输入：网络安全众测协议书。

任务描述：根据需求方、组织方和审计方签订的网络安全众测协议书，组织方和审计方组建众测项目组，从人员方面做好准备，并编制项目计划书。项目计划书可包含项目概述、工作依据、技术思路、工作内容和项目组织等。

输出/产品：项目计划书。

2．明确测试要求

输入：网络安全众测协议书。

任务描述：根据需求方与组织方和审计方签订的网络安全众测协议书，需求方向组织方和审计方明确测试对象、测试时间、测试人数限制、测试安全管控方式、测试人员行为准则、审计要求等安全众测工作的具体测试要求。

输出/产品：测试要求。

3．明确验收标准

输入：网络安全众测协议书。

任务描述：根据需求方与组织方和审计方签订的网络安全众测协议书，需求方向组织方和审计方明确项目验收标准、漏洞评级标准、奖励计算方式等安全众测工作的具体验收标准。

输出/产品：验收标准。

4．测试和审计授权

输入：网络安全众测协议书。

任务描述：根据需求方与组织方和审计方签订的网络安全众测协议书，需求方向组织方和审计方以书面的形式向组织方和审计方授权众测和众测审计。

输出/产品：网络安全众测授权委托书。

5．根据需求方要求召集安全测试人员

输入：网络安全众测授权委托书。

任务描述：根据需求方向组织方授予的网络安全众测授权委托书，组织方招募和组织安全测试人员，对安全测试人员进行实名认证和背景调查。

输出/产品：安全测试人员清单。

6．保密教育培训签署保密协议

输入：网络安全众测授权委托书/安全测试人员清单。

任务描述：组织方根据需求方要求向测试人员进行安全保密宣传和教育培训工作，与测试人员签署安全保密协议。

输出/产品：培训记录，安全保密协议。

7．安全审计技术环境准备

输入：网络安全众测授权委托书。

任务描述：根据需求方向审计方授予的网络安全众测授权委托书，审计方准备管控与审计平台环境，以及测试方安全接入所需的账号口令等信息。

输出/产品：审计平台及认证信息。

7.8.2.2 众测实施

众测实施是开展安全众测工作的核心活动，主要任务是按照安全众测方案的总体要求，开展安全众测活动，发现并及时提交系统存在的安全漏洞，及时整改相关安全问题，以提升金融信息系统的安全防护能力，满足业务的安全平稳运行。

1．工作流程

众测实施的基本流程如图 7-41 所示。

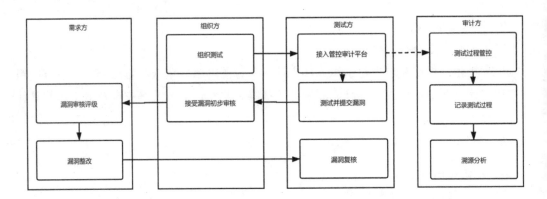

图 7-41　众测实施的基本流程

2．实施

（1）安全接入与管控。

输入：审计平台及认证信息。

任务描述：利用审计方提供的审计平台和账号密码等认证信息，测试方可通过规定的安全接入渠道和方式进行安全众测，审计方记录测试人员的行为。

输出/产品：测试行为记录。

（2）测试与漏洞提交。

输入：网络安全众测授权委托书。

任务描述：测试方按照需求方对于安全众测项目的要求，通过规定的安全接入渠道和方式进行安全众测，挖掘被测信息系统的潜在安全漏洞，并提交至组织方。

输出/产品：待审核安全缺陷/安全漏洞。

（3）漏洞审核评级。

输入：待审核安全缺陷/安全漏洞。

任务描述：组织方和需求方按照安全众测项目的要求，分别对测试方提交的待审核安全缺陷/安全漏洞进行漏洞审核定级，确定漏洞的有效性和危害级别。

输出/产品：已审核安全缺陷/安全漏洞。

（4）漏洞修复与复检。

输入：已审核安全缺陷/安全漏洞。

任务描述：需求方对众测过程中发现的有效安全缺陷/安全漏洞，安排相关人员进行漏洞修复，修复完成后，安排测试人员对漏洞修复情况进行验证，复检完成后送至需求方进行最终审核，直至彻底消除隐患。

输出/产品：安全缺陷/安全漏洞复检结果。

7.8.2.3 报告编制

报告编制是给出安全众测工作结果的活动，是安全众测工作的综合评价活动。其主要任务是根据安全众测和众测审计结果，提交测试报告和审计报告，分析安全众测工作的质量和效果以及安全众测过程中测试人员行为的合规性。

1. 工作流程

报告编制的基本流程如图 7-42 所示。

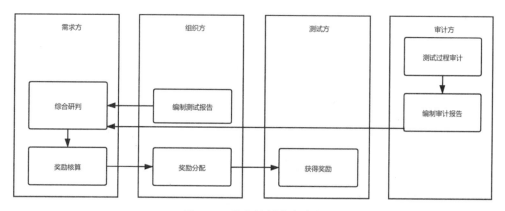

图 7-42　报告编制基本流程

2. 实施

（1）众测审计。

输入：测试行为记录。

任务描述：

● 审计方根据测试过程中记录的测试流量日志等，对测试方的测试行为和流量进行审计；

● 审计结果建议以审计报告的形式交付给需求方说明安全测试审计情况，需求方获取审计报告之后，根据审计结果，对组织方提出改进建议，组织方积极采纳改进建议并对相关组织和管理工作进行管理加强和技术提高；

● 安全审计报告的内容包括但不限于测试范围、测试时间、测试人员、审计内容及审计结果等。

输出/产品：安全审计报告。

（2）编制测试报告。

输入：已审核安全缺陷/安全漏洞。

任务描述：组织方根据众测过程中发现的有效的安全缺陷和安全漏洞，编制安全众测项目测试报告。

输出/产品：测试报告。

（3）综合研判。

输入：测试报告/安全审计报告/测试要求。

任务描述：需求方根据组织方提交的测试报告及审计方提交的安全审计报告，依据项目前期确认的测试要求，检查测试方是否按照相关安全要求进行测试并提交漏洞，对安全众测项目进行综合研判。

输出/产品：综合研判结果。

（4）项目验收。

输入：项目验收标准/项目交付物。

任务描述：需求方根据项目前期确认的验收标准和交付物，组织项目验收工作。

输出/产品：验收报告。

7.8.3 众测平台

7.8.3.1 公有众测平台

1．雷神众测

（1）基本介绍。

雷神众测是杭州安恒信息技术有限公司于 2015 年成立的众测平台，从成立开始就已经承担了世界互联网大会、G20、B20 等大型国际会议保障中最终测试者的角色。目前，雷神众测的服务范围已经全面覆盖政府、金融、能源及运营商等各主流行业领域。

（2）参与方式。

安全专家与厂商通过平台进行注册，根据平台相关规则进行领取和发布众测任务。

希望参与者可从雷神众测官网了解相关信息。

2．Hackrone

（1）基本介绍。

HackerOne 是一个成立于 2012 年，总部位于美国旧金山的漏洞众测公司，公司分部位于荷兰格罗宁根。多家世界知名技术公司都使用 HackerOne 平台，如 Yahoo、Twitter、Adobe、Uber、facebook 等。

（2）参与方式。

安全专家与厂商通过平台进行注册，根据平台相关规则进行领取和发布众测任务。

7.8.3.2 自有众测平台

各大互联网厂商都有自身的安全团队和漏洞众测发布渠道，众测任务和验证由各厂商应急响应中心来实施，不完全依赖于公共众测平台。

1. 微软

（1）基本介绍。

微软应急响应中心成立于 2001 年，处于安全响应历程的第一线，一直与安全研究人员合作，致力于为客户和更广泛的生态系统提供保护。

（2）参与方式。

安全专家可通过与微软合作的众测平台，或直接把漏洞提交给微软应急响应中心。

2. 谷歌

（1）基本介绍。

Google 和 Alphabet 漏洞奖励计划（VRP）是 2010 年 11 月开始的，为 Google 拥有的和 Alphabet（Bet）附属网络资产维护了一个漏洞奖励计划。

（2）参与方式。

安全专家通过漏洞计划网站说明的提交方式进行漏洞提交。

第 8 章　安全开发综合实践

真正具有安全建设能力的企业并不多，表现在安全规划缺乏体系、安全合规自查能力不足、安全能力无法对业务安全需求提供有效支撑等，以上安全实践困难的原因在于企业的安全人员不足、安全架构体系不符合企业内部流程。因此，安全实践方案需要具有人机结合、能力组合+工具组合、数据化信息化建设、流程兼容性以及能力兼容性等特点。

- 人机结合。重点针对用户既希望提高效率同时又希望保证质量的需求点，引入了人工安全服务以及工具标准化服务。人工安全服务能够发现非常规的风险，工具标准化服务能够实现任务自动化。通过工具标准化服务构建安全质量的基准线，结合人工安全服务对基准线进行提升，最终在成本可控的情况下，共同提高安全质量和效率。

- 能力组合+工具组合。针对一体化和高质量的需求，在实践方案中引入安全开发一体化平台，以支持在实现软件安全的过程中对于不同安全能力（规划设计能力、安全实现能力、安全检测能力、数据分析能力等）的需要。通过不同类的能力组合，叠加上不同类型的安全工具形成了高水平的安全基线，同时提供了各项能力统一输出的出口。

- 数据化信息化建设。通过平台、工具、流程打通各个环节，使安全工作产生的数据能够随时发挥价值，为后续的安全决策提供数据支撑，也为未来的人工智能等技术打下基础。

- 流程兼容性以及能力兼容性。在实践方案中，安全开发一体化平台提供足够的开放性和一些抽象层，可以很方便地扩展各项具体能力，同时便于被其他流程平台接入。

安全实践以软件研发过程作为主线，融入软件研发的各个阶段。在准备阶段需要开展安全知识培训建立项目参与人员的安全共识，在需求分析与设计阶段进行功能业务安全需求分析和架构设计等，来帮助企业实现安全规划设计能力；在编码阶段，首先进行安全编码培训培养人员的安全意识，赋能安全能力，然后通过 IDE 安全检测插件、第三方组件库安全扫描、代码规范安全检测等，辅助功能业务安全需求的落地，帮助企业拥有安全实现能力；在持续集成阶段和集成测试阶段，通过自动化单元测试、第三方组件检测、静态分析安全测试、容器主机安全检测、被动安全扫描等，帮助企业实现安全验证能力；在验收测试阶段，结合人工安全渗透测试和安全风险报告扫描，进行项目复盘和安全复盘，并且在持续交付阶段不断搜集安全情报，以实现应急响应能力，最后帮助企业实现安全分析能力。

8.1 准备阶段

相关准备工作的开展，包括安全知识培训、工单流程接入等，为项目组能够正常使用这些标准化能力提供基础，同时就安全风险达成共识。

8.1.1 安全知识培训

在某个或者某些项目组实施安全开发相关工作之前，需要构建一些协作的基础，形成研发团队和安全团队之间的共识，在遇到相关的问题时也能高效地处置，避免一些无效的争端，提升整个团队的效率。

针对安全开发流程、安全需求与设计、安全编码、安全测试技术、安全意识、安全处理规范等知识和技术进行集中培训，让项目组各个角色对于安全有一些初步的了解，确定安全工作开展的具体内容，也方便初期项目的展开，为后续能够在实践中提高安全能力打下基础。

8.1.1.1 安全开发流程培训

在安全开发流程培训阶段集中培训项目目的、项目计划，并确定项目角色和人员，建立起多团队多部门的协作方式。

1. 确定项目目的

（1）推动安全开发体系建设。制定适用于企业研发组织的安全开发体系，确定安全开发生命周期体系的安全工具、方法、流程、人员。包括针对企业整体开发体系 SDL①设计和针对单个项目（系统）的 SDL 设计，其中整体开发体系 SDL 设计适用于企业系统多、迭代频繁、系统多为内部使用系统，单个项目（系统）的 SDL 设计适用于企业重点系统，强调安全性。对工具、文档等产物进行数据化，并收录到系统中。一方面能对产生的数据进行数据挖掘，检测开发人员或者运维人员存在的潜在知识盲区或误解，定向进行培训，避免盲目培训造成的抗拒心理，极大地改善培训效果。另一方面，能对安全工作进行量化，对潜在成本减少、人力节省进行数据化的展示。

（2）切实提高产品自身的安全质量。将安全作为内置，集成到软件开发的流水线中，能够覆盖软件全生命周期的软件安全性问题，同时减少在后续过程中可能出现的安全问题。结合工具自动化的技术，极大地降低技术门槛，提高案例的可复制性，使得普通开发人员也能输出安全能力，也使得专业安全人员可以关注更深层次的安全问题，从而能够覆盖到更多的应用，而不仅仅只是部分核心应用，实现生产安全的软件系统的目的。

---

① 安全开发生命周期（SDL）即 Security Development Lifecycle，是一个帮助开发人员构建更安全的软件和解决安全合规要求的同时降低开发成本的软件开发过程。

（3）推进公司其他研发部门实现安全开发。在整个方案的实施过程中，需求经理、开发人员、测试人员、安全人员、运维人员都参与了安全工作的核心部分，极大地丰富了团队的经验，有效地减少了众人的知识盲区，从而使得整个组织在面对安全漏洞时由被动修复转为主动探测。同时，组织内部所有人员共同承担起软件安全的职责，全方面地提高了软件的安全性。

2．确定项目计划

在第一阶段进行骨架搭建，主要内容包括建设安全开发流程和建立多团队多部门的协作方式，对甲方的一些开发环境、安全需求、技术栈等内容进行调研。其目的一方面是推进安全需求与设计工具的本地化，更加契合甲方的真实需要；另一方面是了解甲方的开发现状，为之后的培训服务以及咨询服务做准备。

在第二阶段进行长周期的持续提高。包括丰富安全开发流程中涉及的安全知识库和提高产品安全质量要求。一方面，安全开发一体化平台部署工作及安全需求与设计工具的调整工作同时展开；另一方面，针对之前的调研工作安排安全设计、安全编码、安全测试、辅助工具使用手册的第一次详细培训，在参考工具输出物的基础上，能对常见的基本漏洞完成漏洞修复，甚至漏洞的复测，并对一些常用术语有所了解。在完成平台和工具完成部署后，对相关人员进行平台和工具使用的培训，与甲方共同制定的工作流程也开始运行，协助相关的开发人员完成初期的数据录入的工作。

在第三阶段安全工作流程开始运转，此时需要考虑开展针对业务逻辑的安全测试工作以及代码审计相关工作。在当前阶段针对甲方自己的软件开发流程、管理规范等方面提供咨询服务，逐步提高所有人员的安全责任感。

3．确定项目角色和人员

项目角色和人员如表 8-1 所示。

表 8-1　项目角色和人员

角　　色	职　　责
安全开发代表角色	● 完成安全开发流程的梳理和设计，制定落地实现的路线 ● 完成相关的知识库建设以及编写相关材料的初稿 ● 完成一些标准化文档，例如敏感数据和关键模块的鉴定标准 ● 完成相关的培训内容初稿以及培训考核内容，考核标准由项目组自行确定 ● 推重安全开发流程落实到实际开发过程中 ● 参与软件研发过程的关键评审节点，例如需求评审、上线评审
安全质量保证角色	● 执行上线前的渗透测试以及上线相关的安全资料审核，对最终的软件安全质量把关 ● 参与软件研发过程的关键评审节点对安全质量进行把关，例如需求评审、上线评审 ● 把控一些关键机制的软件设计，例如身份认证、访问控制、会话管理、软件升级等 ● 及时反馈未在安全开发体系中涉及的相应的安全质量问题，用于优化安全标准文档，持续提高。例如安全需求库、敏感数据等

（续表）

角 色	职 责
项目组安全开发角色	● 负责安全开发流程的接入，以及与现行开发流程的过渡和推进工作 ● 负责将项目组具体的安全需求规划到软件项目研发计划中 ● 协助安全开发流程的落地，包括安全培训、知识库、标准规范等内容 ● 参与软件研发过程的关键评审节点，例如需求评审、上线评审
项目组产品经理	● 负责提供用于安全开发的相关研发文档，例如功能需求文档 ● 配合项目组安全开发角色和安全开发代表角色推进安全需求、安全设计等相关计划到项目组中 ● 将相关安全要求纳入软件设计说明书中统一管理 ● 根据相关规范，执行鉴定关键模块等内容 ● 参与软件研发过程的关键评审节点，例如需求评审、上线评审
项目组研发角色	● 参与软件研发过程的关键评审节点，例如需求评审、上线评审 ● 负责针对安全需求、安全设计内容进行落地实现，及时同步安全需求研发状态
项目组产品交付代表角色	● 负责软件上线评审的相关材料提交 ● 负责软件交付过程中的安全问题跟踪和处理 ● 参与软件研发过程的关键评审节点，例如需求评审、上线评审
仲裁代表角色	● 主要解决就安全开发过程中一些重大分歧

4. 制定安全开发流程

管控流程包括对安全开发生命周期各阶段的分类，明确不同阶段的管控流程，主要涉及该阶段的输入物、输出物、具体工作内容、相关指导说明和流程表单等支撑文档，并在工作内容描述中明确涉及部门与岗位职责。针对不同场景的应用系统，因安全目标不同，依据最小原则和成本控制原则，在管控要求上应有相应区分。应用按场景主要分为互联网类业务系统、外联类业务系统、内部办公系统等，在具体涉及业务和安全冲突时，可作为一个重要的衡量因素。

协助完成甲方依据管控流程完成《安全开发管理办法》以及《安全开发规章细则》的制定，相关人员能参考该安全开发管理办法和相关细则进行安全开发管控工作，表 8-2 描述了大致工作流程。

表 8-2 工作流程

启动阶段	● 实施内容和计划确认 ● 工具环境部署和搭建 ● 具体要求的采集和收录，以及检查当前的安全需求是否符合要求，例如敏感数据 ● 开展组织培训：平台使用培训、知识库学习、知识技能培训
需求分析阶段	● 安全需求分析与设计子平台的接入 ● 关键模块的确认 ● 合并安全需求到软件需求说明书或编写安全需求进入到相关的研发管理系统，提供安全规划设计能力

（续表）

设计阶段： 进行相关安全策略评估	● 身份认证 ● 会话管理 ● 访问控制 ● 对抗中间人 ● 异常处理 ● 配置管理 ● 软件技术栈 ● 敏感数据 ● 输入输出
编码阶段	● 应用安全开发 SDK，提供安全实现能力，辅助实现安全需求 ● 跟进需求平台上的安全需求状态 ● 同步相关资产信息到安全开发一体化平台：执行源代码扫描、执行依赖组件扫描、执行代码规范一类的扫描 ● 在安全管理平台上处理相关安全问题
测试阶段	● 根据安全需求子平台导出文档中的测试用例，对系统进行测试、更新状态 ● 同步相关资产信息到安全管理平台：执行主机安全测试、执行 Web 应用扫描等安全测试技术，提供安全验证能力 ● 关键模块代码审计 ● 发布环境服务器基线检查 ● 渗透测试
上线阶段	● 安全需求进度确认，导出备份 ● 安全验证结果导出备份 ● 项目漏洞处置情况备份 ● 上线评审 ● 安全数据分析和总结，提供安全分析能力 ● 发布环境加固

参照研发流程的安全活动，提供相关的技术规范文档或者标准。主要包含安全设计库、安全需求库、安全测试用例库、漏洞知识库、安全风险知识库以及安全编码规范知识库。依照实际开发管理情况，结合新增技术规范及安全开发一体化平台，形成《安全开发管理制度》和《应用系统安全上线审核制度》等管理制度或流程，规范安全开发流程，形成安全开发管理体系，解决实现安全开发过程中多部门多角色多团队的协作问题。

8.1.1.2 安全需求与设计培训

对安全需求分析师安全开发代表角色和安全质量保证角色进行有关应用软件安全开发的安全意识教育和岗位技能培训，并告知相关的安全责任和惩戒措施。

8.1.1.3 安全编码培训

对研发人员对应用软件的安全问题进行培训，避免在编码过程中发生安全问题，如：
（1）对研发人员进行系统应用软件编码安全的基础知识培训；

（2）对研发人员进行企业内部安全编码规范知识的培训；

（3）对研发人员进行企业内部第三方组件正确使用的培训；

（4）对研发人员进行企业内部系统应用编码安全 TOP 问题的培训；

（5）对研发人员进行企业应用软件过往中出现的安全问题的培训；

（6）对研发人员进行对其开发的应用程序业界新发现安全问题的排查进行培训；

（7）对提供安全漏洞知识库，用于研发人员对编码过程中可能存在的安全问题进行培训；

（8）对研发人员进行安全插件使用的培训。

8.1.1.4　安全测试技术培训

对安全测试人员以及测试人员进行安全测试技术培训，以及相关测试工具的培训。

8.1.1.5　安全意识培训

对企业研发流程中涉及的所有角色进行安全意识培训，包括安全知识、风险处理、企业信息安全意识、安全防范措施等。培养所有人员的网络安全意识，加强对网络安全的理解，为后续安全开发流程的实施做铺垫，同时可以提高整体的安全开发水平。

8.1.1.6　安全处理规范培训

对研发人员进行安全处理规范培训，依照安全编码规范、安全处理规范进行安全事件的处理。

8.1.2　工单流程接入

工单插件可以将安全活动融入研发流程。使用工单插件，可以在安全开发一体化平台创建和修改问题单，对接到工单系统的缺陷处置流程，以及实现查询工单用户和工单项目、工单用户认证识别等。

8.1.2.1　安全活动接入研发流程

在安全开发一体化平台安装工单插件并设置工单插件为启用状态，使用工单插件同步开发项目的项目信息和用户信息到安全开发一体化平台，图 8-1 和图 8-2 分别展示了安全开发一体化平台的工单插件列表和同步信息功能。同步用户信息后，可以在使用工单账号登录安全开发一体化平台。

图 8-1　工单插件列表

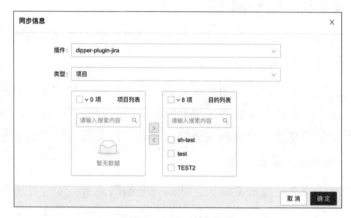

图 8-2　同步项目信息

对安全开发一体化平台的漏洞进行审核，接入工单流程后，可以直接在安全开发一体化平台上发起工单，漏洞将进入处置流程。图 8-3、图 8-4 分别是漏洞审核实践操作的相应说明。提交至工单的漏洞进入处置流程后，该漏洞在安全开发一体化平台的漏洞状态变为"处理中"，工单系统和安全开发一体化平台的漏洞状态是同步的，漏洞修复人员根据漏洞状态和风险程度对漏洞进行修复，修复完成后可以在工单系统或安全开发一体化平台更新漏洞状态，更新后该漏洞在安全开发一体化平台的漏洞状态变为"已修复"。

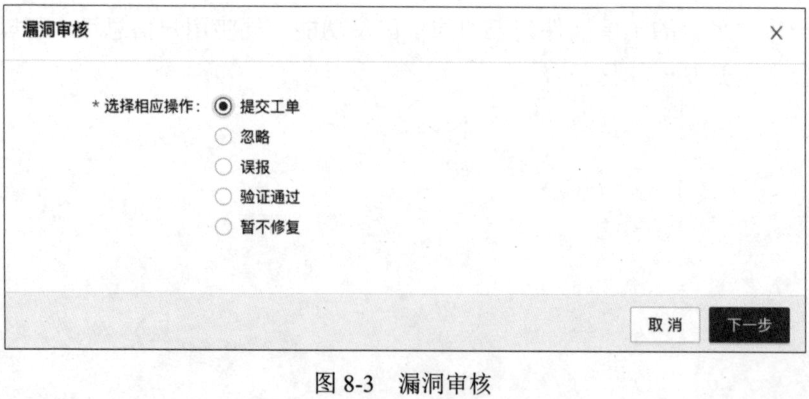

图 8-3　漏洞审核

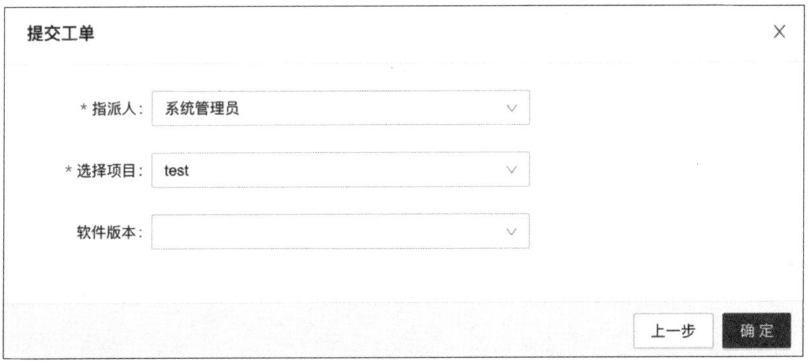

图 8-4　提交工单

8.2　需求与设计阶段

8.2.1　业务需求分析

8.2.1.1　业务安全需求分析

在项目立项评审会前，开发团队项目经理或指定负责人分析《业务需求说明书》，输出《需求分析说明书》。

8.2.1.2　安全分析建模

开发团队安全接口人或研发项目经理对业务系统功能需求产生理解后，利用安全开发一体化平台的安全需求与设计模块对业务功能进行安全需求分析建模。图 8-5 是安全开发一体化平台的安全需求与设计子平台提供的功能模板，分析过程可选择已有功能模板进行匹配。图 8-6 使用安全需求与设计子平台的文件导入方式变更项目功能的安全需求。若无合适模板，安全开发一体化平台提供友好易用的建模功能可快速完成模板的生成，图 8-7 使用安全需求与设计子平台的手工方式变更项目功能的安全需求。

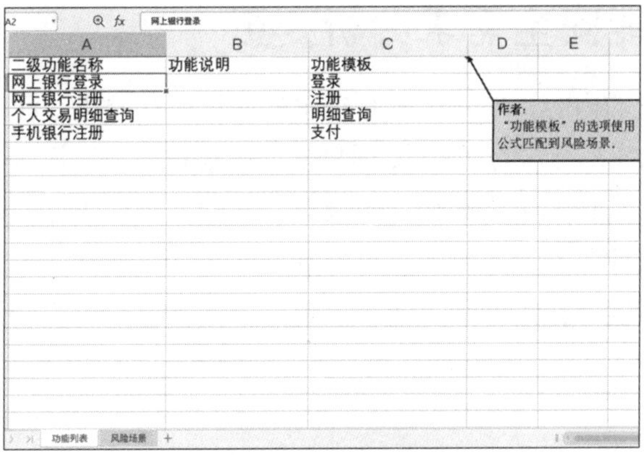

图 8-5　功能模板

图 8-6　文件方式导入功能需求

图 8-7　手工方式导入功能需求

8.2.2　可行性分析

安全开发团队根据《安全需求报告》，对安全分析建模进行可行性分析。

8.2.3　功能安全需求分析变更

针对可行性分析的内容，对功能安全需求的变更进行分析。在完成上述工作以后，即可导出 Excel 或 Word 版本的《XXX 项目安全需求报告》，图 8-8 展示了安全需求报告的内容片段。相关责任人可将其作为附录对《软件需求说明书》进行补充。安全需求报告主要内容是解决业务安全风险所提出的解决方案，以及软件安全质量的具体目标，安全需求项的完成情况将作为业务上线审核项之一。

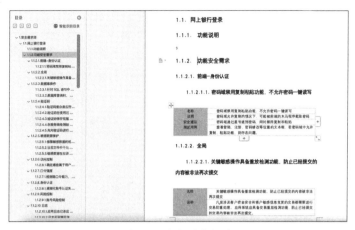

图 8-8　安全需求报告

8.2.4　安全需求评审

提前发送《XXX 项目安全需求报告》给安全责任方、研发项目组以及软件验收责任方等角色，组织安全需求评审活动，对其进行讨论，既要避免安全无限扩散的问题，又要避免安全风险遗漏的问题，共同明确软件安全质量的细则，细化软件验收的安全规范。无论是变更需求还是新系统研发，若其中的业务需求涉及核心的安全策略，则需要安全专家参与评审和分析，确认其中可能引入的安全风险。

8.3　编码阶段

8.3.1　编码/代码提交

8.3.1.1　安全开发 SDK[①]

在编码过程使用安全开发一体化平台安全开发 SDK 快速解决一些通用的安全要求，同时在设计上满足了软件系统高内聚的要求，在面对一些风险遗漏的情况时，只要对 SDK 进行更新就可以实现统一更新，降低了软件的维护成本，提高了研发人员的使用体验。

SDK 作为集成在研发客户端的重要一环，不会在系统里体现，它集成了很多通用的安全能力。前端 SDK 是由 JavaScript 进行编写和使用的，后端 SDK 目前是由 Java 编写完成的，SDK 的部分内容如图 8-9 所示。

[①] 安全开发 SDK：SDK 是 Software Development Kit 的缩写，即"软件开发工具包"。在本书里，辅助研发人员完成安全需求的相关文档、范例和工具的集合都可以叫做"安全开发 SDK"。

图 8-9　安恒安全开发 SDK

8.3.2　IDE[①]安全工具

在研发人员的开发工具（IDE，集成开发环境）上扩展一些安全工具，对研发人员的代码规范进行检测和编码提示，来提高安全质量。同时要求研发人员在研发过程中及时对安全开发一体化平台的安全需求与设计模块项目内的安全需求研发状态进行更新。

AnHeng SDAP Plugin[②]通过配置相关账号和项目，配合安全开发一体化平台进行使用。可在 AnHeng SDAP Plugin 中查看、智能检索、同步更新安全开发一体化平台的安全需求、漏洞、风险组件等数据。在图 8-10 中，通过设置 AnHeng SDAP Plugin 的认证信息和选择项目信息，可以完成与安全一体化平台项目数据的对接。

[①] IDE：IDE 是 Integrated Development Environment 的英文缩写，即"集成开发环境"。 集成开发环境软件是用于程序开发环境的应用程序，一般包括代码编辑器、编译器、调试器和图形用户界面工具。

[②] AnHeng SDAP Plugin：安恒信息自研的 IDE 安全开发工具，SDAP 是 Secure Development All-in-One Platform 的英文缩写。

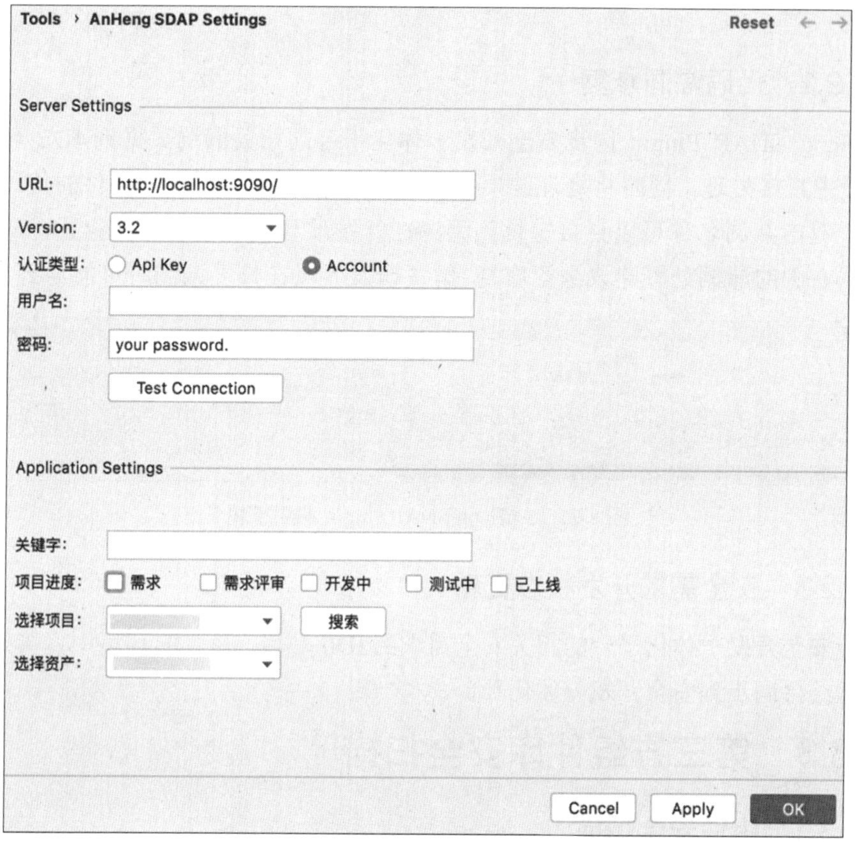

图 8-10　AnHeng SDAP Plugin 设置页面

使用 IDE 安全开发工具，可以确保在编码开发的过程中，编码能够达到安全设计阶段的规范类要求，如：

（1）对本组织的安全编码规范的遵从；

（2）应用软件 TOP 问题的检查；

（3）应用软件历史问题的检查；

（4）以及业界发现应用软件新安全问题的排查。

通过对安全问题的管理，使编码过程中检测出的安全问题得到有效的闭环，主要体现在：

（1）检查出的安全问题录入，对人工和工具检测出的安全问题提供录入功能；

（2）安全问题的风险评估，由审核人员对录入的安全问题进行问题的风险评估；

（3）对于误报的检查结果，需要能够在问题追踪系统中得到继承，减少人工排查的工作量；

（4）安全误屏蔽问题的审核，对下级编码组织的安全审核结果进行审核，避免误屏蔽的发生；

（5）安全问题的修复，确保安全问题的修复，并不引入二次风险；

（6）业界新安全问题的搜集，跟踪应用软件业界安全问题的发现，并完成相似问题的排查。

8.3.2.2 代码漏洞修复

AnHeng SDAP Plugin 同步安全开发一体化平台的相关漏洞数据到 IDE 环境，在 IDE 环境中直接处理，同时将处理结果同步到平台。图 8-11 是 IDE 插件的代码漏洞修复模块，双击漏洞名称可以直接定位到漏洞在开发项目代码中的具体位置，研发人员可以根据右侧的漏洞处置建议进行修复，解决研发人员在修复漏洞时可能遇到的困难。

图 8-11　AnHeng SDAP Plugin 漏洞模块

8.3.2.3 安全需求开发状态更新

同步安全开发一体化平台的相关安全需求到 IDE 环境，在 IDE 环境中直接处理，同时将处理结果同步到安全开发一体化平台。

8.3.3　第三方组件库安全扫描

8.3.3.1 组件安全扫描

配置安全扫描工具，对开发项目的编码进行组件安全扫描，可扫描到开发项目使用的第三方组件，组件信息将进入组件库，从而为研发人员提供开发建议。开源组件安全扫描工具如 Dependency-Check[①]，可以扫描到项目依赖的组件信息。需要提前配置插件策略，使用配置好的组件安全扫描策略发起扫描任务。图 8-12 展示了配置组件安全扫描策略的过程。

图 8-12　新增组件扫描策略

[①] Dependency-Check：软件组合分析工具，检测项目依赖关系中包含的公开披露的漏洞。它通过确定给定依赖项是否存在通用平台枚举（CPE）标识符来完成此操作。如果找到，它将生成一个报告，链接到相关的 CVE 条目。

8.3.3.2 第三方组件库

第三方组件库存储与项目资产相关的所有组件信息，图 8-13 是组件库列表的参考示例。可标记存在漏洞的组件为风险组件，并对应用软件引入的第三方组件是否存在安全隐患进行安全审计，且应对应用软件引入的第三方组件存在的安全隐患是否已经进行安全修复进行审计。

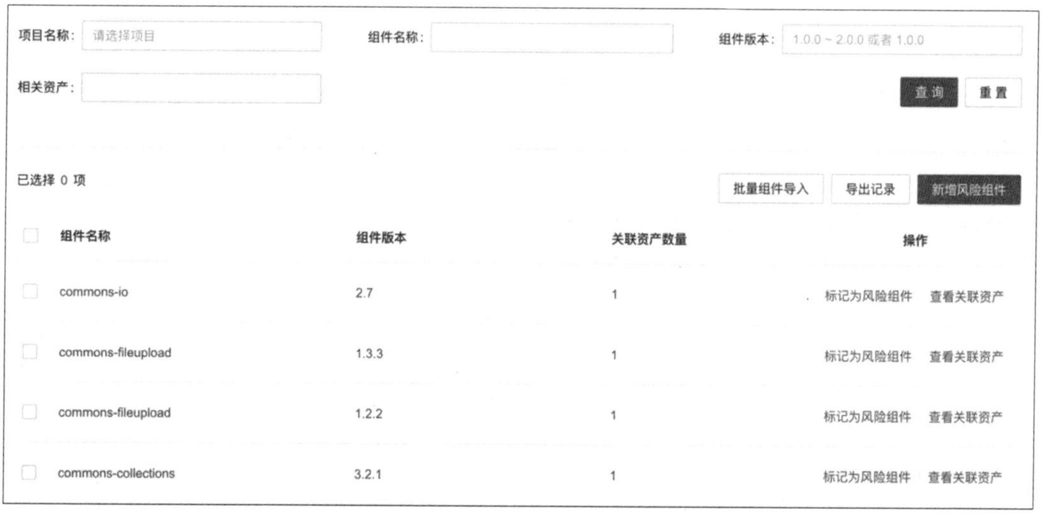

图 8-13　安全开发一体化平台的第三方组件库

8.4　持续集成阶段

8.4.1　第三方组件检测

8.4.1.1　软件成分分析

在持续集成的过程中，引入安全开发一体化平台中两项检测能力——软件成分分析（SCA）和静态分析安全测试（SAST），以保证软件中没有引入已知的安全风险，以及代码方面没有明显的安全风险。结合一些组件自动升级的方案，避免研发人员对于组件风险修复烦琐的过程产生抗拒心理。

8.4.2　静态分析安全测试

当代码量较大、项目工时有限时，可以使用工具自动化扫描代码，然后根据扫描结果人工跟踪问题代码。表 8-3 展示了代码审计的必备工具，图 8-14 对代码审计覆盖的漏洞场景做出大致说明。在形成测试环境后，则可引入安全开发一体化平台中另外两项能力——Web 应用安全扫描能力和主机安全扫描能力，从黑盒的角度检测软件系统是否存在相应的安全风险。所有的安全风险数据会被收录到安全开发一体化平台中进行去重和标识，并对风险的状态和处置情况进行跟踪。

表 8-3　代码审计必备工具

工具名称	特　点
Fotify	代码审计静态扫描工具，商业化静态代码扫描工具，误报率相对较低。
FindSecBugs	一款针对 Java 的开源静态分析工具，和 FindBugs 不同，FindSecBugs 是专门用来寻找安全问题的静态代码扫描工具。
Eclipse/IDEA	业内认可的 Java 开发 IDEA
Java Decompiler	一款跨平台的 Java 反编译工具，具有强大的反编译功能，支持对整个 Jar 文件进行反编译，并且支持众多 Java 编译器的反编译。
Dependecy-check	Jar 包检查利器

输入/输出	上传/下载	访问控制	业务安全	其他安全编码问题
• SQL注入 • 命令注入 • Xml实体注入 • 跨站脚本攻击 • ssrf • 正则校验无效 • 加密解密 • URL未验证的跳转 • 敏感信息泄露 • 错误处理和日志记录 • ……	• 任意类型文件上传 • 文件路径遍历 • 任意文件下载 • ……	• 垂直权限越权访问 • 水平权限越权访问 • 未授权访问 • ……	• 账户安全 • 接口安全 • 业务逻辑漏洞 • Cookie安全 • session安全 • ……	• 空指针 • 资源未释放 • 日志打印敏感信息 • Syso • 异常处理不恰当 • ……

图 8-14　代码审计覆盖漏洞场景

8.5　集成测试阶段

8.5.1　功能测试

8.5.1.1　功能安全测试

进行测试阶段后，根据测试规范，开发团队项目经理或指定接口人通知测试人员或安全测试人依据《XXX 项目安全需求报告》进行功能安全测试，以验证相关业务功能是否已经按照要求完成相关安全需求。依据约定若部分可由工具测试的项目，可不通过人工进行测试，以工具结果为依据。

8.5.1.2　安全需求研发进度

研发人员在安全开发一体化平台中对安全需求与设计模块中项目内的安全需求研发状态进行更新，图 8-15 是安全需求与设计模块的安全需求研发状态列表。例如，研发人员完成开发后，主动将开发状态更新为"已开发"，测试人员完成测试后，主动将测试状态更新为"已测试"。

图 8-15　安全需求研发状态列表

8.5.2　被动安全扫描

在被动安全扫描阶段产生的网络数据或者数据包，可引入到安全开发一体化平台中，支持导入数据的扫描器、被动扫描器和交互式分析安全测试工具，提升自动化安全检测能力。

8.5.3　人工源代码安全审计

代码审计是指具有开发和安全工作经验的人员，通过阅读开发文档和源代码，以工具扫描和人工分析为手段，对应用程序进行深入分析并找出其中存在的安全编码问题。输出的代码审计报告包括项目概述、代码审计结果、缺陷代码分析、修复建议等。项目概述是对代码的总体评价及代码风险的统计信息。代码审计的结果包括应用漏洞汇总，并按照风险（高危）、中风险（中危）及低风险（低危）进行分类。缺陷代码分析详细分析每一条漏洞产生的原因，并对漏洞可能产生的危害进行分析。修复建议提供了详细的解决方案，并附有安全编码的参考代码。图 8-16 和图 8-17 是代码审计报告的部分示例内容。

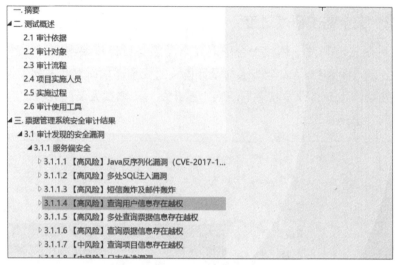

图 8-16　代码审计报告目录

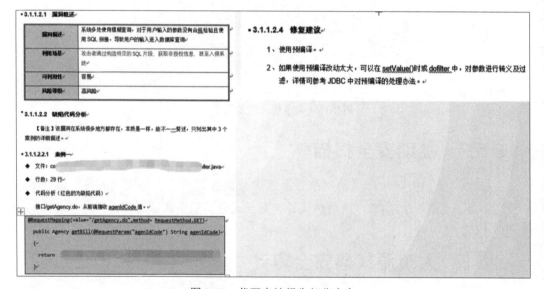

图 8-17　代码审计报告部分内容

8.6　验收测试

8.6.1　安全风险报告扫描

8.6.1.1　安全风险报告扫描

针对安全风险报告进行扫描，对扫描出的安全漏洞进行合并归类。图 8-18 演示如何在安全开发一体化平台发起解析报告任务。

图 8-18　解析报告

8.6.1.2　安全风险报告导出

在扫描结束后，对原始报告进行导出，导出方式可以选择关联任务、关联漏洞、关联项目，可选择是否包含漏洞排除，包含用于保存备案、备份等场景，不包含则用于进行数据分析总结和共享。图 8-19 演示了如何在安全开发一体化平台导出安全风险报告。导出状态为"成功"的报告可以直接下载。图 8-20 是导出报告任务列表，导出过的报告还会一直保存在服务器上。根据安全风险报告，对项目进行质量审核，对质量进行控制，形成质量审核结果报告。

图 8-19　导出报告

图 8-20　导出报告记录

8.6.2　上线阶段

经过测试阶段后，根据开发团队安全接口人、安全测试人员、系统运营单位、研发项目经理等角色的沟通和约定，安全责任人对其提交的《XXX 项目安全需求报告》（注：需更新需求的研发状态和测试状态）及《最近一次的综合检测任务报告》（SCA、SAST、DAST、IAST 等）内容进行审核，同时评估部署环境安全、应用安全、安全上线等要求满足情况，组织专业内部/外部渗透测试团队及代码审计安全专家对软件系统进行测试和审计，引入对抗性，对之前的所有安全工作进行实战化验证，待研发项目组相关责任人完成风险闭环后，由业务主管单位、系统建设单位、系统运维单位、业务运营单位审核上线，一般根据在系统准备和需求阶段确定允许正式上线的安全条件。

各方责任人针对本次过程中的发现的安全风险进行归档、总结，制定针对性的措施避免相关问题反复出现，从而提高软件安全质量，例如安全培训、知识库优化等。

8.6.3　安全复盘

8.6.3.1　安全需求与设计

通过分析项目中安全需求，盘点存在的安全问题，提出改进方案。图 8-21 是安全需求与设计模块中开发项目的安全需求数据统计。对于评审拒绝的需求，分析评审拒绝的实际原因，重新评估需求，决定是否需要适当调整。

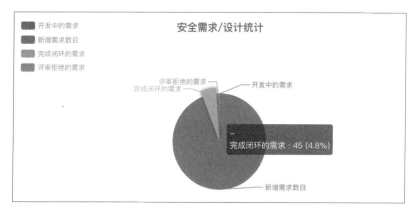

图 8-21　安全需求统计

8.6.3.2　漏洞管理

图 8-22 是按照漏洞类型聚合视图下的漏洞信息，对使用不同扫描任务发现的漏洞进行统一管理。漏洞管理可以发现不同风险状态的漏洞，对紧急、高危的漏洞，需要发起应急响应流程，尽可能快速根据漏洞修复方案修复漏洞；对中危、低危的漏洞，遵照正常的漏洞处置流程，安排漏洞的处理进度。并且，需要持续关注高风险漏洞的产生原因，如果漏报，还需要分析漏报原因，并注意排查日志，判断是否被利用。

图 8-22　漏洞列表

8.6.3.3　漏洞风险趋势

图 8-23 是项目的安全需求情况和安全活动记录，通过分析项目中的漏洞、任务，做出应对措施，为后续项目的开展提供支持。针对漏洞的修复速率、不同风险程度的漏洞数量、不同类型的漏洞数量、不同开发组的漏洞数量进行数据统计与分析，发现存在的问题，并提出解决方案。

图 8-23   项目风险趋势

通过上面的安全需求与设计复盘、漏洞管理复盘、漏洞风险趋势复盘得出复盘结论，然后得出相应的复盘报告，与项目开发团队展开复盘沟通。对于各团队都认可的风险，需要明确风险的改进措施、负责人、排期，并持续追踪修复进度。

8.7   软件维护阶段

8.7.1   安全情报搜集

基于开源情报、商用情报（如安恒威胁情报）、交换情报、私有情报、APT[①]组织数据、安全产品数据、漏洞数据、第三方平台数据等多源的威胁情报基础数据能力，结合安全开发一体化平台提供的资产数据支撑，及时响应因外部安全环境变化而引入的一些安全风险。图 8-24 是安全开发一体化平台的公告功能，在平台上发布公告，并且可以在登录页面置顶重要公告。

---

① APT：Advanced Persistent Threat 的英文缩写，即高级可持续威胁攻击，也称为定向威胁攻击，指某组织对特定对象展开的持续有效的攻击活动。这种攻击活动具有极强的隐蔽性和针对性，通常会运用受感染的各种介质、供应链和社会工程学等多种手段实施先进的、持久的且有效的威胁和攻击。

图 8-24　测试

8.7.2　第三方风险组件库

第三方风险组件库存储风险组件，在组件信息库中被标记为有风险的组件或者安全情报搜集的第三方组件都可以存储到风险组件库统一管理，图 8-25 展示了风险组件库的部分列表内容。

图 8-25　风险组件库

8.7.3　维护阶段

1．线上安全漏洞的响应

业务上线后，信息安全人员进行安全漏洞监控和常态化安全检测，安全检测方式包括漏洞扫描、黑盒测试（渗透测试）等，发现漏洞将及时提交给开发团队，开发团队确认和修复安全漏洞后，信息安全工作组对漏洞修复效果进行复测，直到漏洞完全修复完成。

2．可信众测服务

按照效果付费的渗透测试服务，相对于传统的渗透测试服务，可信众测的测试结果更可控，测试的广度和深度也更有优势，可以尽量降低企业面临的安全风险，对于成熟的安全开发体系而言是极具成本效益的方式。

第9章 安全漏洞管理

9.1 网络产品安全漏洞

9.1.1 业内趋势

云计算，是基于互联网的相关服务的增加、使用和交互模式，通常涉及通过互联网来提供动态易扩展且经常是虚拟化的资源。在经历了过去几年的动荡之后，云计算仍然是寻求业务连续性、成本效率和提高未来可扩展性企业的优先考虑。云计算促进了全球经济发展，确保了远程劳动力的连续性，并使供应链的问题得以缓解。简单来说，云计算服务可以将企业所需的软硬件、资料都放到网络上，在任何时间、地点，使用不同的IT设备互相连接，实现数据存取、运算等目的。云计算服务的特点如图9-1所示。

图 9-1 云计算服务的特点

随着网络时代的发展，云计算服务在网络产品上得到广泛应用，而随着应用云计算服务的网络产品逐渐增多及更新迭代，安全边界方面的顾虑也随之而来。近年来，美国大型科技公司都陷入官司诉讼之中，科技高管甚至很难出席美国的国会听证会。云计算的安全和数据隐私影响最终必然导致其受到监管。为了做出适当的反应，英国和其他地方的云计算托管公司需要聘请熟练的数据治理和合规专家，以确保遵守法律。数据治理和法规遵从性将成为首席信息官和首席信息安全官关注的关键领域。

9.1.2　面临的问题

而说到信息安全，漏洞是每个安全从业者及开发都需要关注的问题。漏洞是指在硬件、软件、协议的具体实现或系统安全策略上存在的缺陷，从而可以使攻击者能够在未授权的情况下访问或破坏系统。近年来各种安全漏洞层出不穷，危害程度逐级增加，对于已实现信息电子化的企业而言，无论外网系统或内网系统均面临着严峻的安全威胁。从技术的角度来说，受到远程攻击的系统和设备都具有自身的信息安全漏洞，随着企业中的信息化应用越来越普遍，信息化设备和信息系统日益增多，使得企业的信息安全漏洞也逐渐增加，增加了信息安全风险。在互联网如此发达的今天，仍旧有很多系统沦陷，这是由于一些没有技术含量的漏洞造成的，在绝大多数场景下甚至都不需要用 0day 就能达到远超预期的攻击目的。随着产品越来越偏向于云，关于安全边界的设计也将要更仔细。如图 9-2 所示，漏洞种类的繁多意味着攻击者带来的攻击技术会呈多样性，针对网络产品的攻击点也会更加广泛。

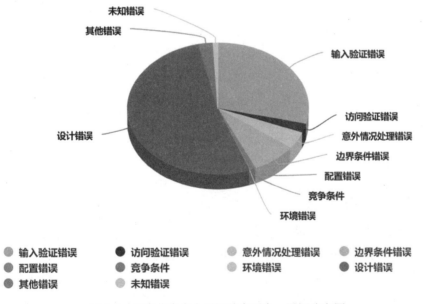

图 9-2　国家信息安全漏洞共享平台—漏洞分布图

漏洞种类的繁多也就意味着攻击者的攻击手段会层出不穷。集合以往众多的应急案例，被入侵事件的发生往往是因为漏洞修复得不够及时或漏洞无人响应，为了能及时发现漏洞并得到处置，许多企业都会选择部署网络安全产品，如防火墙（硬件）、Web 应用防火墙（WAF）、入侵检测系统（IDS）、入侵防御系统（IPS）等。但是安全产品也不是一定安全的。随着全球 IT 信息化和远程办公场景的广泛使用，安全厂商网络产品的漏洞数量也随之大幅上升。

9.1.3　补救措施

哪怕是人所皆知的大厂其本身的产品还是会有不少漏洞，可见部署了安全产品之后也不能掉以轻心。在部署了安全产品后企业还需定制一套完善的安全漏洞管理机制和相关的漏洞管理平台，能确保产品漏洞被及时发现和解决，且在后续的管理工作中也能方便相关人员的协调跟进，大大提升了工作效率，更大程度地减少了因网络产品漏洞带来的损失。网络安全即是国家安全，安全意识是很重要的一部分，企业还需定期对开发人员做安全培训。且尽可能地采用安全开发生命周期，在需求、设计、实现、配置、运行等阶段采取风险分析、代码审查、渗透测试等手段，提高产品安全性。

9.2　网络产品安全漏洞管理规定

2021 年 7 月 12 日，工业和信息化部、国家互联网信息办公室、公安部联合印发通知，公布《网络产品安全漏洞管理规定》，自 2021 年 9 月 1 日起施行。

《网络产品安全漏洞管理规定》旨在维护国家网络安全，保护网络产品和重要网络系统的安全稳定运行；规范漏洞发现、报告、修补和发布等行为，明确网络产品提供者、网络运营者，以及从事漏洞发现、搜集、发布等活动的组织或个人等各类主体的责任和义务；鼓励各类主体发挥各自技术和机制优势开展漏洞发现、搜集、发布等相关工作。

《网络产品安全漏洞管理规定》明确，任何组织或个人不得利用网络产品安全漏洞从事危害网络安全的活动，不得非法搜集、出售、发布网络产品安全漏洞信息；明知他人利用网络产品安全漏洞从事危害网络安全的活动的，不得为其提供技术支持、广告推广、支付结算等帮助。

9.2.1　规定全文

第一条　为了规范网络产品安全漏洞发现、报告、修补和发布等行为，防范网络安全风险，根据《中华人民共和国网络安全法》，制定本规定。

第二条　中华人民共和国境内的网络产品（含硬件、软件）提供者和网络运营者，以及从事网络产品安全漏洞发现、搜集、发布等活动的组织或者个人，应当遵守本规定。

第三条　国家互联网信息办公室负责统筹协调网络产品安全漏洞管理工作。工业和信息化部负责网络产品安全漏洞综合管理，承担电信和互联网行业网络产品安全漏洞监督管理。公安部负责网络产品安全漏洞监督管理，依法打击利用网络产品安全漏洞实施的违法犯罪活动。

有关主管部门加强跨部门协同配合，实现网络产品安全漏洞信息实时共享，对重大网络产品安全漏洞风险开展联合评估和处置。

第四条 任何组织或者个人不得利用网络产品安全漏洞从事危害网络安全的活动，不得非法搜集、出售、发布网络产品安全漏洞信息；明知他人利用网络产品安全漏洞从事危害网络安全的活动的，不得为其提供技术支持、广告推广、支付结算等帮助。

第五条 网络产品提供者、网络运营者和网络产品安全漏洞搜集平台应当建立健全网络产品安全漏洞信息接收渠道并保持畅通，留存网络产品安全漏洞信息接收日志不少于 6 个月。

第六条 鼓励相关组织和个人向网络产品提供者通报其产品存在的安全漏洞。

第七条 网络产品提供者应当履行下列网络产品安全漏洞管理义务，确保其产品安全漏洞得到及时修补和合理发布，并指导支持产品用户采取防范措施：

（一）发现或者获知所提供网络产品存在安全漏洞后，应当立即采取措施并组织对安全漏洞进行验证，评估安全漏洞的危害程度和影响范围；对属于其上游产品或者组件存在的安全漏洞，应当立即通知相关产品提供者。

（二）应当在 2 日内向工业和信息化部网络安全威胁和漏洞信息共享平台报送相关漏洞信息。报送内容应当包括存在网络产品安全漏洞的产品名称、型号、版本以及漏洞的技术特点、危害和影响范围等。

（三）应当及时组织对网络产品安全漏洞进行修补，对于需要产品用户（含下游厂商）采取软件、固件升级等措施的，应当及时将网络产品安全漏洞风险及修补方式告知可能受影响的产品用户，并提供必要的技术支持。

工业和信息化部网络安全威胁和漏洞信息共享平台同步向国家网络与信息安全信息通报中心、国家计算机网络应急技术处理协调中心通报相关漏洞信息。

鼓励网络产品提供者建立所提供网络产品安全漏洞奖励机制，对发现并通报所提供网络产品安全漏洞的组织或者个人给予奖励。

第八条 网络运营者发现或者获知其网络、信息系统及其设备存在安全漏洞后，应当立即采取措施，及时对安全漏洞进行验证并完成修补。

第九条 从事网络产品安全漏洞发现、搜集的组织或者个人通过网络平台、媒体、会议、竞赛等方式向社会发布网络产品安全漏洞信息的，应当遵循必要、真实、客观以及有利于防范网络安全风险的原则，并遵守以下规定：

（一）不得在网络产品提供者提供网络产品安全漏洞修补措施之前发布漏洞信息；认为有必要提前发布的，应当与相关网络产品提供者共同评估协商，并向工业和信息化部、公安部报告，由工业和信息化部、公安部组织评估后进行发布。

（二）不得发布网络运营者在用的网络、信息系统及其设备存在安全漏洞的细节情况。

（三）不得刻意夸大网络产品安全漏洞的危害和风险，不得利用网络产品安全漏洞信息实施恶意炒作或者进行诈骗、敲诈勒索等违法犯罪活动。

（四）不得发布或者提供专门用于利用网络产品安全漏洞从事危害网络安全活动的程序和工具。

（五）在发布网络产品安全漏洞时，应当同步发布修补或者防范措施。

（六）在国家举办重大活动期间，未经公安部同意，不得擅自发布网络产品安全漏洞信息。

（七）不得将未公开的网络产品安全漏洞信息向网络产品提供者之外的境外组织或者个人提供。

（八）法律法规的其他相关规定。

第十条 任何组织或者个人设立的网络产品安全漏洞搜集平台，应当向工业和信息化部备案。工业和信息化部及时向公安部、国家互联网信息办公室通报相关漏洞搜集平台，并对通过备案的漏洞搜集平台予以公布。

鼓励发现网络产品安全漏洞的组织或者个人向工业和信息化部网络安全威胁和漏洞信息共享平台、国家网络与信息安全信息通报中心漏洞平台、国家计算机网络应急技术处理协调中心漏洞平台、中国信息安全测评中心漏洞库报送网络产品安全漏洞信息。

第十一条 从事网络产品安全漏洞发现、搜集的组织应当加强内部管理，采取措施防范网络产品安全漏洞信息泄露和违规发布。

第十二条 网络产品提供者未按本规定采取网络产品安全漏洞补救或者报告措施的，由工业和信息化部、公安部依据各自职责依法处理；构成《中华人民共和国网络安全法》第六十条规定情形的，依照该规定予以处罚。

第十三条 网络运营者未按本规定采取网络产品安全漏洞修补或者防范措施的，由有关主管部门依法处理；构成《中华人民共和国网络安全法》第五十九条规定情形的，依照该规定予以处罚。

第十四条 违反本规定搜集、发布网络产品安全漏洞信息的，由工业和信息化部、公安部依据各自职责依法处理；构成《中华人民共和国网络安全法》第六十二条规定情形的，依照该规定予以处罚。

第十五条 利用网络产品安全漏洞从事危害网络安全活动，或者为他人利用网络产品安全漏洞从事危害网络安全的活动提供技术支持的，由公安机关依法处理；构成《中华人民共和国网络安全法》第六十三条规定情形的，依照该规定予以处罚；构成犯罪的，依法追究刑事责任。

第十六条 本规定自 2021 年 9 月 1 日起施行。

9.3 《网络产品安全漏洞管理规定》解读

9.3.1 《网络产品安全漏洞管理规定》出台的目的和意义

根据《中华人民共和国网络安全法》关于漏洞管理有关要求，工业和信息化部、国家互联网信息办公室、公安部联合制定《网络产品安全漏洞管理规定》（以下简称《规定》），主要目的是维护国家网络安全，保护网络产品和重要网络系统的安全稳定运行；规范漏洞发现、报告、修补和发布等行为，明确网络产品提供者、网络运营者，以及从事漏洞发现、搜集、发布等活动的组织或个人等各类主体的责任和义务；鼓励各类主体发挥各自技术和机制优势开展漏洞发现、搜集、发布等相关工作。《规定》的出台将推动网络产品安全漏洞管理工作的制度化、规范化、法治化，提高相关主体漏洞管理水平，引导建设规范有序、充满活力的漏洞搜集和发布渠道，防范重大网络安全风险，保障国家网络安全。

9.3.2　《规定》的制定过程

2019 年，工业和信息化部会同有关部门成立了专项起草组，深入开展调研、座谈、论证工作，研究分析国内外漏洞管理现状，梳理各方面漏洞管理需求，听取网络安全领域专家学者意见建议，形成《规定》征求意见稿。之后，多次面向网络产品提供者、网络运营者、网络安全企业、专业机构征求意见，并于 2019 年 6 月向社会公开征求意见，组织相关部门和企事业单位集中讨论，充分采纳各方建议，形成《规定》送审稿，经工业和信息化部和相关部门审议通过后出台。

9.3.3　《规定》中涉及的各种主体的责任和义务

网络产品提供者和网络运营者是自身产品和系统漏洞的责任主体，要建立畅通的漏洞信息接收渠道，及时对漏洞进行验证并完成漏洞修补。同时，《规定》还对网络产品提供者提出了漏洞报送的具体时限要求，以及对产品用户提供技术支持的义务。对于从事漏洞发现、搜集、发布等活动的组织和个人，《规定》明确了其经评估协商后可提前披露产品漏洞、不得发布网络运营者漏洞细节、同步发布修补防范措施、不得将未公开漏洞提供给产品提供者之外的境外组织或者个人等八项具体要求。

9.3.4　网络产品提供者应当履行的安全义务

网络产品漏洞信息可通过网络平台、媒体、会议等方式在社会上快速传播，危害大量网络用户权益，有必要采取措施防止风险扩大或者避免损害发生。《中华人民共和国网络安全法》明确指出，当网络产品提供者发现其网络产品存在安全缺陷、漏洞等风险时，应当立即采取补救措施，按照规定及时告知用户并向有关主管部门报告。因此，《规定》要求网络产品提供者于 2 日内向工业和信息化部报送漏洞信息，并及时进行修补，将修补方式告知可能受影响的产品用户。

9.3.5　《规定》对漏洞搜集平台的管理要求

近年来，不少专业机构、企业和社会组织等建立了从事漏洞发现和搜集的漏洞搜集平台，在实际工作中部分漏洞搜集平台也暴露出内部运营不规范、擅自发布漏洞等问题，需要加强管理。为此，《规定》明确对漏洞搜集平台实行备案管理，由工业和信息化部对通过备案的漏洞搜集平台予以公布，并要求漏洞搜集平台采取措施防范漏洞信息泄露和违规发布。

9.3.6 如何推进相关工作

《规定》出台后，工业和信息化部将从政策宣贯、机制完善、平台建设多方面抓好落实。一是加强政策宣贯，做好对相关企业机构的政策咨询和工作指导，引导漏洞搜集平台依法依规开展漏洞搜集和发布；二是完善相关工作机制，建立健全漏洞评估、发布、通报等重要环节的工作机制，明确漏洞搜集平台备案方式和报送内容；三是加强工业和信息化部网络安全威胁和漏洞信息共享平台建设，做好与其他漏洞平台、漏洞库的信息共享，提升平台技术支撑能力。

9.4 安全漏洞管理机制和方法

9.4.1 漏洞生命周期管理

漏洞的整个生命周期中主要为发现漏洞、分析验证、修复漏洞、回归测试、跟踪总结培训几个阶段，如图 9-3 所示。

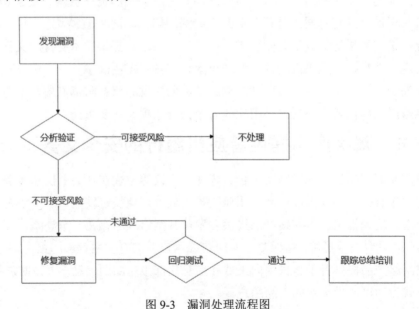

图 9-3 漏洞处理流程图

9.4.1.2 发现漏洞

1. 内部安全风险评估

安全漏洞可以通过内部定期开展的风险评估工作或针对新上线系统开展的风险评

估工作发现。安全漏洞通常有管理上的安全漏洞和技术层面的安全漏洞，管理上的安全漏洞主要是安全管理机制、安全管理制度上的缺陷，技术层面上安全漏洞主要是操作系统、网络设备、安全设备、应用系统上的代码缺陷或不恰当的安全配置。

风险评估工作通常可以通过管理制度的调研访谈、漏洞扫描、配置核查、渗透测试、安全测试、代码审计、安全策略评估等方法开展也可以参考国家相关法律法规、行业及监管要求、内部相关安全规范开展评估工作。例如：《中华人民共和国网络安全法》《个人信息保护法》《中华人民共和国数据安全法》《信息安全技术 信息安全风险评估规范》（GB/T 20984-2007）《信息安全技术：网络安全等级保护基本要求》（GBT 22239-2019）《信息安全技术：个人信息安全规范》（GB/T 35273-2020）等相关法律法规。

风险评估工作内部应形成相应的管理制度，每年针对已上线的信息系统至少开展一次全面的风险评估工作，漏洞扫描、配置核查、渗透测试等工作可以适当增加检查频率，每半年一次或每季度一次，新上线的系统应在上线前开展安全测试及代码审计工作。

2．外部安全通告

除了开展风险评估工作外，漏洞也可能来自外部的安全通告。一是一些软件、硬件厂商和知名安全组织发布的某些软件、硬件系统存在的安全漏洞；二是一些本单位合作的安全厂商或友好的外部安全组织可能发布一些漏洞通知；三是一些上级领导机构、监管机构可能发布一些安全通告或涉及本单位的安全通报，上述来自外部的安全漏洞通告，需要及时确认自身相关系统是否受到影响，如果受到影响应及时开展漏洞处置工作，降低安全风险。

3．分析验证

漏洞发现后，应组织人员对发现的漏洞进行分析验证，确认影响的版本、影响的系统，是否有必要整改，如果需要整改，确认整改措施是否合理，整改工作是否对现有系统有影响，如果对业务有影响，是否可以采取相关规避措施，如非高峰期更新补丁，在整改完成后应对整改措施的有效性和业务系统的影响性进行验证。

4．修复漏洞

在确认整改措施后，采取调整配置、补丁更新、调整安全策略等方式对漏洞进行修复，修复漏洞前应在测试环境中进行修复，并验证修复工作是否有效，对业务系统存在影响，在确认可有效修复、对业务系统无影响的情况下，再在生产环境中进行整改。

5．回归测试

漏洞修复完成后，应组织人员对漏洞开展复测，确认漏洞已经完整修复，以及是否存在遗留问题。

6．跟踪总结培训

整改工作结束后，应对整改的漏洞、涉及的系统进行重点跟踪，防止相关整改工作产生新的漏洞或对业务系统产生未知影响。除此之外应对漏洞情况进行总结，针对开发人员开展培训，调整相关管理措施、安全策略，避免再次发生同类安全问题。

9.4.2 职责分工

9.4.2.1 信息安全部

（1）定期对本单位开展风险评估工作，查找安全漏洞；

（2）关注外部安全通告，及时对外部安全通告进行分析验证，评估影响；

（3）不定期对本制度执行情况进行检查，确保所有漏洞都按照流程进行了有效处理；

（4）针对发生的安全事件，及时总结经验和教训，避免再度发生类似事件；

（5）协助各部门提供安全漏洞测试和修复方法，并定期组织安全培训。

9.4.2.2 开发人员

各产品开发部门在接到漏洞修复通知后，协助信息安全部门开展漏洞分析验证，评估影响，及时修复所负责应用系统的安全漏洞。

（1）在生产系统中可获取系统权限（操作系统、数据库、中间件、网络设备、业务系统等）的漏洞；可直接导致客户信息、交易信息、单位机密信息外泄的漏洞；可直接篡改系统数据的漏洞，必须在 48 小时之内完成修复。

（2）如果确实存在客观原因，无法按照规定时间完成修复工作的，应在修复截止日期前与信息安全部申请延期，并共同商定延后的修复时间和排期。

9.4.2.3 运维人员

运维人员负责操作系统、网络、安全设备的补丁更新、配置调整等方式对相关漏洞进行加固处理。

9.4.3 考核机制

本着加强漏洞的安全管理工作，单位内部建议对漏洞管理工作形成奖惩机制，对相关部门及个人进行考核。

9.4.3.1 奖励机制

奖励机制主要考虑以下几个方面：

（1）发现重大安全风险；

（2）及时修复安全漏洞；

（3）安全漏洞修复比例。

9.4.3.2 惩罚机制

惩罚机制主要考虑以下几个方面：

（1）发生重大安全事故；

（2）安全漏洞未及时修复；

（3）安全漏洞修复比例。

9.5 常见的修复措施

目前，企业漏洞修复面临的最严峻挑战包括复杂的基础架构、分布式应用程序、不规则无管理堆栈。为了防止威胁或控制漏洞影响范围，当今的企业必须具备相应的政策。下面将介绍几种漏洞修复的最佳实践方式，以帮助克服当今动态和复杂环境中漏洞修复的挑战和要求。

9.5.1 漏洞发现

漏洞发现的方式主要包括漏洞扫描、渗透测试等，使用 Nessus 等常见的漏洞扫描器可以快速识别系统、网络和应用程序中的漏洞，例如版本漏洞和不安全的配置等。然而常规的漏洞扫描器可能存在一定的误报率和难以发现（如逻辑绕过之类）的漏洞，渗透测试技术则可以弥补这一缺陷。

渗透测试是通过模拟黑客攻击的过程，发现资产存在的漏洞。漏洞扫描只是探测漏洞是否存在，通常不会对系统发起主动的攻击性行为，而渗透测试会通过突破安全控制措施，入侵目标系统来验证漏洞，达到评估系统安全性的目的。

渗透测试通常包含规划、信息搜集和发现、漏洞扫描、漏洞利用和报告这几个阶段。在规划阶段需要确认测试的域名、权限、时间窗口和扫描方式等问题；在信息搜集和发现阶段结合人工和自动化工具搜集目标环境的相关信息，信息搜集的步骤通常会对漏洞利用起到很大的帮助；在漏洞扫描阶段使用自动的扫描工具勘测系统漏洞；在漏洞利用阶段根据前面步骤搜集的信息、发现的漏洞等，尝试攻破系统的安全防线；最终，在漏洞利用和报告阶段对发现的漏洞和对应的修复方式以报告的形式呈现。漏洞利用测试的方面主要有配置管理测试、认证测试、会话管理测试、权限和业务逻辑测试、数据验证测试、共享主机测试等，具体的测试细节这里不展开讨论。

9.5.1.1 持续性检测

传统的漏洞扫描方式是一种周期性、间断式扫描，在两次扫描的间隙漏洞状态是不确定的。因此，对于目标必须实行持续性检测，使得安全研究员可以随时知道当前的安全状况。因此，前两个最佳实践聚焦于如何有效实现漏洞的持续发现和检测。在始终处于连接状态且无边界的环境中，连续检测尤其重要，它影响受到攻击的公司服务器，而且还影响短暂的云实例和容器、高度公开的 Web 应用程序，以及与网络持续连接的移动设备和 IoT 端点。

从理论上说，企业可以使用一些公共资源，例如 MITER 的 CVE（常见漏洞披露列表和美国政府的国家漏洞数据库（NVD），主动扫描其资产并检测已发布的漏洞。由事件响应和安全团队论坛（FIRST）维护的通用漏洞评分系统（CVSS）是评估漏洞严重性的良好资源。但是，传统的主动扫描的方法会影响扫描资产的可用性（降低性能、影响资产正常运行等），因此漏洞扫描方案通常无法持续运行。持续检测的另一个障碍是漏洞的范围和速度，最近三年暴露的漏洞数量是前三年的两倍。如果在支持的漏洞数据库中没有最新的漏洞，对资产的扫描结果就可能存在误差。下面给出持续性检测的 3 种实践方式。

第一种是基于主机扫描频率要高于网络扫描频率，网络的扫描器在扫描网络服务时会增加大量开销，而且需要注意不同的环境进行不同的配置设置，打开防火墙端口等。主机的扫描不会遍历网络，它们消除了网络开销，并允许进行持续扫描。（降低因为网络造成的扫描开销。）

第二种是扫描镜像而不是扫描实例。在现代的云原生应用程序中，大多数服务器实例是从一个镜像安装的。扫描镜像而不是扫描实例，可以持续进行检测而又不会占用网络资源。（实例是从镜像创建而来的，扫描镜像可以直接确认漏洞源头。）

第三种使用"无扫描"无中断的方法来增强主动扫描使用来自现有 DevOps，安全和 IT 数据库（例如补丁/资产管理系统）的数据，对所有网络节点上的潜在漏洞进行基于无规则的"无扫描"模式分析。将这些无中断的"无扫描"结果与定期主动扫描的结果合并在一起后，企业可以在不影响性能的情况下实现对漏洞的接近实时可见性的状态查询和观察。可以使用开源工具（例如 osquery 和 QRadar）来实现此方法（最大程度降低扫描行为对企业生产环境产生的影响，不影响系统正常运行）。

9.5.1.2 人工检测

人工检测是指测试人员尽可能完整地模拟攻击者使用的漏洞发现技术和攻击手段，从攻击者的角度对目标网络、系统、主机应用的安全性进行深入的非破坏性的探测，发现系统最脆弱环节的过程。渗透测试通常能以非常明显、直观的结果来反映出系统的安全现状，其目的是能够让管理人员直观地知道自己网络所面临的问题，测试按照渗透的方法与视角可以分为以下三类。

1. 黑盒测试

黑盒测试（Black-box Testing）也称为外部测试（External Testing）。在采用这种方式时，渗透测试团队将从一个远程网络位置来评估目标网络基础设施，并没有任何目标网络内部拓扑等相关信息。他们完全模拟真实网络环境中的外部攻击者，采用流行的攻击技术与工具，有组织、有步骤地对目标组织进行逐步的渗透和入侵，揭示目标网络中一些已知或未知的安全漏洞，并评估这些漏洞能否被利用获取控制权或者操作业务资产损失等。

黑盒测试的缺点是测试较为费时费力，同时需要渗透测试者具备较高的技术能力；优点在于这种类型的测试更有利于挖掘出系统潜在的漏洞以及脆弱环节、薄弱点等。

2．白盒测试

白盒测试（White-box Testing）也称内部测试（Internal Testing）。进行白盒测试的团队将可以了解到关于目标环境的所有内部和底层知识，因此这可以让渗透测试人员以最小的代价发现和验证系统中最严重的漏洞。白盒测试的实施流程与黑盒测试类似，不同之处在于无须进行目标定位和情报搜集，渗透测试人员可以通过正常渠道向被测试单位取得各种资料，包括网络拓扑、员工资料甚至网站程序的代码片段，也可以和单位其他员工进行面对面沟通。白盒测试的缺点是无法有效地测试客户组织的应急响应程序，也无法判断出他们的安全防护计划对检测特定攻击的效率；优点是在测试中发现和解决安全漏洞所花费的时间和代价要比黑盒测试少很多。

3．灰盒测试

灰盒测试（Grey-box Testing）是白盒测试和黑盒测试基本类型的组合，它可以提供对目标系统更加深入和全面的安全审查。组合之后的好处就是能够同时发挥两种渗透测试方法的各自优势。在采用灰盒测试方法的外部渗透攻击场景中，渗透测试者也类似地需要从外部逐步渗透进目标网络，但他所拥有的目标网络底层拓扑与架构将有助于更好地决策攻击途径与方法，从而达到更好的渗透测试效果。

9.5.1.3　根据漏洞风险进行智能排序

传统漏洞管理系统依靠外部指标来对漏洞进行优先级排序。一种常见的指标是 CVSS 评分，它根据攻击媒介，可能受影响的组件的范围，机密数据的风险级别以及对可用性的影响等特征来反映漏洞的严重性。但是，漏洞风险管理并不罕见。在纳入恶意软件的漏洞中，有 44％的 CVSS 评分较低或中等。也就是说，单纯靠 CVSS 评分来管理漏洞是远远不够的。

在评估风险等级并由此判定漏洞的优先级时，应考虑攻击向量的多少和攻击环境的广泛程度，进而将各种外部和内部数据源进行关联，更好地了解企业独特环境中特定漏洞的严重性。外部数据源比如 CVSS 评分以及威胁情报数据库，内部数据源是企业的资产管理和变更管理系统，以了解受到漏洞威胁的资产的业务重要性和安全状况。（大众标准和特定环境标准综合使用进行漏洞优先级评定，理论结合实际。）

例子：在一个基于公有云的工作环境中发现了一个高 CVSS 评分的漏洞，但是该漏洞只能通过 USB 进行利用。该企业的基础架构和云监控堆栈中的信息表明，所有可能受此漏洞影响的资产都是基于云的。此时，可以将该漏洞的安全级别划分为低优先级，因为它无法在企业的物理环境中加以利用，不会造成过大的影响。

9.5.2　人工处理漏洞修复

从处理风险的角度来看，风险的响应通常包括风险缓解、风险转移、风险接受、风险威慑、风险规避、风险拒绝。而一般处理漏洞的方式主要有风险缓解和风险接受。企业可以选择修复漏洞以缓解此漏洞的风险。例如 SQL 注入漏洞，常见的修复措施有参数化、对用户输入进行验证、使用存储过程等；对于跨站脚本攻击（XSS）而言，验证用户输入的有效性是一个很好的措施。如果因为修复漏洞的成本大于风险可能带来的损失，或其他综合因素考虑，企业也可以选择接受风险。接受风险还意味着管理层已经同意接受风险发生可能造成的结果和损失。

除了对资产漏洞的修复措施外，还可以建立对系统的补偿性控制。例如使用防火墙设置规则来过滤流量，Web 应用防火墙简称 WAF，拥有部署简易、防护及时等优点，主要用于防御 SQL 注入、XSS 跨站脚本、常见 Web 服务器插件漏洞、木马上传、非授权核心资源访问等 OWASP 常见攻击。同时大多数防火墙也提供了日志记录、查询的功能，能够满足运维，安全方面的管理需求。更加智能、高效的方式是建立企业的安全运营中心（SOC）进行日志搜集、监控分析、识别异常行为并产生预警等，从而实现持续的安全运营。更加智能化的安全管理方式是建立 SOC（安全运营中心），SOC 可以弥补传统信息安全的不足，它以数据为核心，通过日志搜集、威胁建模、指标设计、告警分析、安全事件用例知识库和威胁情报态势感知等功能模块，真正实现数据驱动安全，不仅能实现攻击的维护和实时监控，还能通过威胁情报和用户行为分析等预测威胁，并在安全事件发生后系统地追踪溯源。

9.5.2.1　二次验证漏洞

在实际漏洞管理的过程中，企业很难一次修复所有的漏洞，通常都会涉及验证、再次验证直到漏洞被修复的过程，甚至有些漏洞难以被完全修复，因此需要对整个过程的实时监控来提高管理效率。项目管理人员也需要向高级管理层汇报漏洞管理项目的状态，包括对服务水平协议规定的实现和关键的业绩指标，如：漏洞发现率、漏洞修复率、漏洞修复时间等。另外，第三方的安全审计、渗透测试、安全评估等也能更独立地评估企业信息系统的安全性，提高管理的效率和效果。

更高效的管理方案是建立一个集中性管理平台——漏洞管理平台，它可以提供一个实时高效的监控、管理和报告的方式，通过集成漏洞扫描（保持更新最新漏洞）、漏洞自动分类与分级、漏洞状态管理、漏洞和修复方案描述、报告生成和下载、漏洞管理仪表盘等功能，实现对漏洞全生命周期的有效管理。

漏洞管理是一个持续的过程，成功的漏洞管理过程也需要与组织的业务风险管理紧密联系，定期审核漏洞管理过程是否与组织的业务和风险管理目标相一致，并确保企业网络安全相关的人员及时了解新的安全威胁和趋势也是漏洞管理过程中不可忽略的部分。

9.5.3　自动化的漏洞修复

漏洞管理的首要目标是进行快速有效的修复，接下来的三个最佳实践可以为以补救为中心进行漏洞管理提供思路。

9.5.3.1　为相关团队维护唯一的漏洞管理平台

企业通常有多个团队进行漏洞修复，例如安全团队负责漏洞检测，然后由 IT 或 DevOps 团队进行补救。有效的协作对于创建封闭的检测补救环至关重要。团队的专用数据库，流程和工具堆栈必须紧密集成到精心规划的、共享的单个事实来源的漏洞管理平台中。最佳实践可以在平台内部实施，也可以通过第三方解决方案来实现。漏洞修复图如图 9-4 所示。

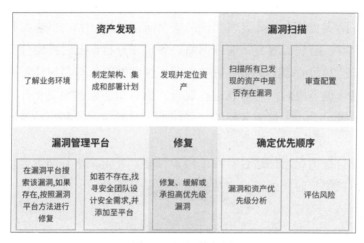

图 9-4　漏洞修复图

9.5.3.2　补丁并非唯一解决方法

漏洞补丁并不是唯一的解决方案，也可以采取其他补救措施，例如配置管理和补偿控件，关闭进程，会话或模块。最佳补救方法（或方法的组合）因漏洞而异。为了实现最佳实践，基于组织的累积漏洞管理经验，维护有关如何将最佳补救方案与漏洞相匹配的知识库非常重要，也可以利用依赖于非常大的数据集的第三方知识库。

9.5.4　设计补救措施方案

为了与当今威胁环境的可扩展性以及增长速度相匹配，漏洞修复必须尽可能自动化。实现这种自动化的一种有效方法是创建针对企业环境的预定义剧本，有一些工具支持现成的和可自定义的自动修复工作流。Vulcan Cyber 等漏洞管理平台附带一个工作流库，可以对其进行自定义以满足企业的特定要求。

9.5.4.1　设计结合企业自身的应急方案

为科学应对网络与信息安全突发事件，建立健全信息安全应急机制，有效预防、及时控制和最大限度消除我区信息安全各类突发事件的危害和影响，确保重要信息系统的实体安全、运行安全和数据安全，有必要制定应急预案。

在企业内部宣传普及信息安全防范知识，贯彻预防为主的思想，树立常备不懈的观念，做好应对信息安全突发事件的思想准备、预案准备、机制准备和工作准备，从法律、管理、技术、人才等方面，采取多种措施，提高公共防范意识以及基础网络和重要信息系统的信息安全综合保障水平。加强对信息安全隐患的日常监测，发现和防范重大信息安全突发性事件，及时采取有效的可控措施，迅速控制事件影响范围，力争将损失降到最低程度。

所有涉密计算机一律不许外接国际互联网，必须做好物理隔离。连接国际互联网的计算机不得存储涉及机密的文件。各级各类服务器提供信息服务，必须事先登记、审批、建立使用规范，落实责任人，并具备相应的安全防范措施（如：日志留存、安全认证、实时监控、防黑客、防病毒等），加强网络设备日志分析，及时搜集信息，排查不安定因素。对平台实施 24 小时监控，必要时实行远程控制网络管理员应经常对硬件设备进行状态检查，信息管理员应对信息内容进行巡查。所有服务器的相关责任人要做到定期检查，认真做好检查记录，了解服务器的工作状态，对异常现象和事故及时处理并做好记录。

并根据企业自身情况增加适合自身的应急预案，并定期进行演习，以保证在网络安全问题出现时可以第一时间保证自身数据安全及信息安全。

第 10 章 软件供应链安全

10.1 供应链介绍

10.1.1 传统供应链

传统供应链就是指企业从原材料和零部件采购、运输、加工制造、分销直至最终送到顾客手中的，一个环环相扣的链条。说到传统供应链，大部分人首先映入脑海的一定是物流，但供应链远远不止物流。供应链是围绕着企业核心业务的信息流（供求选择）、商流（物权转移）、资金流（交易支付）、物流（物品交付）展开的一个链条型的结构，具体实施中不仅全面覆盖计划、采购、定价、销售、库存、仓储、物流、售后等各个环节，而且已延伸到行业的上下游企业及合作伙伴。

事实上，供应链在日常生活中随处可见。例如，当你在网上或线下进行购物时，背后其实是包含了所购买商品的原材料采购、商品的产品制造、完成成品、分销选品、库存仓储商品、调配、定价、销售、物流运送等系列的复杂过程。最终，经过这一系列流程之后，商品才来到你的面前，而这一系列的流程，组成了一整个供应链。这只是零售消费的一个很小的例子。社会中的各个行业，都离不开供应链，小至快消品、电子消费品、服装，大至高铁、飞机制造等，只要有生产、有流转、有消费，就有供应链所在。供应链突出了一个"链"，需要摆脱单个职能的限制，以实现供应链领域的全局优化为目标。产品流从供应商流向客户，资金流从客户流向供应商，它们是供应链的血液，而信息流则是双向系统，是供应链的神经系统。

经过信息社会高速发展，今天的供应链已经不单单仅仅只是一个"链"，它更像是一个生态网络，产品到达消费者手中之前所涉及的原材料供应商、生产商、批发商、零售商以及最终消费者组成的供需网络，而且是由物料获取、物料加工，并将产品送到消费者手中这一过程所涉及的企业和部门组成的。再举一个简单的例子，我们日常使用的手机，在拿到我们所购买的手机之前，这部手机已经经过了好多厂商的加工了，这里就有一个供应链的概念。手机里的芯片、显示屏、摄像头、电池等一百多个零部件，从原材料供应商到模组生产商，再到组装厂，再进行分销，经过无数次的辗转到达专卖店，最后送到购买者的手上，你的手机已经走完了一个完整的供应链流程。

而我们常说的供应链管理就是指对整个供应链系统进行计划、协调、操作、控制和优化的各种活动和过程，其目标是将客户所需的正确的产品或服务，能够在正确的时间，按照正确的数量、质量和状态送到正确的地点，并使这一过程所耗费的总成本最小。

按照国际供应链理事会（SCC）的定义，一个完整的供应链管理主要包括：plan（计划管理）、buy（采购管理）、make（生产制造管理）、deliver（交付物流管理）、return（退、换、返修管理）这五大管理活动。

为了确保供应链管理的顺畅和成功，企业还需要建立一系列的支持系统包括财务、人力资源、设施管理、项目组合管理、产品设计、销售和质量保证等，以监控整个供应链中的信息，并确保遵守所有法规。

10.1.2　软件供应链介绍

如上述所说，传统供应链的概念可以理解为一个由各种组织、人员、技术、活动、信息和资源组成的，将商品或服务从供应商转移到消费者手中的过程。这一过程从原材料开始，将其加工成中间组件乃至最终转移到消费者手中的最终产物。软件以及各类服务作为一类特殊的商品，同样可以适用供应链的概念。

软件供应链可以理解为软件或系统从生产到交付的全过程，经过软件的设计和集成研发，将生产完成的软件产品通过软件交付渠道或者其他形式提供给最终用户。传统软件供应链的主体包括卖主、生产商、物流商、外销中心、配送者、批发商和其他到最终用户的实体；而软件的供应链主体则包括硬件设备商、物流商、软件开发商、设计单位、系统集成商、各类服务商等各运营、承建及服务的企业及个人。

以整个供应链链条上的某个企业为例，其既作为需求方从上游获取产品和服务，也作为供应方为下游的企业提供产品和服务，我们从该企业的视角，可以将软件供应链的生命周期划分为采购产品和服务、集成开发软件、交付软件产品、产品运营四个环节。在软件供应链中，原始组件是采购的产品或者服务，软件产品是交到消费者手中的商品，产品运营为消费者提供的服务保障产品的正常运行。从信息安全角度来说，软件提供商都需要思考如何采购和获取到符合安全要求的产品和服务，在集成开发的过程中如何避免引入安全威胁和如何达到安全要求，如何在交付软件产品的过程中确保客户能够收到真正的软件，如何确保随着时间或环境等因素的变化，软件的安全性不会受到影响。而采购的产品和服务的质量则需要上游的供应商进行考虑。简单来说，如果我们想要生产一个吸尘器并进行销售，在吸尘器的生产过程中，吸尘器中所需要的外壳、螺丝、电池等零件的质量问题我们是不需要关注的，对于这方面我们只需要找到可靠且有严格质量检验程序的供应商，并从他们那里购买合格的零部件就可以了。我们真正需要关注的部分其实是各个组件组成的生产环节、吸尘器功能的检验环节、上市的售卖环节和售后维修等环节。软件开发也一样，软件开发的生命周期一般可以划分为需求分析、设计、编码、发布和维护5个主要阶段。在每个阶段中总是或多或少地涉及从供应链的链条上采购相关的产品和服务，甚至一些产品和服务是互联网上免费开放的，且缺乏明确的维护责任主体。

随着当今软件开发需求越来越多，在快节奏的商业世界中，许多软件开发团队为了跟上发展速度，也如需求的不断发展而采用了 DevOps 等敏捷开发实践，以及大量成熟且完善的软件框架来加速软件研发速度。更有甚者为了在短时间内完成开发需求，加快软件开发的速度，许多开发人员需要通过对开源软件①进行修改或添加其所需要的功能，或者通过直接引用和调用完成功能业务。据《State Of Software Security Volume 11》报告中关于开源应用的情况（如图 10-1）所示，对于绝大多数使用 Java、.NET、Javascript 语言进行编写的软件项目，其第三方代码（包括第三方商用代码和开源代码）占比在 95% 以上。现在开源组件已成为企业实现快速开发和科技创新的必要条件。大部分商业程序中都包含开源软件，开源可以在为企业节省大量的时间和成本的同时提高软件的生产质量，但是往往也引入了许多的安全隐患。

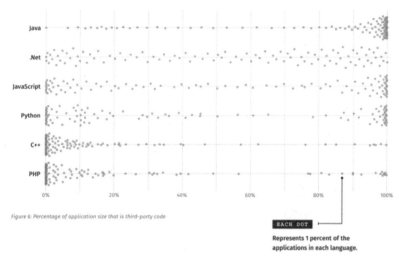

图 10-1　第三方代码占应用程序大小的百分比（引自《State Of Software Security Volume 11》）

10.2　技术背景

软件供应链安全的提出，最早是在 1984 年，K.Thompson（UNIX 创造者之一）在 ACM 设立的图灵奖的获奖演讲中讲述了如何在人们难以发现的情况下修改编译器，并在其中设置后门，进行污染所有使用此编译器编译并发布的软件。这是较早出现的一种通过攻击软件开发过程中的薄弱环节来达到破坏目的的攻击手段。

而软件供应链这个概念出现在 1995 年，在这一概念出现的 5 年后，M.Warren 和 W.Hutchinson 提出了利用网络攻击破坏软件供应链的可能性。在 2004 年微软提出了软件安全开发生命周期这一流程，为了保障软件开发以及最终用户的安全性，针对各个阶段的不同工作内容和特点，引入了相关安全控制措施并建立了漏洞发现和处理机制。在

---

① 开源软件：开源软件就是公开源代码的软件，在遵守相关软件协议的前提下，任何人都可以进行自由修改和共享。

2014 年出现了著名的 HeartBleed 漏洞，它感染了软件和服务的开发阶段中上游代码和模块，并沿着软件供应链，对下游也造成了不可磨灭的负面影响，因此这一事件被大众广泛认为是一起典型的软件供应链安全事件（后续将详细介绍这一漏洞）。2017 年微软旗下的一研究团队发出声明，表示微软旗下的一安全软件阻挡了一起精心策划的网络攻击——通过攻击软件更新渠道，将插入了恶意代码的第三方软件传输给使用该软件的多家机构。在这一事件的声明中，微软首次提出了"针对软件供应链的网络攻击"这一概念。

在简单介绍了软件供应链安全的发展历程之后，我们以心脏出血漏洞来看一下软件供应链安全风险带来的影响。

心脏出血漏洞（"Heartbleed 漏洞"）是一个出现在 OpenSSL 的安全漏洞。OpenSSL 是一个开源的软件库包，其实现了 SSL[①]等协议，软件的使用者可以直接使用该工具包利用 SSL 协议达到加密通信的目的，避免被窃听。另外该软件包也广泛用于实现 TLS[②]协议。要想完全理解"Heartbleed 漏洞"，我们首先来看一下什么是"心跳机制"。在 SSL 协议正常完成握手以后，需要保持连接。但是由于服务器的资源有限，当连接的客户端数量较大时，服务器要维持这些连接将会消耗很多资源，因此需要及时断开完成通信的客户端以减少服务器的负载压力，而心跳机制则是用于确保客户端已完成通信的机制。"心跳机制"包含 2 种报文，心跳请求报文（HeartbeatRequest Message）和心跳应答报文（HeartbeatResponse Message）。客户端周期性向服务端发送心跳请求报文以确认连接状态，当服务端收到心跳请求报文之后，将心跳请求报文的消息段进行复制并在心跳应答报文中返回给客户端，这样就可以确保连接的有效性。心跳机制工作图如图 10-2 所示。

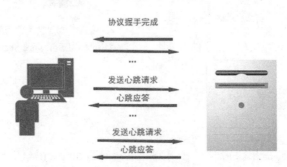

图 10-2 心跳机制工作图

心脏出血漏洞攻击基于"心跳机制"的请求，客户端的心跳请求报文会发送一些数据到服务器，服务器会将数据复制到它的响应数据包中。但由于 OpenSSL 的心跳处理逻辑没有检测心跳包中的长度字段是否和后续的数据字段相符合，攻击者可以利用这一点，

[①] SSL 协议：安全套接字协议（Secure Sockets Layer），是为网络通信提供安全及数据完整性的一种安全协议。

[②] TLS 协议：安全传输层协议（Transport Layer Security），其前身是 SSL 协议，是为网络通信提供安全及数据完整性的一种安全协议。

构造异常的数据包，来获取心跳数据所在的内存区域的后续数据。简单来说，在正常请求的情况下，假设一个"心跳协议"的请求包含 4 个字节的数据"AAAA"，并且长度字段的值为正常的字段长度"4"。服务器则将数据放入内存中，并会从数据的开头复制 4 个字节到其响应包中进行返回。但若是在攻击场景下，请求可能是包含 4 个字节的数据"AAAA"，但长度字段可能为"1004"，当服务器构造其相应的响应包时，没有进行长度字段和后续数据字段是否相符的检验，依旧从数据的起始处开始复制（也就是请求数据"AAAA"），但会直接复制请求中的长度字段，也就是 1004 字节，那么这额外的 1000 字节来自哪里呢？显然这些字节不来自请求包，它们来自服务器的私有内存，而服务器中的私有内存就很可能包含一些用户名、密码等隐私数据。

攻击者通过心脏出血漏洞可以读取到网络服务器内存，从而可以访问敏感数据，危及服务器及用户的安全。还可能暴露其他用户的敏感请求和响应，包括用户任何形式的 POST 请求数据、会话 Cookie 和密码，这能使攻击者可以劫持其他用户的服务身份。在此漏洞披露时，约有 17% 通过认证机构认证的互联网安全网络服务器容易受到攻击。

攻击者每次可以泄露内存中 64K 信息（协议限制），只要有足够的耐心和时间以及一些运气，就可以获取许多敏感数据，例如银行密码、私信等敏感数据。据一位安全行业人士在某社交软件上透露，他在某著名电商网站上用这个漏洞尝试读取数据，在读取 200 次后，获得了 40 多个用户名、7 个密码，通过使用这些用户名和密码，他可以成功登录该网站。

许多供应链下游的软件和厂商像是 Apache 以及 Nginx 等主流的 Web 服务器都选择了 openSSL 作为加密引擎，心脏出血漏洞能够影响所有使用了相关这些软件的系统，产生了极其巨大的危害，SeeBug 平台在 2014 年分析了其整体影响，如图 10-3 所示。

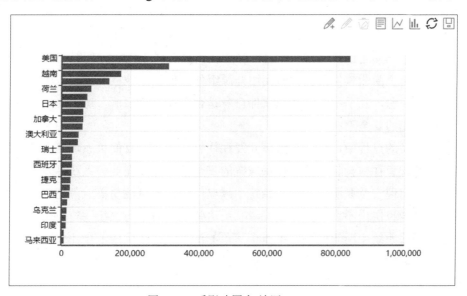

图 10-3　受影响国家/地区 Top 13

自 2014 年 4 月 9 日心脏出血漏洞以来，软件供应链安全事件层出不穷，2015 年 9 月 14 日披露的"XcodeGhost 病毒事件"、2020 年 12 月 13 日披露的"SolarWinds Orion 供应链攻击事件"，乃至 2021 年 11 月 4 日披露的"NPM 官方仓库遭遇 coa 等恶意投毒攻击事件"等都对用户的安全造成了巨大的威胁。

10.3 软件供应链安全分析

随着科技的高速发展，软件供应链正在不断延伸，从一开始的"链"已经逐渐形成了一个供应网络，并且由于针对软件供应链的攻击成本低且回报很高（攻击者通过攻击上游供应链的技术厂能够对所有下游供应商产生影响获取足够客观的收益，而上游供应商往往因投入有限导致存在较多安全隐患）的特点，攻击者已经将注意力转换到软件供应链的薄弱环节上。

另外，据 Veracode 公司统计，在目前的软件开发中，90%以上的代码来自第三方。因此现在市面上的软件源代码大多数为"混合源代码"，由企业自主研发的源代码、第三方合作公司和开源软件代码共同组成。开源软件为原材料，位于软件供应链的源头，所以开源软件自身的安全风险会直接影响最终软件的安全性。开源软件的安全形势已经愈发严重，2021 年 Sonatype 发布了最新的"2021 年软件供应链状况报告"。该报告数据显示，开源供应、需求和安全漏洞全部呈现出"爆炸性"增长，其中开源供应量增加了 20%。在过去的一年里，四大开源生态系统发布了 6302733 个新版本的组件/包，推出了 723570 个全新项目，全球约有 2700 万开发人员参与其中。截至目前，四大开源生态系统的组件/包总数已经达到了 37451682 个，开源需求增加了 73%。2021 年，世界各地的开发者将从四大生态系统下载超过 2.2 万亿个开源软件包，相比上一年这一数据大幅增加；开源攻击也随之暴涨 650%。由于开源软件具有成本低、方便获取、使用方便等优点，几乎每一个商业软件都会大量使用开源组件，但当企业在开发过程中使用开源软件时，又比较随意，几乎不关注开源软件自身是否存在安全漏洞，这无疑给软件供应链带来了难以预知的安全隐患。

在软件开发的过程中，安全与敏捷开发往往处于一个对立的关系，在"业务先行"的模式下，开发者往往会忽略掉软件供应链的安全性。然而在业务系统开发生命周期的各个环节皆会出现安全漏洞，在业务系统中越权问题、批量注册等业务逻辑漏洞频发，第三方组件漏洞也层出不穷，一旦攻击者利用这些漏洞对业务系统进行攻击，会造成严重的信息泄漏或系统中断等问题。举一个简单的例子，传统供应链中比如一件衣物的生产，从原料、车间、仓储到物流，各个环节都可能导致这件衣物被破坏，从而导致客户拿到破损的衣物。同样，软件供应链中采购产品和服务、集成开发软件、交付软件产品、产品运营四个大的环节，每个环节都可能会引入供应链安全风险从而遭受攻击，下面将针对这 4 个阶段存在的安全问题进行进一步的分析讨论。

10.3.1　采购产品和服务环节

采购产品和服务一般是现代软件开发中必不可少的环节，其中既包括了如何向第三方供应商采购相应的产品和服务，也包括从一些开源的网站或社区获取相应的产品和服务，还包括产品研发、运维等人员使用技术工具，是软件系统和企业引入第三方代码的关键环节。对于需求方而言，这也是引入安全风险的核心环节之一。而其中的风险主要来自因获取渠道存在风险而引入了被篡改或者伪造的组件、因供应商以及开源组件自身的安全风险和漏洞而引入了安全漏洞。

10.3.1.1　篡改或伪造组件

伪造的恶意组件会对恶意代码进行传播和扩散，从而达到攻击者的目的。这些恶意组件往往都会披着"合法"正规厂商的外衣，使用户在无法分辨的情况下产生巨大安全威胁。伪造的组件可以使所有信任了被攻击厂商的证书都陷入被入侵的风险。攻击者可以通过伪造组件的方式绕过安全检查，从而进行大规模的安全攻击。SolarWinds Orion事件就是一个典型的利用伪造的组件进行攻击的案例。攻击者在成功入侵SolarWinds后，将其官网提供的 Orion 软件安装包替换成植入后门的安装包，获取正规厂商的证书并以此对自身进行签名，使其披上"合法"的外衣，躲避官网的检查，从而实现攻击行为。类似的事件还包括 Xshell 后门事件[①]。

10.3.1.2　来自合法供应商的漏洞

在软件供应链中包含了引入供应商的环节，全球互联网企业现如今越来越依赖第三方供应商、承包商等机构来支持完成软件生产。但当一个业务系统的开发需要引入多个第三方供应商时，由于供应商自身的安全问题无法得到保障，供应商之间的数据共享就使这一环节变成了一个薄弱的环节。VxWorks 所引发的安全事件就是一个典型的例子。

多年前，一家名叫 Armis 的网络安全公司在 VxWorks 中发现了 11 个 0day，而VxWorks 是当时使用最广泛的实时操作系统，全世界有超过 20 亿包括工业、电力、能源和航天航空等行业关键基础设施。这 11 个 0day 里面有 6 个为严重漏洞且可以进行远程代码执行，其中 5 个漏洞包含拒绝服务、信息泄漏和逻辑缺陷漏洞。这些漏洞允许攻击者绕过传统边界，且无须任何用户操作即可远程接管这些设备。

10.3.1.3　开源组件引入的漏洞

上述的内容中也有提到，现在的软件大多数是被组装起来的，以开源软件作为基础原料，并在此基础上结合实际的业务需求和应用场景补充添加相对独立的业务代码。这种开发模式在一定程度上提高了软件开发的效率，但也同样引入了一些安全问题。此漏

---

① Xshell 后门事件：2017 年 8 月，NetSarang 旗下的 Xmanager、Xshell、Xftp 和 Xlpd 等在全球流行使用的服务器远程管理软件曝出被多家杀毒软件报毒查杀的情况，关键模块被植入了高级后门。

洞的典型事件为由 Linux 中一个被频繁使用的程序"Bash"引发的安全事件。"Bash"被发现存在安全漏洞，攻击者通过利用这个漏洞对目标计算机进行完全控制，并且这个漏洞的利用难度很低，一旦被攻击者利用并发起攻击，攻击者可能会接管整个操作系统的权限，进而进行敏感信息访问、对系统进行篡改等操作。

在奇安信代码安全实验室发布的《2021 中国软件供应链安全分析报告》中通过分析 2557 个国内企业软件项目，存在已知开源软件漏洞的项目有 2280 个，占比高达 89.2%；存在已知高危开源软件漏洞的项目有 2062 个，占比为 80.6%；存在已知超危开源组件漏洞的项目有 1802 个，占比为 70.5%。

10.3.2　集成开发软件环节

10.3.2.1　软件设计

在设计阶段，对安全认知的缺失和忽略往往会导致产品在需求分析、架构设计中存在缺陷，由于没有充分对安全架构和设计进行验证并识别相关威胁和漏洞，在一开始就存在了一些安全缺陷，属于一种天生的安全缺陷，是很难在后期被发现并且根除的。

由于对系统缺乏安全需求分析和安全功能设计，使得系统天然存在一些越权、批量注册等业务逻辑漏洞。同时，由于缺乏对架构的安全考量和相关组件、框架、依赖包、开发工具、SDK 等第三方引用部分的限制，给之后的应用系统构建、发布与运行留下了难以预料的安全隐患。其中这类漏洞包括来自合法供应商的漏洞、篡改或伪造组件的漏洞、开源组件引入的漏洞。

10.3.2.2　编码实现

开发人员在编写代码时，由于缺乏安全意识以及不良的编码习惯、实践和策略往往也会引入一些安全漏洞。在编码过程中为了方便后续的测试工作，开发人员常常会留下一部分具有高级权限的账号，而后续又将这些高级权限账号留下，这种情况带来的软件漏洞极有可能被攻击者利用从而进行进一步的信息窃取。

在奇安信代码安全实验室发布的《2021 中国软件供应链安全分析报告》中表示，在被检测的 2001 个软件项目中，软件源代码中十类典型安全缺陷的总体检出率为 77.8%，其中输入验证检出率为 50.8%，路径遍历检出率为 39.6%，跨站脚本检出率为 39.5%，注入检出率为 37.3%，NULL 引用检出率为 31.8%，资源管理检出率为 31.6%，密码管理检出率为 31.0%，API 误用检出率为 28.7%，配置管理检出率为 28.0%，日志伪造检出率为 18.2%。通过这些数字可以清楚地看到，由于开发人员不良的编写习惯给软件留下了巨大的安全隐患。

攻击者们在编码阶段最喜欢的攻击目标是软件编译器和开发工具，若编译器被攻击篡改并植入恶意代码，那么所有使用此编译器进行编译的代码同样也会受到污染。攻击者对开发者常用的代码开发编辑器进行攻击，对开发工具进行篡改以及增加恶意模块插件，或部署到生产业务中的程序，都将被注入恶意代码。此攻击手段最为典型的例子就是 2015 年 9 月 14 日披露的"XcodeGhost 事件"，攻击者利用通过官方渠道难以获取 Xcode 官方版本的这一情况，向非官方版本的 Xcode 注入病毒 XcodeGhost。修改 Xcode 软件用于加载动态库的配置文件，向其中添加了非官方的具有恶意功能的软件开发工具包，同时利用 Object-C 语言的特性重写系统应用启动时调用的函数，使得恶意代码能够随着应用的启动而启动。多款知名 App 受到了污染，对其平台下的用户隐私的安全造成了巨大的威胁。

10.3.3　交付软件产品和服务

由于现在业务系统需求更迭频繁，软件开发厂商大多数都选择了以敏捷开发、DevOps 为主的开发模式。在版本更迭阶段，大部分的时间都是由开发人员在执行编码工作，而测试团队往往没时间来进行详尽的测试，尤其是安全测试，更容易被忽略，无法做到每一次更迭都进行安全测试。因此没有足够的时间和资源来发现安全缺陷，从而导致上线部署时软件是自带安全缺陷的并通过不断的迭代集成，最终变成存留在软件中的一大安全隐患。

除此之外，在软件的发布阶段遭受最为严重的攻击为软件的捆绑下载。某些应用发布平台在软件应用上线前缺少对应用软件的安全审核，从而导致软件从上传至平台到用户最后的下载环节皆有被引入安全风险的可能。许多软件厂商出于推广的需求，往往会进行捆绑安装下载，导致用户在不知情的情况下，下载存在恶意代码或后门的捆绑软件。攻击者可以通过众多未授权的第三方下载站点、云服务、共享资源及软件的破解版等渠道对软件进行恶意代码的植入并传播，就连正规的应用市场由于审核不严格也会存在这一问题，造成重大安全威胁。2017 年 8 月 17 日发生的"WireX BotNet 事件"就是一个很典型的捆绑下载的案例，WireX 僵尸网络中的僵尸程序病毒通过伪装成普通的安卓程序，成功避过了谷歌应用商店的检测，伪装的安卓程序通过谷歌官方渠道被用户下载安装，其相应的安卓主机感染成为僵尸主机。据相关报道，来自 100 多个国家的设备感染了 WireX BotNet。

10.3.4　产品运营阶段

在软件产品经过发布阶段到达用户侧之时，就正式进入了一个软件的运营阶段。在用户使用过程中，除了软件自带的安全缺陷外，还有可能会遭受用户使用环境不同从而带来的安全威胁，针对这一阶段的主要攻击手段则为软件的升级劫持。

所有的软件产品在整个软件开发生命周期中几乎都会进行功能升级更新或软件缺陷更新等操作。在运营阶段，尤其是在更新或升级的过程中，多数软件并未对软件的升级过程进行严格检查，从而使攻击者有机可乘，攻击者可以通过劫持软件更新的"渠道"，比如通过预先植入用户机器的病毒木马更新下载链接、运营商劫持更新下载链接、软件产品更新模块在下载过程中被劫持替换等方式对软件的升级过程进行劫持并植入恶意代码。2017 年 6 月 27 日晚，据外媒报道，欧洲多个国家遭遇了 Petya 勒索病毒变种的 NotPetya

的袭击，数万台机器受到了感染。攻击者通过劫持乌克兰专用会计软件 me-doc 的升级程序，使得用户在更新软件时感染病毒。NotPetya 事件中劫持软件更新渠道的做法使其成为一个典型的供应链安全事件。

10.4 软件供应链安全措施

通过上述对于软件供应链安全的分析，可知供应链安全是一个较为复杂的问题，其中涉及软件和服务的集成研发的方方面面。然而在实际的场景之中，可不仅仅是一家企业与几家供应商，而是涉及了整个软件供应链网络，这是一个极为棘手的问题。但是由于其巨大的破坏性，软件供应链安全已经成为国家和业界重点关注的安全领域之一。

软件供应链是一个网，很难直接从整体上要求网上的每一个节点做出很多的改变。尤其是软件这类产品，其价值需要结合实际的经营业务其本身没法创造价值，在利益传输上，这些上游供应商可以说是处于利润的末端，难以有足够的投入保证安全。但是在如今的安全背景之下，需要这些一部分厂商动起来。从信任的角度去看待整个网状的软件供应链的话，如果没有一家厂商能够保证自身提供的软件产品和服务的安全，那么很难去建立安全的软件供应链，人人之间都无法信任彼此的软件产品和服务。我们可能需要信任链的方式去建立一种互信，不过在类似信任链的构造上在证书的工作机制已经进行了应用。根 CA 作为所有使用者公认的可信对象，它认可的中介 CA 是可信的，那么使用者也认为是可信的。通过这样的信任传导的方式（尽管可信程度是逐级降低的），能够保证最终用户是可信的，从而有了任意双方的信任基础。证书信任链如图 10-4 所示。

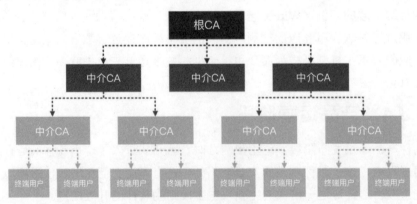

图 10-4　证书信任链

正是从这个角度，笔者斗胆在这里以供应链上的某一节点为切入点，从管理型措施和技术性安全措施两个角度围绕软件供应链生命周期环节以及上文的风险分析结果推荐可采取的安全措施，以期望在某一个节点上尽可能地建立起可信度。

10.4.1 管理性安全措施

在针对软件供应链的安全风险进行处理时，往往会遇到管辖不到的问题，一方面可能是由于第三方软件的代码无法改动，而且可能涉及供应商的供应商，另一个方面可能是已经停止服务的软件产品或者无人维护的第三方项目和开源项目。需要通过一些管理性措施，将安全的压力从下游供应商向上游供应商传导，提升链条上每一个环节的产品和服务的安全质量。

10.4.1.1 采购安全管理

在采购产品和服务的过程中，如果没有提前沟通好安全的相关协议，那么在后续的工作开展中必然会产生较大的隐患和工作上的摩擦，而且对于大部分的项目来说，替换软件的产品带来的巨大代价也很难承受。

在采购的初期，需要从采购的规范和制定上引入安全因素，可以从安全能力、安全质量、安全责任、交付物以及产品和服务运维等方面进行约束，包括但不限于要求一些供应商提供第三方机构颁发的安全相关的能力证明或者许可、对供应商的安全流程和制度进行审核、软件产品的第三方测试或者风险评估报告、签署相关协议明确后续软件安全工作责任、切分部分预算用于安全质量保证等。在采购制度的编写上，可以以供应商自测及自主提供的形式进行要求，尽可能以详细的材料去证明自身的软件产品的安全质量、供应商自身安全能力以及可能会存在的安全隐患。

构建完整的软件供应商风险管理流程可以提高软件供应链的透明度，同时帮助企业降低成本和识别供应商相关风险。软件供应商的风险管理流程主要分析标准确立、资格评估、风险评估、风险监控四个部分。首先我们需要结合企业的实际情况，构建软件供应商评估模型（通过技术储备、企业资质、质量承诺、财务实力、软件适用性、软件成本、内部管理能力、创新能力、服务能力、应急响应能力、软件交付能力、合作能力等方面进行多维度评估），并制定软件供应商考核的评估标准；根据指定的评估模型与标准，对符合要求的供应商进行多维度的综合性资格评估，选出最优的供应商；对选中的供应商，针对其面临的安全风险、弱点，以及有可能造成的影响综合分析并对总体安全风险进行评估；最后对软件供应商实施长期的安全风险监控，持续识别和管理软件供应商的安全风险，并根据结果更新管理策略。通过对软件供应商的安全管理，以达到降低风险、降低成本、提高效率和培养长期合作关系的目的。

如果采购了一些人工的服务，则可以从技术手段上提供相应的支持，不过在初期协商沟通时，需要明确相应的安全责任以及其他风险。

在采购安全管理措施的构建上，第三方其实是一个极为重要的角色，从某种程度上可以说是安全的关键。如果第三方的安全能力不足，那么其安全评估的结果的价值也比较有限。这些第三方的机构相当于证书链里的 CA，通过评估工作将安全方面的信任也传递这些供应商。相应地，这些第三方机构也需要有相关的机构或者企业自身将安全方面的信任赋予给它，这里可能也会涉及这些信任机构如何去构建，比较方面容易的方式可能是企业自身选择一些第三方供应商，或者是行业的监管机构去推动相关的工作。

而非采购形式进入到供应链的软件产品和服务，则需要在其他的日常工作制度中明确相应的获取路径，结合一些技术手段来保障安全。

10.4.1.2 集成开发安全管理

集成开发安全管理的过程主要围绕人员和相关物料的管理进行推进，进行统一和规范的管理，防止相关材料和文档在未经授权的情况泄露。

10.4.1.3 交付和发布安全管理

建立起规范的制度，明确软件和服务的交付或者发布的要求，避免一些计划之外的内容进入到供应链中。

以交付和发布流程为基础，引入相关安全质量材料，例如软件的产品的第三方测评结果、自测结果、物料清单，建设规范的发布渠道，例如官方门户网站以及一些指定的应用发布平台。

10.4.1.4 软件运营安全管理

维护终端用户信息表，建设安全通告与预警的机制。一方面搜集上游供应商提供的相关安全情况，另一方面及时搜集自身软件产品和服务可能存在的安全隐患，将风险信息随着供应链从上游输送到下游。

10.4.2 技术性安全措施

管理性安全措施执行往往需要有技术性的安全措施进行推进。

10.4.2.1 采购产品安全检测

除了从管理手段对采购进行约束以外，还需要提供技术手段从第二道防线上保证安全。对于合作类的产品，可以以威胁建模工具形成的产品面临大的威胁全景图，围绕威胁全景进行安全验收工作。而对于一般的产品，可以依托安全验证能力进行检测，提供立体式的安全检测能力，形成可靠的安全基线。

10.4.2.2 集成阶段安全开发

除上文所述的 SDL 软件安全开发生命周期和 DecSecOps 中所需进行的安全措施外，企业在集成阶段还需为每一个应用程序持续构建详细的 SBOM（软件物料清单）。SBOM是描述软件包依赖树的一系列元数据，包括供应商、版本号、标识、相互关系和组件名称等多项关键信息，从而洞察每一个应用软件的组件情况。这些信息在分析软件安全漏洞时发挥着重要作用。企业通过维护最新版的 SBOM（包括第三方和开源组件清单），以确保其代码的质量、合规及安全，也可以通过要求软件供应商提供 SBOM 的形式发现其潜在的安全和许可问题。举个例子，如果安全人员手中有一份在其环境中运行的每个应用程序的物料清单，那么当心脏出血漏洞被披露时，安全人员就无须测试每个应用程序中是否包含 OpenSSL，而是可以通过检查列表就立即知道哪些应用程序依赖于易受攻击的版本并采取相应的措施。

企业需要谨慎、合理地选择、获取和使用第三方组件，软件研发团队和安全团队都需要通过必要的技术确保其使用的所有第三方组件的安全性，前文所述的软件成分分析工具可以识别组件以及相关的软件许可，支撑相关工作。

10.4.2.3　产品安全发布

引入数字签名技术对发布的软件产品进行签名，避免恶意攻击者伪装成相应的软件欺骗用户以及下游技术厂商，同时能够提供自检的功能，定期对自身的签名等信息进行检测，避免被恶意改造。

依据相关的管理措施，选择安全性良好的网站和平台进行发布。

10.4.2.4　产品安全运营

软件的发布运营阶段包括监测告警、应急响应、事件处置、持续跟进等关键活动。在日常的运营管理中，企业可以通过采用自动化分析技术对数据进行实时统计分析，发现潜在的安全风险，并自动发送警报信息。在有突发事件出现时，通过监测预警，安全人员可以迅速地进行安全响应，在最短的时间内确定相关解决方案并进行事件处置，在解决之后进行经验总结并改进。通过监测预警技术对软件系统进行实时自动监测，当发现安全问题时，立即发出警告，同时实现信息快速发布和安全人员的快速响应。由于在应用程序发布很久之后，仍有可能在其中发现新的安全漏洞，这些漏洞可能存在于构成应用程序的底层开源组件中，导致 0day 的数量不断增加。因此，企业需要制定事件响应和漏洞处理策略，与领先的漏洞研究机构进行合作，积极监控大量漏洞信息来源。同时进行持续性的安全检查，定期的安全检查可以保护应用程序免受新发现的安全漏洞的影响。

除此之外，在发布运营阶段还需要构建完善的运营保障工具链，使用 WAF、RASP 等运行时防护手段，对于攻击行为进行实时监测与阻断，减少 Web 服务器可能被攻击的可能性，最终实现软件应用的自我保护，确保软件的安全运行。

威胁情报平台可以帮助安全人员明确企业的在线资产和安全状况，并进行相关的漏洞修补和后续的风险管理。通过威胁情报平台与各类网络安全设备和软件系统协同工作，为威胁分析和防护决策提供数据支撑，实时洞悉安全风险信息，进而快速处理风险。

最后，在发布运营阶段中，还可以通过使用容器安全工具自动化构建容器资产相关信息，提供容器环境中各类资产的状态监控，包括容器、镜像、仓库和主机等基础资产信息，并对数据进行持续监控和分析，为安全人员提供镜像管理、监测以及自动化补丁修复建议。

附录 A 名称对照表

红队 Red Team

为了测试安全策略与防范技术的有效性而引入的外部实体。以尽可能真实且现实的方式模拟攻击者可能采取的行为和技术。

蓝队 Blue Team

负责防御真实和模拟攻击的内部安全团队，其主要工作是检测和响应对手的行为。

绿队 Green Team

本书重点介绍的团队，主要参与安全建设工作，在攻防对抗后，对于一些常见的安全隐患设计尽可能体系化系统化的方案进行加固，包括但不限于应用系统自身的安全、来自供应链的安全威胁等。

黑产 Black Market/Underground Industry

本书的范围主要是指网络黑产，以互联网为媒介，以网络技术为主要手段，为计算机信息系统安全和网络空间管理秩序，甚至国家安全、社会政治稳定带来潜在威胁（重大安全隐患）的非法行为。

灰产

一般指介于网络黑色产业和正规产业之间的模糊地带，为黑色产业提供了某种程度上的便利

明文 Plain Text

明文是密码学中的一个与密文相对的概念，用于形容未被加密和混淆的数据或信息，大多数情况下一般人能轻易地理解明文内容想要表达的内容和含义。

Web 应用防火墙/WAF Web Application Firewall

Web 应用防火墙是通过执行一系列针对 HTTP/HTTPS 的安全策略来专门为 Web 应用提供保护的一款产品。

入侵防御系统/IPS Intrusion Prevention System

入侵防御系统是一部能够监视网络或网络设备的网络资料传输行为的计算机网络安全设备，能够即时中断、调整或隔离一些不正常或是具有伤害性的网络资料传输行为

入侵检测系统/IDS　Intrusion Detection System

入侵检测系统是一种对网络传输进行即时监视，在发现可疑传输时发出警报或者采取主动反应措施的网络安全设备。

蜜罐　Honeypot

蜜罐技术本质上是一种对攻击方进行欺骗的技术，通过布置一些作为诱饵的主机、网络服务或者信息，诱使攻击方对它们实施攻击，从而可以对攻击行为进行捕获和分析，了解攻击方所使用的工具与方法，推测攻击意图和动机，能够让防御方清晰地了解他们所面对的安全威胁，并通过技术和管理手段来增强实际系统的安全防护能力。

安全开发/开发安全　Secure Software Development

安全开发指的是在研发过程中引入安全控制措施和流程，将软件的安全质量管理纳入研发体系中，从而提升最终的软件的安全质量的各项理论、技术和相关活动的总称。

近源渗透

近源渗透指测试人员靠近或位于测试目标建筑内部，利用各类无线通信技术、物理接口和智能设备进行渗透测试的方法总称。

软件生命周期　Software Development LifeCycle

软件生命周期是指从软件的产生直到报废的生命周期，周期内有问题定义、可行性分析、总体描述、系统设计、编码、调试和测试、验收与运行、维护升级到废弃等阶段，每个阶段都要有定义、工作、审查、形成文档以供交流或备查，以提高软件的质量。

0/1/NDay 漏洞　Zero-Day Vulnerability/N-Day Vulnerability

Day 主要是指漏洞披露的时间，与之对应分别由 0Day、1Day、Nday 分别对应未发布未公开的漏洞、刚公开发布一天的漏洞、已经发布和公开多天的漏洞。但是在海外很少有 1Day 漏洞的叫法，更多是 0Day 和 NDay。

SQL 注入漏洞　SQL Injection Vulnerability

SQL 注入漏洞是应用程序对用户输入数据的合法性没有判断或过滤不严，从而使得攻击者可以在事先定义好的 SQL 语句中插入额外的 SQL 语句，操纵 SQL 语句的解析，从而获取数据库中的其他数据，包括密码、系统信息等。

光学文字识别　Optical Character Recognition OCR

光学文字识别是通过检查纸上打印的字符（或者图片中的字符），然后用字符识别方法将形状翻译成计算机文字的过程。

图灵测试　Turing Test

图灵测试是英国电脑科学家图灵于 1950 年提出的思想实验，其目的在于测试机器能否表现出与人等价或无法区分的智能

软件开发工具包　SDK　Software Development Kit

软件开发工具包可能是简单地为某个程序设计语言提供应用程序接口 API 的一些文件，但也可能是包括能与某种嵌入式系统通信的复杂的硬件。一般的工具包括用于调试和其他用途的实用工具。SDK 还经常包括示例代码、支持性的技术注解或者其他的为基本参考资料澄清疑点的支持文档。

个人验证信息　Personally Identifiable Information　PII

个人验证信息是有关一个人的任何数据，这些数据能帮助识别这个人，如姓名、指纹或其他生物特征资料、电子邮件地址、住址、电话号码或社会安全号码。个人验证信息的一个子集是个人识别财务信息（PIFI，Personally Identifiable Financial Information）。

XXE 漏洞　XML External Entity Injection vulnerability

XXE 漏洞是一种针对解析 XML 格式应用程序的攻击类型之一。此类攻击发生在配置不当的 XML 解析器处理指向外部实体的文档时，可能会导致敏感文件泄露、拒绝服务攻击、服务器端请求伪造、端口扫描（解析器所在域）等影响。

安全开发 SDK

安全开发 SDK 是用于辅助研发解决安全相关的问题的软件开发工具包。

软件组成分析　SCA

软件组成分析是自动查看开源软件（OSS）使用的过程，以实现风险管理、安全性和许可合规性。

二进制代码

二进制代码使用两个符号系统表示文本，计算机处理器指令或任何其他数据。使用的两个符号系统通常是二进制数系统中的"0"和"1"。二进制代码为每个字符，指令等分配二进制数字（也称为位）的模式。

抽象语法树　Abstract Syntax Tree，AST

抽象语法树或称语法树（Syntax tree），是源代码语法结构的一种抽象表示。它以树状的形式表现编程语言的语法结构，树上的每个节点都表示源代码中的一种结构。

中间表示　IR

中间表示在计算机科学中，是指一种应用于抽象机器的编程语言，它的目的是用来帮助我们分析计算机程序。

AJAX

AJAX 是一种在无须重新加载整个网页的情况下，能够更新部分网页的技术。

CSRF Token

CSRF Token 是指，许多现代的 Web 框架（如 Laravel 或 Play 框架）都具有内置支持，可保护您的 Web 应用程序免受跨站点请求伪造（CSRF）的侵害。

开源软件　OSS

开源软件又称开放源代码软件，是一种源代码可以任意获取的计算机软件，这种软件的著作权持有人在软件协议的规定之下保留一部分权利并允许用户学习、修改以及以任何目的向任何人分发该软件。开源协议通常符合开放源代码的定义的要求。一些开源软件被发布到公有领域。开源软件常被公开和合作地开发。开源软件是开放源代码开发的最常见的例子，也经常与用户生成内容做比较。开源软件的英文"open-source software"一词出自自由软件的营销活动。

CPE

通用枚举平台，是采用了一种结构化命名的方式，基于 URI（Uniform Resource Identifiers）一种通用语法规则，通俗来说，CPE 用来描述漏洞影响了哪些产品/组件的哪些版本。

NVD

美国国家漏洞数据库。

开源情报（Open source intelligence）

开源情报，通常缩写为 OSINT，是美国中央情报局（CIA）的一种情报搜集手段，从各种公开的信息资源中寻找和获取有价值的情报。

渗透测试执行标准（Penetration Tseting Execution Standard）

渗透测试执行标准，通常缩写为 PTES，帮助定义在渗透测试期间要遵循的某些程序。

程序插装 Program Instrumentation

程序插装最先是由 J.C.Huang 教授提出的，是借助往被测程序中插入操作（称为"探针"），以便获取程序的控制流和数据流信息，从而实现测试目的的方法。在软件动态测试中，程序插装是一种基本的测试手段，应用广泛，是覆盖率测试、软件故障注入和动态性能分析的基础技术。

持续集成　Continuous Integration，CI

持续集成是一种软件工程流程，是将所有软件工程师对于软件的工作副本持续集成到共享主线的一种举措。

高级可持续威胁攻击　Advanced Persistent Threat

高级可持续威胁攻击，也称为定向威胁攻击，指某组织对特定对象展开的持续有效的攻击活动。这种攻击活动具有极强的隐蔽性和针对性，通常会运用受感染的各种介质、供应链和社会工程学等多种手段实施先进的、持久的且有效的威胁和攻击。

反侵权盗版声明

电子工业出版社依法对本作品享有专有出版权。任何未经权利人书面许可，复制、销售或通过信息网络传播本作品的行为；歪曲、篡改、剽窃本作品的行为，均违反《中华人民共和国著作权法》，其行为人应承担相应的民事责任和行政责任，构成犯罪的，将被依法追究刑事责任。

为了维护市场秩序，保护权利人的合法权益，我社将依法查处和打击侵权盗版的单位和个人。欢迎社会各界人士积极举报侵权盗版行为，本社将奖励举报有功人员，并保证举报人的信息不被泄露。

举报电话：（010）88254396；（010）88258888

传　　真：（010）88254397

E-mail：　dbqq@phei.com.cn

通信地址：北京市万寿路南口金家村 288 号华信大厦

　　　　　电子工业出版社总编办公室

邮　　编：100036